PORTRAIT OF A BURGER AS A YOUNG CALF

The True Story of One Man, Two Cows, and the Feeding of a Nation

ピーター・ローベンハイム［著］
石井礼子［訳］

私の牛がハンバーガーになるまで

牛肉と食文化をめぐる、ある真実の物語

日本教文社

私の牛がハンバーガーになるまで……目次

装幀——Push-up（清水良洋＋並河野里子）

カバー装画・本文イラスト——ボビー中村

（写真：アーリヤ・マーティン） Copyright©Ariya Martin 2002.

私の牛がハンバーガーになるまで——牛肉と食文化をめぐる、ある真実の物語

Portrait of a Burger as a Young Calf

はじめに

一九六〇年の夏休みのこと、私たち一家はニューヨーク州ロチェスターの郊外の家からカリフォルニアまで旅をした。当時私は七歳。それは旅行の四日目、アイオワあたりでの出来事だった。父が運転する青いビュイックの後部座席から、草をはむ牛の大群が見えた。なぜあんなにたくさん牛がいるのか、私は隣りにすわる姉のジェーンにたずねた。

「あれがみんなハンバーガーになるのよ」とジェーンは言った。

父の横にいる母が振り向いて「ジェーン、しーっ！」

私は姉にどうやって牛がハンバーガーになるのか聞いてみた。

「うーん、農家の人が作ってくれるの」彼女の返事はあいまいだった。

「じゃあ、牛をどうするの？」

「列車に乗せるの」

「それから？」

その時母が割って入った、「ピーター、車のナンバープレートでビンゴゲームやらない？」

あの旅行から四〇年、私は自分の前に出されたステーキやローストビーフ、ハンバーガーを食べてきた。だが、命あるものがどのようにして食べ物に変わっていくのかという好奇心、私たちの食欲を満たすため多くの動物たちが〝列車に乗せられていく〟ことへの驚きと落ちつかぬ思いは、私の中で消えることはなかった。

道徳的な見地から何年間か肉食を控えたこともあったが、こうした感情を頭の隅に追いやってなかば忘れていた時期もあった。私の子どもたちの食習慣の違いは、肉食に対する私自身のそんな二面性をあらわしているようだ。一人は肉を食べるが、もう一人はまったく食べない。

一九九七年の春、肉を食べる方の娘とマクドナルドの列に並びながら、私はあの時の旅行を思い出していた。娘はハッピーミール〔日本の「ハッピーセット」にあたる〕についてくるミニチュア版ビーニー・ベイビーのおもちゃが目あてだ。マクドナルドはその動物のぬいぐるみを一億個用意したのだが、需要はそれをはるかに上まわっていた。事実、人の列は店の外までつづき、ドライブ・スルーでは通りにはみ出した車が渋滞を引き起こしていた。

カウンターに飾られたビーニー・ベイビーのぬいぐるみに目をやると、その中に〝スノート〟という名の赤毛の雄牛と〝デイジー〟という白黒の雌牛がいるのが見えた。私には驚きだった。牛の挽き肉を売る会社が、牛のおもちゃを子どもに配っていることが奇妙に思えてならなかったのだ。グリルした牛の亡骸《なきがら》をほおばりながら牛のおもちゃを抱いて遊んでくれと言っているのか？　マクドナルドのビーニー・ベイビーの起用は、食べ物とその「源」とのあいだに築かれた断絶を象徴しているかのようだった。

以前はこうではなかった。何世代か前まではあらゆる文化圏の人々が食べ物の出所と密に接し、それをよく理解していた。しかし今のアメリカを例にとれば、農業に従事しているのは国民のわずか二パーセント足らずで、それを知る者は皆無に等しい状態だ。とりわけ畜産業には、動物の生き死にをめぐって人に後ろめたさがつきまとうのも事実であり、知らなければ知らないままでいいとされているのが現実である。つまり人々はみな、私の母のやり方に従っているわけだ。肉になるために牛が草をはんでいるのを横目に、ビンゴゲームに興じているのである。

しかし私はこんなふうに考えはじめていた。もし〝牛〟と〝ハンバーガー〟という隔たった二つの点を結び、生きた動物が食べ物になる過程を間近で観察するとしたら、自分の中でいったい何が起きるだろう？　食用の動物を育てる人々に会い、彼らの仕事を観察し、人の胃袋を満たすために働くことを生産者がどう感じているかを知ったとしたら？　そうして、子どもの頃から強く心をとらえ、それと同時に不安や脅威の対象となっていたプロセスを正しく理解できたら、自分はどう変わるのだろうか、と。

しかし、こうした試みのためにはまず何からはじめればいいのか。観察すべき牛の数は膨大だ。私たちは年間五〇億個以上のハンバーガーを食べ、そのために毎年約四五〇〇万頭の牛がと畜解体されている。一日に約一二万三〇〇〇頭、一時間に五〇〇〇頭、毎秒一頭以上が肉にされている計算になる。

そこでジャーナリストである私は、自分のなすべきことの的をしぼった。観察の対象を〝調理される無数のもの〟から、ただ一つ――「一頭の生きた牛」にしぼること。そしてその一頭が誕生するところからハンバーガーになるところまで――のちに私が出会った農学教授が言うところの〝受胎から消費まで（from conception to consumption）〟――を追いかけることに決めたのだ。

まず最初、私は中西部の牛の大群を観察するため、飛行機でアイオワかカンサスあるいはテキサス州まで行ってみようかと考えた。だがそれにはおよばなかった。ファストフードのハンバーガーは、南部および中西部の牧草地や飼養場《しようば》で育った脂肪分の多い肉用牛と、脂肪の少ない〝淘汰(cull)〟された酪農牛（乳牛はミルクが出なくなってくると食肉処理場へ送られる）の肉を混ぜ合わせて作られていることがわかったからだ。ハンバーガー用の肉における元・酪農牛の割合は少なくとも五〇パーセント、ときには七〇パーセントにものぼるという。

さらに新たな事実を発見した。私の住むニューヨークは国内第三位の酪農州（ウィスコンシン州、カリフォルニア州に次ぐ）であったうえ、わが家のあるロチェスター市と接する州内最西端の各郡は、ニューヨークにおける酪農産業の中心的存在だったのだ。つまり自宅から約半径八〇キロ以内で、その誕生から生活、そして死までを直接観察できるファストフード用の牛を見つけることができるのだ。

幼少期の脳裏に宿した特定のイメージが、その後の人生に大きな影響をおよぼすことがある。そして中年にさしかかった多くの人が心の中のそうしたイメージと向き合いはじめ、その本質を理解しなければ、という思いにかられる。こうした挑戦が、登山や航海など、体をはった肉体的な試練となる場合もあるだろうが、私の場合それは、黒いゴム長靴をはき、牛舎に入り込み、牛たちの生と死の現実に直面することだった。

旅のはじめに、私は三頭の子牛を買うことになる。

第1章

子牛誕生

月曜の午後四時半、牧場の事務室でスー・スミスは濃紺のつなぎ服を脱ぎ、従業員におやすみなさいを告げている。彼女はこれからヨーク・セントラル・ハイスクールまで娘のカースティーを迎えに行き、今日はもうもどってこないつもりだ。

スーの夫アンドリュー・スミスは牛を一頭牛舎へ移動させている。その牛は白黒の典型的なホルスタイン牛、この牧場で自分の名をもつ数少ない牛の一つである。名前はダーラ。彼が数年前につけた名だが、由来などもう思い出せないという。ダーラが出産を迎えるまでにはまだ三ヵ月あるのだが、アンドリューが調べたところダーラはどうやら二頭身ごもっていて、その身に何か問題が生じているらしい。彼は専従の獣医師を呼び出した。

異状を聞きスーはふたたび作業服を身につけた。彼女が迎えに行かなくても、娘はスイミングクラブのチームメイトの家族の車で家にもどってくるはずだ。

スーはもうじき四〇歳になる、中背のほっそりとした女性である。ところどころにブロンドが

混ざる茶色の髪はストレートでショートカット、細おもての顔にかけた丸い大きな縁なし眼鏡が印象的だ。

スーはニューヨーク州中央部の小さな町で農家の七人きょうだいの一人として生まれ育った。父親は当時七五頭の牛を飼っていた。大学で理学療法を学んだのち、彼女は知的障害者の施設で働くため西部へ越し、そこで、のちに夫となるアンドリュー・スミスと出会う。

スミスは、ローネル・ファームの主ラリーと妻キャサリンのあいだに生まれた三人息子のうちの一人。ローネル・ファームはニューヨーク西部の田舎町ヨークにある、家族経営による豊かな酪農場だった。二人の最初のデートはスミス家のピクニックの時だったという。

アンドリューは振り返る。デートから一年半後、スーが彼に最後通告を突きつけた、「あなたは真剣じゃないの？　だったらもう別れましょう」そして、まもなく彼らは結婚した。

最初の子カースティーが生まれると、スーはスミス家の牧場で働くようになった。まずは事務仕事からはじめ、牛の世話の手伝い、やがては家畜責任者として九〇〇頭の牛を管理するまでになった。

彼女は耳標《じひょう》の番号によってだけではなく顔や姿でも牛を見分けられるという。以前、別の牧場の家畜責任者にどうやって牛を見分けるかたずねたところ、彼は逆に私にたずねた、高校の同期は何人いたのか、と。三〇〇人くらいと私は答えた。「彼らといっしょにいるうちに、みんなの顔ぐらいは覚えていっただろう？　牛だって同じだよ」

家畜の管理に加え、スーはローネル・ファームの従業員一六人の監督役もつとめている。こうした実績から彼女は周囲の人間に、酪農場を管理できる有能な女性として認められている。こうした女性はまだ数少ないが、確実に増えつつある。

彼女は一五歳になるカースティーと一四歳の息子エイモスが起きる数時間前、毎朝四時から四時半に起床し、五時には牧場へやってくる。そして自分の作業服（左胸のポケットには大文字でLAWNEL FARMS、右胸にはイタリックでSusanとある）を着ると、通常一二時間は家にもどらない。帰宅後九時前にはベッドに入る。それが日課だ。ただし冬はもっと早く寝る。

牛舎には赤いスタンチョン〔牛の首を通す金属性の係留《けいりゅう》用の仕切り〕が、一段高くなったコンクリートの床に据《す》えつけられている。アンドリューとスーはダーラをスタンチョンに誘導しつなぎとめた。

若い獣医師が到着し、ダーラの尾のつけ根にリドカインという局所麻酔薬を注射し、「これで、からだの中がどうなっているか調べられる」と説明した。この獣医師はクレイグといい年は三〇歳前、最近ローネル・ファーム担当の家畜診療所に入ったという。袖と手袋がつながったビニール製の上着を身につけている。

彼の邪魔にならないようスーはダーラの尾をわきへ引っぱるが、搾乳《さくにゅう》中の牛が糞をはじき飛ばさないようにするため、ローネル・ファームではすべての牛の尻尾が三分の一の長さに切り落とされている。

クレイグはダーラの外陰部を温かい石鹸水で洗浄し、左腕で血液や他の体液をかき出しはじめた。

「アンドリュー、ジャッキを持ってきて」スーがたのんだ。

アンドリューは機材室から長さ一メートル以上ある金属製のジャッキ〔分娩用の牽引器〕を取ってきた。

そのあいだ私は服を汚さないよう後ろに退《の》いたりわきによけたりしていた。そろそろ私にも作業服が必要だ。

アンドリュー・スミスは四五歳になるがっちりした体躯の男性で、血色のいい丸顔に豊かな口ひげ、ぼさっとした茶色いくせ毛が作業帽の下から伸びている。威圧感のある外見をやわらげているのは彼の話し方だ。アンドリューはゆっくりと、穏やかに、そして時にちょっとした皮肉を交えて人と話す。

「自分でやらずにすんでラッキーだよ」アンドリューが言った。ダーラの子を引っぱり出す作業のことだ。「クレイグの方がじょうずだよ。ダーラ、安心して産むんだぞ」

アンドリューはここローネル・ファームで生まれ育った。子どもの頃数年間、父親のラリーがパーデュ大学に再入学するため家族全員がここを離れた時も、彼は夏になると牧場にもどり、祖父のネルソンとともに過ごしていた。

「酪農以外の仕事をやろうなんて考えたこともないよ」彼は以前私にそう話した。「好きなのさ。酪農は仕事というより人生そのものだな。月並みな表現だとわかっているが本当なんだ」

父親と同じように彼もコーネル大学に通い、農業経済学を学んだ。だが挫折し二年後には大学を中退し牧場にもどってきた。

やがて甲状腺異常によるバセドー病と診断される。「そのせいで学生時代に体重が六五キロまで落ちたのさ。目が飛び出してきて、何かに集中するのは三分が限度だったな」手術によって甲状腺の大部分を除去したが、彼はまだ薬を飲んでいる。

健康をとりもどすと彼はふたたび大学に通いはじめ、今度は公立大学で農業工学を学んだ。「俺はメカおたくになったのさ。最初の頃、成績はクラスで三六番目だった。一年生の終わりには一八番になり、卒業した時は八番だった」

友人の引き合わせではじめてスーとデートしたのはその頃だ。

アンドリューの二人の兄弟は牧場を継がなかった。兄のマークは今シラキュースに住んでいて、国土保全の推進と農家への土地貸付を業務とする政府関連の事務局で管理職についている。いっぽう、弟のエイドリアンはボストンで造園技師として働いている。「あいつはニューヨーク・シティーのエディ・マーフィーの庭をデザインしたんだ」アンドリューは誇らしげにそう言った。

スーが家畜を管理するかたわら、アンドリューは〝耕し、買い物をする〟。飼料用穀物の栽培・収穫の仕事、そして、コンバイン、トラクター、トラックといった、中には一台二五万ドル相当もする農業機器の維持管理を受けもっているのだ。

私はアンドリューに会ってまもないころ、会社勤めの人間がランチに出かける時間帯に彼を食事に誘ったことがある。彼はわざわざ数キロ先にあるガソリンスタンド内のレストラン「クックス」まで私を連れていってくれたのだが、サブマリンサンドイッチ〔長いロールパンに冷肉・チーズ・野菜をはさんだサンドイッチ〕を注文すると、彼はそれを牧場で食べようと言い出した。この時は互いの生活習慣の違いを知るいい機会になった。

・・・

牽引器では、チェーンの一端をジャッキに取りつけ、もう一端を牛の胎子《たいし》の蹄《ひづめ》に巻きつける。ジャッキをまわすと子牛が引っぱり出されるという仕組みである。「おれはロープの方が好きだ。チェーンより人間的だろ？　だが獣医師は衛生面からチェーンを使いたがるのさ」

いったん胎子の蹄がダーラの膣からあらわれたが、また引っこんだ。クレイグは膣内部を手探りで確かめる。

短く整えられたクレイグのもみ上げから汗がしたたり落ちる。

クレイグの横でアンドリューが、中西部にある代金未払いのための回収車専門のディーラーで小型トラクターを買い取ったときの話をはじめた。「あそこには回収車が山ほどあるぞ」

アンドリューの軽口は、若い獣医師を落ち着かせるためのようだった。

午後五時。アンドリューとスーはおよそ一二時間働きづめだ。

クレイグはふたたびダーラの膣内部を探り、蹄の一つを鎖で縛った。

「どんな感じか見てみよう。ちょっと引っぱってみてくれ」とクレイグ。

彼とアンドリューがジャッキを動かすと、薄いピンク色をした蹄が一五センチほどあらわれてきた。ダーラは鳴こうとしてスタンチョンから首を伸ばすが、ほとんど声にならない。甲高いが弱々しい。

「二頭がいっしょに出たがっている」とクレイグが言った。

数分後アンドリューがたずねた、「帝王切開かい?」そして私に向かって「こりゃあDOA〈病院到着時死亡〉だな。足が動かない」と告げた。

獣医師が来る前から、胎内で子牛が死んでいるとわかっていたのか、私はアンドリューに質問した。

「ああ。牛舎でダーラのあそこをさわった時に、そうじゃないかと思ったのさ」

「こんな大変なことになるとは思ってなかった。大仕事になるな」とクレイグが言う。

「うちからの電話、とらなければよかったわね」ダーラの横で尾を持ちつづけるスー。

「あそこじゃ、患畜《かんちく》を選ぶことなんてできないよ」自分の勤める診療所についてクレイグはそう言った。

牛の帝王切開は胎子が大きすぎて経膣《けいちつ》出産できない場合に行なわれる。別の手段に切胎術《せったい》があるのだが、こちらの方が事態は深刻だ。切胎術ではワイヤーソーのついた長い竿が母牛の膣に挿入され、子宮の中で子牛が解体される。「母牛ごと射殺してしまう方がましだよ」ある獣医師はそう言っていた。

蹄が一つダーラのお腹の中にするっと引っこんだかわりに、今度は鼻先があらわれた。「オーケー。頭をつかんで何が出てくるか見てみよう」とクレイグ。

「おっと、また頭が引っこんでいくぞ。ちくしょう」アンドリューの言葉に「いや、やってみよう」とクレイグが食い下がる。

胎子の頭がダーラの膣から突き出てきた。それにともなって蹄と足も。

「においは平気か?」クレイグがたずねた。

平気だ、と　私は首を振った。

この場のにおいがどんなにひどくても私にはこたえない。私の鼻にはポリープがあるからだ。そう、私はどんなにおいも嗅ぐことができないのだ。手術すれば回復の見込みもあるだろうが、酪農場では嗅覚をもたない方が明らかに役に立つ。もっとも不便な点もあるのだが。

たとえば私が牧場から帰宅すると妻と子どもたちは私の服がくさいと文句を言うし、友人を車に乗せれば彼らはあちこちににおいを嗅いで、トランクに積んだ長靴をなんとかしろとブツブツ言う。

この件についてはスーとアンドリューに話してあったが、クレイグには初耳だった。

「牧場仕事は君にうってつけだ!」

「ダーラの尾を持っててくれない?」スーがアンドリューに言った。「カースティーを迎えに行かなくちゃ。まだ帰ってこないから、乗せてくれる人が見つからなかったんじゃないかしら」スーは石鹸水の入ったバケツに手を浸し数秒すすいで出ていった。

アンドリューは次の蹄にチェーンを巻き、ジャッキで二頭の死んだ胎子を牽引する。無事生まれていれば生産性のある酪農牛になっただろうに、痛手は大きい。

アンドリューはダーラの頭を撫で、「おまえはよくがんばったんだがな」と声をかけた。「何か飲みたがってる」誰に言うともなく彼が言う。「水を持ってきてやろう。ごほうびだよ」

ちょうどその時、紫色のユニフォームをはおったカースティーがもどってきた。背中には白い文字でヨーク・スイミングと入っている。カースティーは子牛の屍骸を見て足をとめた。

「わお、すごーい!」

・・・

小説『The Farm She Was』の中で作者アン・モーヒンはこう語っている。「牧師たちは生死の意味を説いてまわるが、真実を知っているのは農夫と獣医だ」

私にローネル・ファームを紹介し、スーとアンドリューに会うようすすめたのは人工授精師ケン・シェイファーだった。人工授精を見学するため彼の仕事に同行した私は、牛の誕生からと畜までをルポルタージュさせてもらえる牧場をどこか知らないか彼に相談したのだった。「ローネルは経営状態のいい牧場だ。かといって大きすぎない。スミス夫妻もいい人たちだし、あなたも気に入ると思う」そうケンが教えてくれた。

私は牧場の事務室で彼ら夫妻にはじめて会った。牛舎つづきのその簡素な小部屋は、長靴をはいたまま牛舎から入れるようになっている。部屋の右手にはパソコンが置かれた古い木の机、左手には小型のピクニックテーブルがあり、『Hoard's Dairyman』などの酪農関連の雑誌がのっている。正面には壁掛け時計と、ヘルパー募集の広告や牧場生活を描いた漫画が貼りつけられたコルクのボードがかかっている。壁掛け棚にのっているのは、耳標、ゴム手袋、注射器などの備品の入った箱である。

スーは机の椅子に、アンドリューは部屋の真中に椅子を一脚出してきて腰かけた。私はピクニックテーブルの前にすわり、彼らの牧場について質問した。牛の種類は一般的か？　一日の仕事の流れは？　私はごくふつうの牧場——観光名所でも、あばら屋でもない——での取材を望んでいる。

彼らは私の私生活についてたずねてきた。既婚、子どもは三人で車はミニバン、酪農経験はなしと私は答えた。学歴・職歴に関して。ジャーナリズムを専攻した非開業の法律家、かつては動物愛護協会などの非営利団体で法律関係の仕事に従事。一二年来調停業務にあたっているが、最近は執筆活動に専念している。つづいて彼らは、今回の私の企画についてたずねてきた。それに対して私は、娘とマクドナルドに行ったのをきっかけに食物とその出所が一体化していないことへの疑問が芽生え、また、動物の肉を食物として供給する人々の暮らしに興味をもったと、その動機を述べた。

次に私は本題に触れ、自分は一頭の牛が誕生するところから肉になるところまでを見とどけたい、ついてはすでにある施設でボナンザという名の種牛から精液が採取されるところを見学した

スーザン・スミス、ローネル・ファームにて

（写真：アーリヤ・マーティン）Copyright©Ariya Martin 2002.

ので、今度はぜひその精子で受胎し子を産む牛を見てみたい。そして子牛が生まれたら、いっさい口出しせず一傍観者として、それが通常の商業ライン、そう〝受胎から消費まで〟のラインにのり、市場に出荷される様子を見学し記録したいと説明した。

スーもアンドリューも興味をもったように見えた。だが思うに、申し出を承諾してくれたのは、私がコーネル大学の公開講座で八週間の〝酪農家養成講座〟を修了していたからだろう。この講座は酪農産業界に籍を置く人が牧畜管理の基礎を学ぶためのものだった。〝飼料と栄養〟〝動物の扱い方〟〝出産法と子牛の世話〟〝搾乳法とその装置〟といったテーマがもうけられていた。

この講座から私は、酪農牛の飼育法について学んだだけでなく酪農界の専門用語も学んだ。springing heifer は初産間近な若い雌牛、laminitis（蹄葉《ていよう》炎）は激しい痛みをともなう蹄の炎症、TMRは total mix ration の略で、粗《そ》飼料と濃厚飼料のバランスをとった混合飼料をあらわしている、などである。〔訳註・粗飼料とは草、または草から作られた飼料（イネ科やマメ科植物など）。濃厚飼料とは、粗飼料に比べデンプンやタンパク質に富む飼料（トウモロコシ、大豆など）〕

二〇分もたたないうちに、二人は私に許可してくれた。必要なだけ――一年あるいは二年かかるだろうか――昼でも夜でも、牧場のいたるところに立ち入って好きなものを見ていいし、誰に話しかけてもいい、と。スーはパソコンのデータをプリントアウトし、牧場の一〇六頭の牛がボナンザの精子を受精していると私に告げた。そのうちの四頭が三週間以内に出産の予定だった。

・・・

「おいでお嬢さん、こっちにおいで、いい子ね」スー・スミスはソプラノの歌声で、身ごもって用心深くなっている四頭の牛を、小型トラックに連結された家畜用トレーラーに追い込んでいる。

「さあ、乗って。おいで４９２３。困らせないで」

「それ、それ、それ！」いやがる牛のわき腹を手で叩きながら声をかける。

「牛にとっては大変な旅なのよ」スーはなぜ牛たちがいやがっているのか説明した。「自分がどこかに移動することがわかってるのね。牛って変化を嫌うのよ」

私たちは今ローネル・ファームの牛舎で約五〇頭の〝乾乳期〟の牛たちに囲まれている。これらの牛は出産をひかえているため搾乳されない。乾乳によって牛は分娩に必要な栄養分をたくわえ、次の泌乳期〔ミルクを出す時期〕にそなえるのだ。分娩牛舎に移す四頭は、今月末、一〇日おきに出産を迎えるだろうとスーは予測している。

種牛ボナンザの精子を授精したこの四頭を追うことが、今後の私の計画だ。

スーはワクチン投与のため、牛の臀部を走る細い血管に針を二本突き刺した。一本はサルモネラ感染症の予防、もう一本は白痢〔家畜に生じる伝染性の下痢〕を予防するためである。白痢予防は「赤ちゃんのため」とスーは言う。「ワクチンは胎内の子牛の血流にとどくのよ」

一五分後、スーは四頭のうち三頭を寄せ集め、トレーラーの中に入れた。トレーラーに入ったのはナンバー１５２３、４９２３、１４５８だ。残る一頭、４８５４はまだつかまらない。

耳標を確かめながら牛舎の中を歩きまわり、スーがもう一度声をかける。「こっちにおいで、４８５４」

たいていの大きな牧場がそうであるようにローネル・ファームでも牛に誕生順の番号を与え、その番号で牛を識別・管理している。それぞれの牛につけられた三桁あるいは四桁の番号は、五センチ四方ぐらいの黄色いゴム札に黒字で印刷され、誕生直後、その札が牛の両耳に装着される。

「私が呼ぶのが聞こえてるはずよ」とスーは言った。

彼女は本当に、牛に自分の番号がわかると思っているのか？

「ええ、間違いなく。もちろん全部が全部というわけじゃないけど、牛舎に入って番号を呼べば近づいてくる牛がいるわ。４８５４は逃げてるのよ。移動させられるって勘づいているから」

私たちが牛舎の通路を歩いていると、４８５４は反対の方向へ駆け出していき、濡れた床で足をすべらせた。そして隠れるかのように他の牛たちのあいだに入り、牛舎の隅で身をかがめた。次に群れから飛び出したかと思うと中庭へ突進し、ふたたび牛舎にもどり、私たちを避けるように通路の出口でたたずんだ。

「人間とコミュニケーションをとりたがる牛もいるけど、そうでない牛もいる」とスーがあとで教えてくれた。「でもたいてい、牛どうしは互いに意思の疎通をはかっているわ。そばに行ったり、互いに舐め合ったりしてね。だけど本当に、多くの牛が自分の番号を知ってるわ」

数分後、私たちは４８５４をつかまえるのをあきらめ、三頭の牛をトレーラーに載せて一キロほど道を下り、分娩牛舎でそれらを降ろした。４８５４をとらえるのはもう二、三日してからだ。

・・・

ニューヨーク州リビングストン郡ヨークには、ジェネシー川峡谷を越えて南北に走る二車線道路の田舎道、三六号線が通っている。三六号線の制限速度は五五マイル（約九〇キロ）。ヨークに入ると三五マイル（約六〇キロ）に制限されるが、主要交差点には信号や止まれの標識がないため、ほとんどノンストップで走ることができる。

三六号線沿いのとある交差点には「ヨーク・ランディング」という名のレストラン、小さな郵便局、美容院兼日焼けサロンの店、金物店、それに二一代アメリカ大統領チェスター・アーサーの記念碑が並んでいる。前大統領ジェームズ・A・ガーフィールドの暗殺を受けて一八八一年に大統領に就任したチェスター・アーサーはヨークの小学校を卒業しており、父親はこの地で数年間バプティスト教会の牧師をつとめた人物だ。

私にとってヨークでもっとも印象深いのは公会堂だ。もとは教会としてつくられたこの白亜の二階建ての建物はコロニアル様式で、キューポラ〔丸屋根〕の上にブロンズ製の風見鶏がのっている。

公会堂の裏の墓地には、薄い大理石板でできた墓石が二〇〇ほど並んでいる。墓石の多くが左右に傾き、中にはひびが入ったものや倒れているものもある。風雪にさらされ墓碑銘はほとんど判読できなくなっているが、それでもぼんやりとしたその名前から、この町がスコットランド系の入植者により開拓された土地であることがうかがい知れる。マクドナルド、マッキンタイア、ダンカン、バーンズ——墓碑銘に刻まれている名だ。

彼らの多くが南北戦争前に死んでいる。初代移住者は移り住んだ自分の町を、故郷スコットランドの都市にちなんでインバーネスと呼んだ。だがのちに、おそらくイギリス人入植者がスコットランド人の数を上まわるようになった頃、町の名前はヨークへと変わっていった。

入植者たちはやがてジェネシー川沿いの土地周辺に町を興《おこ》し、ヨーク・ランディングと名前をつけた。製粉所や倉庫を建て、木で桟橋をつくり、荷船に小麦やコーンを積んで川を行き来させ、さらに運河を渡らせた。この町の河川運輸業がピークを迎えたのは一世紀以上前のことであり運河が使用されなくなって久しいものの、ヨークはジェネシー川渓谷の中心地であり、温暖で豊かな牧草地帯であるという地の利から、アメリカ合衆国の酪農業の中枢でありつづけている。

公会堂正面の芝生には旗ざおと電光掲示板が立っている。毎週更新される掲示板にはその週の行事や催事、たとえば集会、朝食会、晩餐会などの案内が表示され、市民に参加を呼びかけている。今日の掲示板には「来たる土曜の午後八時『オールド・タイム・フィドラーズ楽団』を迎えてスクエアダンス大会開催予定」と記されている。

もし無事に子牛の誕生に立ち会えたなら、お祝いにスクエアダンスに参加するのも悪くない。

・・・

スー・スミスは協力を約束してくれたものの、昼夜を問わずいつはじまるかわからない牛のお産にうまく立ち会えるかどうか、私にはとても不安だった。また、ローネル・ファームはロチェスター郊外のわが家から車で三五分しか離れていないとはいえ、ボナンザの種を宿した四頭は各々すでに三、四頭の子を生んでいるため、経産牛の特性として、分娩時間が短くなる可能性が高い。

どれか一頭にでも分娩の兆候があらわれたら、何時でもいいからすぐ連絡してほしいとスーにたのみ、私はオフィスと自宅の電話番号を彼女に教えた。その後、万全を期すためポケットベルも手に入れて、その番号も彼女に知らせた。寝室の隅の椅子の上には防寒着を並べ、知らせがきたらベッドから飛び起きてすぐに着替えられるよう準備も整えた。一一月後半を迎えたニューヨーク西部はおそろしく寒い。車の後部座席には筆記用具、カメラ、懐中電灯、非常食、毛布、車の中で寝るための枕など、自分なりの助産セット一式をつめこんで、私はその日が来るのを待った。

わが家の年ごろの娘たちはこの時もう、友だちを車に乗せてくれとは言わなくなっていた。町の子には相容れない牧場の香りはもちろんのこと、自分の父親が車にこんな妙な荷物を載せているところを友だちに見られたくなかったのだろう。

・・・

三六号線を先の中心街から南にすすみ、最初にぶつかる道路、クレイグ通り沿いにローネル・ファームは位置している。通りには数件の民家、海外戦争復員兵協会支部を兼ねる「ヨーク・スポーツマンクラブ」、七〇頭ほどの牛がいる小さな牧場が並んでいるが、クレイグ通りのほぼこのあたり一帯がスミス家所有の土地であり、ローネル・ファームの一部である。

ローネルの〝ネル〟はネルソン・スミスからとっている。一九二三年、敷地の一端を購入して農園をはじめたのはネルソン・スミスだった。現在九一歳になった彼は、片耳に補聴器をつけているものの、闊達《かったつ》で白髪の豊かな老人である。現在バタビア近くの介護つき老人施設に住んでいる。

いっぽうローネルの〝ロー〟はアンドリューの父、ローレンス・スミスが由来である。ローレンス（ラリー）はネルソンの長男で、近隣の大学で四年間農業経営学を教えたのち、父親の農場経営に加わった（ラリーには、いまだに大学教授らしさが残っている。本書の執筆計画について話した翌日、彼は参考文献を一一冊列挙したファックスを送ってきた）。最初に酪農牛を買ってきたのはラリーであり、何年も費やしてクレイグ通り周辺の五つの牧場を買収し、経営を拡大化したのもラリーだった。ラリーは今六五歳、現役を半ば引退している。

二〇〇〇エーカー（約八〇〇ヘクタール）を超える土地と九〇〇頭の牛を所有しているにもかかわらず、ローネル・ファームがこの地域最大の酪農場というわけではない。車で三〇分も行かないうちに一一〇〇頭から一五〇〇頭の牛を有する牧場にいくつか出会うことができる。だが最大ではないにしても、ローネル・ファームはたしかに富んだ牧場だ。こうした事実は、ニューヨーク州および国内全土における酪農界の傾向――「牧場の数は少なく、規模は大きく」といった傾向のあらわれだ。

ローネル・ファームが当初から所有していたものの中に、スミス一家が〝メイン・ファーム〟と呼ぶ、搾乳中のすべての牛が収容されている牛舎群がある。しかしそこには、あらゆる状態の牛を一年中入れておけるほどのスペースはないため、子牛・未経産牛・成牛など、その年齢や成長段階に応じて、牛はローネル・ファームの管理下に置かれた五つの牧場を周期的に行ったり来たりしている。たとえば、はじめて人工授精を迎えようとしている未経産牛はカリーという牧場で飼育され、分娩間近の牛はハンナ・ファームで飼育される。

しかしスー自身も認めるように、こうしたやり方にはいくつかの欠点がある。効率の問題もその一つで、彼女とスタッフたちが各牧場を車で巡回しては牛の様子をチェックし、必要に応じていちいち牛を移動させるという作業にはかなりの時間がとられるのだ。ボナンザの精子を受精した牛を集め、分娩のためハンナ・ファームに移そうとしていたあの場所も、実はスーとアンドリューの家のすぐそばにあるバレービュー・ファームだった。

・・・

誕生からと畜まで、牛の一生を見とどけるという計画が酪農牛では不可能に近いと気づいたのは、ローネル・ファームをたずねるようになってまもないころだった。酪農牛の寿命は通常五年。最初の出産までの二年間と、その後の搾乳期間の三年だ。五歳を過ぎるとミルク産出量は減少してゆき、牛はと畜場《じょう》へ送られる。牛を追いかけるのに二年費やす用意はあるが、私に五年という時間的余裕はない。

しかし幸い別の手段があった。酪農牛、つまり雌牛ではなく雄牛なら追うことができるとわか

アンドリュー・スミス、ローネル・ファームにて

（写真：ピーター・ローベンハイム）Copyright©Peter Lovenheim 2002.

ったのだ。

ホルスタインのような乳用種牛は重い乳房に耐えられるよう長い年月をかけて体高のある骨格質の体型へと改良されていったいっぽうで、肉専用種牛はよりずんぐりとした小型のものへ品種改良されていった。こうした経緯からわかるように牛にはそれぞれ役目があり、牧場で生まれる雄牛にはふつうなんの経済的価値もない。成長してミルクを産出することもなければ、質のよい牛肉となる見込みもないからだ。一般的な牧場で生まれた雄の子牛は誕生後数日で市場へ出荷され、五〇ドルかそこらという安値で売られていく。競売で落札された子牛のほとんどがすぐにと畜場に送られ、その肉はペットフードになることもある。また、ヴィール〔食肉用子牛〕として四ヵ月間ほど肥育《ひいく》農家で育てられる場合もある。

しかし私は次のことも学んだ。ホルスタインの雄子牛は肉用に一年以上育てられる場合もあるということだ。肥育農家は競売で丈夫そうなホルスタイン牛を選び、一二〇〇ポンド〔約五五〇キロ〕というと畜の目安となる体重になるまで、約一六ヵ月間かけてそれらを飼育する。〝デイリー・ビーフ〔乳用種牛肉〕〟と呼ばれるこうした肉は通常、安価なステーキや厚切り肉〔チョップ〕に姿を変えて庶民向けレストランのテーブルに並ぶか、あるいは挽き肉になって他の肉と混ぜ合わされ、ファストフード店のハンバーガー用の肉になる。

デイリー・ビーフ用に飼育される雄子牛を追っていけば、自分に与えられた二年という時間的猶予の中で、一頭の誕生からと畜までを見とどけることができるにちがいない――そう私は確信した。

• • •

ローネル・ファームの〝ブルペン〟〔生まれたての雄子牛が入る囲い場〕はメイン・ファーム内に

あり、事務室とつながった古い牛舎の一角にある。囲いに敷かれた藁《わら》の層はごく薄く、いたるところでコンクリートがむき出しになっている。

今朝のブルペンには九頭の雄子牛がおり、起き上がれないもの、震えているもの、死んだように動かないものなど、どれも弱々しい。かたわらには、すり切れた小さな青い毛布が一枚転がっていた。

このブルペンに隣接し、ゲートに鍵がかけられた分娩牛舎から、牛の大きな鳴き声が聞こえてくる。ゲートの下、三〇センチほどの隙間に雌牛が鼻をつっ込み、激しく息を吐いている。気温零度近い一一月の朝、黒い鼻孔から二本の蒸気が出ては、ゲートの下から子牛たちの方へと伸びてゆく。

最近出産を終えたばかりの牛にスーが声をかける、「おいで、かわい子ちゃん。いらっしゃい。そう、そう、いい子ね」。

二頭の子牛が囲いの柵のあいだから顔をのぞかせ、私の足に鼻をすり寄せ、ジーパンの裾を舐めている。

その時、二十代前半の一人の女性が牛舎に入ってきた。赤褐色の髪を三つ編みに束ね、背中の真ん中まで垂らしている。彼女がローネル・ファームの子牛担当責任者、ジェシカ・トラウトハートだ。一週間に二〇～三〇頭生まれる、この牧場のすべての子牛を管理している。

ジェシカは雄子牛のあいだに仮置きした雌の子牛を探して、寝そべる子牛一頭一頭に近づいては足を持ち上げ雌雄を確かめ、雌牛が見つかるとそれを囲いの外にそっと押しやった。これからこの一頭を、雌の新生牛専用の温室へと移すつもりだ。

ジェシカがローネル・ファームで働くようになってからまだ三ヵ月しかたっていない。彼女はここにくる前は、高校卒業直後から七年間美容師として働いていた。そこでは「何でもやった」という。「パーマに毛染め、カット、メーキャップも。でも牛を相手にする方が好きだわ。外にいる方が好きなのよ」と彼女は言った。

雌牛探しをするあいだにジェシカは死んだ子牛を一頭見つけ、後ろ脚を片方持って、ブルペンから牛舎の中央通路に引きずり出した。なぜ子牛は死んだのか?

「わからないわ。時々死んじゃうのよ」とジェシカは言った。

一日に二回ジェシカは雄子牛に、水、ミネラル、ビタミンが混ぜ合わされた粉乳を代用乳として与えている。温室にいる雌とは異なり、雄子牛に母牛の初乳が与えられることはない。人間の女性と同様、牛も出産後の数日間、栄養分と免疫物質に富んだクリーム状の濃厚な初乳を分泌するのだが、初乳の採取、凍結、解凍といった処理作業には大変な労力を要するため、通常の場合雄には初乳がまわってこない。そのうえ、雄が下痢を起こしたり他の病気にかかっていたりしても薬が処方されることはない。

事務室のコルク板には、酪農雑誌の切り抜き記事のコピーが貼ってある。見出しは「初乳を飲まない子牛に生きるチャンスはない」だ。しかし雄に初乳はまわってこない。

ジェシカは牛舎内の別の部屋からプラスチックの子ども用そりを手にしてもどってきた。そして死んだ子牛をそりに載せ、通路をとおって牛舎から出ていった。後ろ脚がそりからはみ出し、地面をけずって跡が残った。

分娩牛舎のゲートの裏から牛の鳴き声が聞こえてくる。

その日の午前中、私はボナンザの子を宿している四頭の様子を見に分娩牛舎に立ち寄った。牛舎にはほかにも十数頭の妊娠牛がいたが、そのうちの一頭が産気づいているのに気がついた。それはボナンザとは関係のない牛だったが、七〇〇キロ近くもある動物が分娩を開始しようとする姿は否が応でも目に入る。

・
・
・

その牛はナンバー１６０２、厚く敷かれた藁の上で横になっている。分娩牛舎内を歩きまわっても安全かどうか以前スーにたずねたところ、「だいじょうぶよ。でも、後ろに注意してね。一、二頭ものすごく防衛的になってる牛がいるから」と聞かされていたため、私は１６０２を牛舎の低い柵越しに観察することにした。

約九〇パーセントの割合で、酪農牛は人の介助なしで分娩をすませることができる。ダーラの時のように子牛を牽引しなければならないケース、または帝王切開しなければならないケースは、胎子の頭が大きすぎたり、逆子のように胎子の体位が異常だったりする場合がほとんどだが、体位が正常の場合、子牛の前足が最初に出て、次に頭、肩、腹部、腰、最後に後ろ脚と蹄が出てくる。

私の前で産気づいている牛は、頭と尾のあたりが黒く残りの部分はおおむね白い。一度鳴いたかと思うと、目を見開いて肩越しに後ろを振り返った。その時１６０２にも私の見ているものが見えたかどうかわからない。外陰部から約一〇センチの蹄が一つ突き出ている。黄色がかった白といえばいいだろうか、汚れた歯のような色をしていて、繊細でほっそりしている。ハイヒールという表現がふさわしい。こうした黄変作用は〝ゴールデン・スリッパ〟と呼ばれるもので、子牛の体を覆っている光沢のある胎膜から蹄が透けて見えるため生じる現象だ。

ウシ（cattle）は哺乳類偶蹄目《ぐうていもく》（蹄の数が二あるいは四個の動物）に属する。野生の牛の生育環境は温帯の草原あるいはサバンナであり、この環境に適応して牛の脚は長くなり、その結果走る速度が増して捕食者から逃げおおせることができるようになったといわれる。これにともなって、牛や他の有蹄目《ゆうていもく》（鹿、羊、山羊など）は、足指に体重をのせて歩く趾行《しこう》移動を発展させることになる。偶蹄は、肥大化した第三・四指の二つの爪が厚くなった結果の産物だ。その他の指は消滅するかもしくは、蹄の後ろ上部に突起する副蹄という形で、退化した指のなごりとして残っている。

しかし〝偶蹄〟には邪悪なイメージがあるのも事実だ。たとえばサタンを描くさいにはよくこの偶蹄が用いられているし、〝悪魔教会〟の広報誌の名も「割れた蹄《クローヴン・フーフ》」というらしい。

陣痛の合間、一呼吸置いている1602の後ろから突き出た割れた蹄。その蹄を見ながら、なぜこの金色の足爪がそんな悪魔のシンボルになったのか私は不思議に思っていた。

やがて子牛の頭があらわれた。つづいて肩、すると残りの体がするっと出てきて、乾いた藁の上に落ちた。牛舎の東側から射しこむ一条の光の下、子牛は身動き一つしない。ピンク色の鼻、顔の左側に黒の斑点模様がある、全体的に白い子牛だ。母牛が生まれたばかりの子牛を舐めはじめると、そのかたわらにボナンザの子を宿すナンバー1523ともう一頭が歩み寄った。

牛舎の後方の開け放たれた窓から、銀色に光るよその牧場のサイロが見える。今この瞬間も、アメリカのあちこちの牧場で母牛が新生牛を舐めているにちがいない。実際この牧場でさえ隣りの牛舎には、私がここに到着する数分前に生まれた別の子牛がいて、それを舐めている母牛がいる。国内にいる九〇〇〇万頭の酪農牛は、年間七〇〇〇万頭の子牛を産む。一日に約二万頭、四秒に一頭の割合だ。

ジェシカの乗ったトラックが牛舎に近づいてきた。気温は零度近くだというのに彼女はチェックのシャツ一枚でコートも着ていない。牛舎に入ってくると子牛の脚を持ち上げ「雄ね」と言い、両腕を広げて子牛の腹部をそっと抱き抱え、トラックの助手席に載せ、出ていった。

子牛を舐める1602の姿に夢中になっていたため、ジェシカが牛舎にやってきて子牛を連れ去るまでの時間がほんの数分のように感じられたが、腕時計で確かめてみると、実際には四〇分かかっていた。子牛が母牛といっしょにいたのはおよそそれくらいだ。

1602は子牛が横たわっていた場所のにおいを嗅ぐと柵まで歩いていき、鳴いた。四頭の牛があとからついていく。次に桶から口いっぱい餌をほおばるとウォーターカップの水をがぶ飲みし、ふたたび柵に近寄って鳴く。1602は牛舎を数回まわり、もといたところにもどってくると、もう一度子牛のいた場所のにおいを嗅ぎ一声鳴いた。1602を除き、牛舎にいるすべての雌牛が黙って立っている。1602は落ち着かない。また柵に近づき、地面のにおいを嗅ぐ。そしてやさしく鳴きつづける。

母と子の絆は強い、それが牛本来の自然な姿だ。子牛は一歳になるまでほぼずっと母親から乳をもらう。畜牛に関するある研究によると、誕生後の五分間子牛と接触するだけで母牛の母性はぐんと強くなるというし、また別の研究によると、一年後にふたたび出産しても前に産んだ子との絆は絶えていないことがわかっている。

・・・

日が傾きはじめた頃、私は1602の子がどうしているかを調べるため、雄子牛のブルペンへ行ってみた。雄子牛はすぐに売りに出されてしまうため、番号さえつけられない。子牛は震えながら、今日生まれた他の雄子牛たちといっしょにいた。

分娩牛舎のゲートの下に鼻を突き出し、ひっきりなしに鳴いている牛がいる。あんなに鳴くのはどの牛なのか知りたくて、私はゲートに近づいて耳標を確かめた。１６０２だ。自分の赤ん坊がそばにいることがわかっているのか。

生まれたばかりの子牛が母牛から引き離される様子は見るにしのびなく、また、雄子牛がコンクリートの床の上で震える姿も哀れでならない。だが自分の感情をつづるのはひかえよう。なぜなら、この牧場にあるすべてのものが今の私にはまだ未知なのだから。

・・・

二日後の金曜の朝、私は九時にローネル・ファームに到着し、ボナンザの最初の子が夜中の三時にハンナ・ファームの牧草地で生まれたことを知らされた。私に連絡がなかったのは、誰もその場に居合わせなかったからだ。母牛のナンバー１５２３はすでにメイン・ファームに移されていて、今は分娩牛舎にいる。生まれた雌牛もメイン・ファームの温室にいるとのことだ。

温室は奥行き約三五メートル、幅約一〇メートルのドーム型の構造物、骨組みは木造で、四方をビニールで覆われ、室内は一〇度という快適温度で保たれている。金網で作られた高さ一メートル以上の檻の列が二本並び、各檻には一頭ずつ雌の子牛が入れられている。牛は誕生順に並んでいるため、生まれたばかりの子牛を見つけるのはひじょうにたやすい。

右列の一番手前の檻に私の探す、ボナンザの子どもがいた。体も顔もほぼ真っ黒だが、額の真ん中にほんのわずかの白い斑点、背中に細い帯状の白毛、そして四本の白い脚——額に水平に入った白い線と臀部の白い模様はないものの、母牛の１５２３とよく似ていた。大型犬ほどの大きさをしたこの生まれたての子牛には、愛らしさのあらゆる要素がそなわっている。頭部の占める割合、大きな瞳、温かい肌触り、もろさ、やさしさ、完全なる無力さ。

ジェシカは檻の子牛をそっと立たせ、哺乳瓶をくわえさせる。

「初乳をあげてるのよ」と彼女が言う。「そうそう、あなたがここにくるちょっと前に〝ファースト・ディフェンス〟という錠剤を飲ませたばかり。子牛を病気から守るための薬よ。この子は夜中に草の上で生まれたから、初乳を飲むまでにどれくらい時間がかかったかわからないの」初乳に含まれる免疫物質を吸収する能力は、誕生後約六時間で急速に衰えるのだ。

子牛は哺乳瓶を力強く吸っている。子牛がいやがるようなら、「管をとおさなくちゃならないわ」。これは、子牛の食道に管をとおして初乳を無理やり与える方法を指している。

ジェシカはヨウ素液で子牛の臍の消毒をはじめた。臍にはまだ、赤くよじれた一〇センチほどの臍の緒がついている。（美容師の仕事と今の仕事とのあいだに何か類似点があるかジェシカにあとでたずねたところ、「ええ、今でも手に染みをつけて家に帰るわ。毛染めの染料がヨードチンキに変わっただけね」と答えていた。）さらに彼女は子牛の左後ろ脚上部に二本の注射をした。一本は鉄分補給、もう一本はセレニウムとビタミン補給のためだ。

ジェシカが子牛にまたがり、体を固定させると、いよいよ耳標の装着だ。彼女は装着用のパンチで子牛の耳に、黒い数字が記された黄色い札を取りつけた。これからのち、この新生牛は「ナンバー６７１７」と呼ばれるのだ。

・・・

昼前には雨が降り出した。雄子牛のブルペンでは、二日前に生まれた１６０２の子の震えがやんでいる。その理由が、気温が少し上がったせいなのか、子牛が前より強くなったせいなのかはわからない。

やがてアンドリューがこの牛舎に牛を数頭連れてきた。そのうちの一頭に陣痛がはじまったのだが、何か問題が生じているらしい。「おおむね順調なんだが、子宮頸部が固いんだ」と彼は言う。子牛を牽引するつもりだ。

アンドリューは他の牛たちを通路に放し、その牛をブルペンの向かいに位置する赤いスタンチョンにつないだ。このスタンチョンは、以前獣医師がダーラから死んだ双子を牽引した場所だ。牛の外陰部から、折り重なるようにして蹄が二つ突き出ており、牛舎の低い天井からぶら下がる蛍光灯の明かりできらきら輝いている。

アンドリューはナイロンロープを上側の蹄に巻きつけ、右腕を母牛の膣の中にさしこんだ。彼の腕には、肩まで覆うオレンジ色の手袋がはめられている。ジャッキをまわすと頭が出てきたものの生気がなく、舌が口のわきから垂れ下がっている。体が床に転がり落ちるとアンドリューは子牛を中央通路に引っぱっていき、ひざまずいて片方の目を押したり鼻孔に藁をつっ込んだりして、子牛の反応を確かめた。そして周期的なリズムで子牛の胸を押しはじめた。

「しっかりしろ、お嬢ちゃん」手に力がこもる。

一分後アンドリューは蹄に巻かれたナイロンロープを握りしめ、息のない雌子牛を牛舎から外へ運び出した。

「失礼、ご婦人方」彼はそう言いながら、そばに立っている二頭の牛の横をとおり過ぎた。

•
•
•

私は帰宅する前にはいつもレストラン「ヨーク・ランディング」に立ち寄って、自分のとった記録を振り返っている。このレストランは地元の人間にはただ「ランディング」と呼ばれている。

一八五〇年ごろ建てられたこの二階建ての赤レンガの建物には当初パン屋が入っていたようだ。かわって入ったのが金物店、次に雑貨屋とつづき、レストランになったのは一〇年ほど前だ。現在のオーナー、ラリーとジョーン・アレクサンダー夫妻は親切で働き者の三十代の夫婦である。「ランディング」は私にとって、心と体を休めるためのとっておきの場所だ。とりわけ、凍てつく牛舎をあちこち歩きまわって過ごしたあとは。レストランの正面ドアが開くとカウベルがやさしく鳴り、店に入ってくる客を、自家製チョコレートケーキ、クッキー、レモンバーなどの並んだショーケースが迎えてくれる。レストラン内部の雰囲気もいい。壁は頑丈なレンガ造り、天井と床は色の濃い広葉樹の板張りだ。

建物それ自体が癒しになる。私は以前、長方形をしたこの建物の縦横の寸法を歩いて測ってみたことがある。はたしてそれは、古典ギリシア建築において最高の美的よろこびをもたらすとされる〝黄金方形〟の比率とほぼ一致していたのである。

パン類のショーケースの後ろには広いサービスカウンターがあり、レジとコーヒーポットが両端に置かれている。コーヒーはセルフサービス、自分でついであとで清算する。カウンター上の天井には木製のファン、そのそばにはこの建物で商売をした歴代の店の手書き看板が吊るされ、店の奥までつづいている。

左手の壁にかかった黒板に本日のスペシャルメニューが記されている。この店の定番にはハンバーガー、チキン&ビスケット、ビーフシチュー、コールドサンドイッチ、自家製スープがある。

レストラン「ヨーク・ランディング」

（写真：アーリヤ・マーティン） Copyright©Ariya Martin 2002.

先週ジョーンは彼女の祖母のレシピから、サーモンパテのフライを作ってくれた。母の作ったサーモンパテを思い出しながら味わった。

店内にはヨークの昔の暮らしを写した大きなモノクロ写真が何枚か飾られている。店の昔の写真や、ジェネシー川に平行して流れる運河や、その盛衰をともにした製粉所や倉庫の写真もある。だがもっとも私の興味を引いたのは、一九一二年のロード・ラリーの写真だった。雪の降る中、国旗を掲げたクラシックカーが道路に勢ぞろいし、大太鼓の加わったブラスバンドが場を盛り立てている。車を見物しているのは、丈の長いコートを着てドライバーキャップをかぶった男性のグループと、ニッカボッカーをはいた二人の少年だ。彼らは全員、今私がいるこの建物の前に立っている。

レストランの奥には、ネイティヴ・アメリカンの毛布や売り物の手工芸品がおさめられたキャビネットがある。私は以前ここで陶製のろうそく立てと木枠のついた鏡を買っており、それぞれが自宅ベッドわきのナイトテーブル、オフィスの壁に飾られている。今私が目をつけているのは「ランディング」と同じ形をした木の巣箱だ。

客どうしの情報交換用に使われている壁もあり、いくつかメモが貼られている。「男性の前立腺障害支援グループ結成中」「ヨーク緊急医療サービスではボランティアを募集中」「キワニス（奉仕団体）はチキンバーベキューを開催中」「ベビーシッター募集中」「販売用干し草あり」、などだ。

「ランディング」の席数は多く、木製の四角いテーブル席、アイスクリームパーラーでよく見かける大理石の天板がついた丸テーブル席などがある。だが私の席はいつも決まっている。入ってすぐ右手にあるボックス席だ。この一角は節目の多い松材でできていて、窓辺にあり、七、八人すわることができる。ここに腰かけていると、通りを行きかう車やトラックの流れ、レストランに入ってくる人たちの様子がよく見えるし、さらに、カウンターでかわされるほとんどの会話が聞きとれる。ラリーはこの席についてこう言っていた。たしかにみんなに好かれる席だよ、しかも同じ理由でね、と。彼と妻のジョーンはその席を〝情報席〟と呼んでいる。

「ゴシップの交換局だね。ここに腰かけていれば、そのうち町で起きていることがなんでもわかるよ」と説明した。町の前執行官もこのテーブルでよく人と会っていたという。

ラリーが〝情報席〟のある朝の風景をメモにまとめてくれたことがある。そこには次のように記されていた。

五時三〇分――高速道路整備係（冬は道路の除雪にあたり、夏は道路整備にあたる）と農夫が仕事始めに立ち寄り、夜間担当の搾乳係が仕事を終えてやって来る。

六時三〇分――ロチェスターに向かう途中の通勤者が来店。

七時三〇分――農夫が朝の仕事をすませ、軽食をとりに来る。

八時〇〇分――ウォーキング中の有閑マダムらしきご婦人グループ。八人から一〇人ぐらいで犬を各々連れている。金曜にはここでさいころゲームに興じ、みなチップを二五セント余計にはずんでくれた。

いつものように自分の記録を読み返しながらこの〝情報席〟にすわっていると、誰かがローネル・ファームについて話しているのが聞こえてきた。厨房にいる二人の人間、おそらく放課後ここでアルバイトをしている学生が、六〇歳を超えたラリー・スミスがまだ牧場のオーナーなのか、それともアンドリュー夫婦が後を継いだのかうわさしている。一人はラリーは引退したと言い、もう一人は、いや彼はまだ現役だと主張した。ちょうどその時正面ドアのカウベルが鳴り、ローネル・ファームの帽子をかぶったラリー・スミス本人が入ってきた。私はコーヒーをいっしょにどうかと誘ったが、早めの夕食を買いに寄っただけですぐに行かねばならないと彼は言った。例のアルバイトの学生が一人出てきてにこやかに会釈し、ラリーにテイクアウトの食べ物を手渡した。

・・・

次の月曜ローネル・ファームをたずねると、「あなたがこの前見ていた雄子牛が死んだの知ってる？」とジェシカがたずねてきた。

ブルペンにいた１６０２の子のことだ。死因はわからないが、他にも二頭死んだと教えてくれた。スーは代用乳に何かおかしな点がなかったか調べているという。いっぽうジェシカは、ブルペンに潜んでいるかもしれないあらゆる病原菌を退治するため、藁を取り払いコンクリート床に石灰を散布したところだった。子牛たちは一時的に、ブルペン正面の通路に集められていた。

調べることがあるからと言いジェシカは事務室に引きあげていく。彼女が席をはずしているあいだに、家畜運搬業者のジョー・ホッパーが子牛を市場へ運ぶため、専用トレーラーとともに牧場にやってきた。年のころは五〇歳、茶色のつなぎを着ている。茶色いあごひげをたくわえたジョーは、おだやかで人のよさそうな顔をしている。

ジョーは通路に入ってくると、「さあさあ、みんなこっちにおいで」とやさしい声で呼びかける。「怠け者もいそうだな」彼は私の方を向いて言った。「さあ、立ちな」子牛を軽く手で叩き、なだめすかすように話しかける。「そう、それでいいんだ。さあ行こう」

自然環境下では幼い子牛はたいして歩かないし、歩く必要もない。子牛は母牛にかくまわれ、母牛が隠れがのそばの牧草地で草をはんでいるあいだはほとんどずっと眠っている。母牛はしょっちゅうもどってきては子牛の様子を確かめ、乳を与える。

三頭の子牛が死んでしまったとはいえ、今日ここを旅立つ子牛は一頭もいる。だがどれも元気だとは言いがたく、折り重なるようにして眠る子牛たちもいる。ジョーは耳をつかんで上になった子牛を起こしそっと腹部を蹴ってみたが、ほとんど動かない。

そして「こいつはどこにも行かねえつもりだな」と言った。

あちこちの子牛を軽く小突きながら起こしにかかるが、どれも動こうとしない。

「さあさあ」ジョーはせき立てる。「今日は腰が痛いんだ。いい子にしとくれ」

ジェシカが牛舎にもどってきた。

「やあ」ジョーの顔がにわかに明るくなった。「こっちの準備は万端さ。美容師さんの登場だね」

二人は子牛を一頭ずつ牛舎から出し、ジョーのトレーラーの傾斜台まで誘導する。

「おまえの番だ」ジョーはのろのろ歩く子牛たちに声をかける。そして、「ここんところいつも、充電器を家に置き忘れちまってな」と言った。

充電器？　私は聞き返した。

「こんなちっちゃな突き棒を買ったのさ。それで尻をつついてやると、どいつもこいつも飛び起きるのよ。エネルギーをくれてやるのさ。ひっぱたくよりゃ親切ってもんだ。叩くってのはよくないよ」

ジョーは横たわる子牛を持ち上げてうつ伏せにすると、後ろ脚、次に前脚を持って立たせ、やさしく傾斜台に押しやった。

「今朝はこれで三二頭目だ」とジョーが言う。

ついに最後の一頭が残されるだけとなった。コンクリートの上にうずくまり、脚が震えている。明らかに何かの感染症にかかり、立つこともできないようだ。

「ありゃ、連れてけねえな」とジョー。市場には病気の牛は連れていけないことになっているのだろう。だが何か考え直している様子だ。「おまえを運んじゃ行けないんだが……」ジョーは子牛にささやきかけると、かがみこんで腹部から持ち上げた。そして子牛といっしょに牛舎を出てトレーラーへと向かっていった。

・・・

ナンバー1602の子がその後どうなったのか私はどうしても知りたかった。子牛の屍骸はすでに堆肥の中だとジェシカが言う。ローネル・ファームの堆肥場までは歩いて二、三分、牛舎群から離れた糞尿処理用の貯水池とため池の向こう側、日よけの木立の下にある。実際には、そこには二つの堆肥積みがありそれぞれが高さ三、四メートルぐらいある。一見するとそれらは腐葉《ふよう》土《ど》や藁、枝や葉っぱでできた小山のように見えるのだが、目を凝らして見るとやがて気づく。小山のあちこちから突き出ている小さな骨、毛の塊、蹄に。このどこかに1602の子どももいる。

・・・

その翌日の深夜一時半、寝室の電話が鳴った。私は八〇歳を超えている両親のどちらか具合が悪くなったのではないかと思ったが、受話器から聞こえてきたのがスー・スミスの声だったのでほっと胸をなでおろした。彼女の話によると、夜間搾乳係の一人から電話があってボナンザの精子を受精した牛、ナンバー４９２３の分娩がはじまりそうだと告げられたという。彼女が昨日４９２３をハンナ・ファームからメイン・ファームの分娩牛舎に移したさい、それらしき予兆もあったということだ。

すばやく着替えをすませ、牧場まで四〇分の道のりにつく。これまで何度も三六号線を運転してきたが、こんな時間に運転したことはない。車のヘッドライトの光があたり、標識の36の数字が私の注意を引いた。ユダヤ教では数字はそれぞれ独自の意味をもつとされていて、数字の18は〝命〟をあらわす。また、ヘブライ語の乾杯の音頭の言葉 L'chaim はそもそも〝命のために〟を意味している。そうすると、数字の36は〝二倍の命を祝う〟ということになる。これはいい前触れだ。双子が生まれるかもしれない。

牧場に着いた私は、牛の世話にあたっていた女性従業員から、陣痛は遠のいてしまったようだと告げられた。牛の分娩の前兆については私も本を読んで知っているが、たしかにそれがない。膣から粘液の流出もないし、尻尾も上げていない。食欲もある。

スーが牧場にやってくる五時までここにとどまることにした。彼女が見れば、確かなことがわかるはずだ。

くたびれもうけにはならないだろう、そう思いながら外に出て空を観察しはじめた。空気の澄んだ冷たい夜だ。こんなにたくさんの星を最後に見たのはいつだっただろう。北斗七星を探していると、ローネル・ファームの三つのサイロの上で北極星が見つかった。ヨーク中心部の空の上で輝いている。

この二週間持ち歩いてきた枕と毛布を使うことにしたが、車の後部座席はとてもじゃないが寝心地のいい場所とはいえず、スーが到着した時、私は眠れぬまま車の中で疲れ果てていた。彼女は4923の様子を調べるとすぐに、分娩ははじまりそうにないと断言した。

牧場から引きあげる前に、私はスーとの取り決めを変更した。ボナンザの精子を受精した残り三頭のいずれかに分娩がはじまった場合、私に連絡してほしい。ただし朝の五時過ぎにしてくれと。

・・・

翌日ふたたび電話が鳴り、私はよろめきながらベッドから降りた。そしてぼそぼそと「もしもし」

「おはよう、ピーター。スー・スミスです」明るくはきはきした声だ。「4923が数分前に破水したの。朝にはあなたの子が生まれると思うわ」

私は四〇分でそこに行くと告げた。

「ところで今何時？」私はたずねた。

「五時一五分よ」と彼女。「じゃあ、あとで」と言って電話が切れた。

・・・

時速七〇キロほどでヨークまで運転する道すがら、私はロチェスター放送局の早朝トーク番組に耳を傾けていた。司会者のベスとチェットが、間近にせまった一一月末の感謝祭をどう過ごすかというテーマでしゃべっている。自分は〝セミ・ベジタリアン〟なので感謝祭では七面鳥も他の肉類もいっさい使わず代用品ですませるとベスはまくし立て、「改宗させてみせるわよ」とチェットをからかった。するとチェットがやり返し、「僕たちはどうなるんだい、ベス。感謝祭のテーブルのまわりに集まって、大豆タンパクの塊にお祈りを捧げるってわけ？」

・・・

午前六時。私は雄子牛のブルペンを足早にとおり過ぎ、４９２３がひっそりたたずむ分娩牛舎に向かう。４９２３の尾は三〇度ほど上を向き、いきむと勢いよく羊水が噴き出す。外陰部からはお産を知らせる粘液がしたたり落ちている。

４９２３は体全体が黒い牛だ。逆さのクェスチョンマークのような額の白い模様のせいで、私は簡単にこの牛を見分けることができる。

スーはミルキング・パーラー〔搾乳室〕で病気の牛の搾乳に手を貸している。アンドリューはいつものように整備室にいて、スーの車のオイル交換をしている。彼らは明日この車でニュージャージーまで行き、アンドリューの兄といっしょに感謝祭を過ごす予定だ。さらにマンハッタンまで足を伸ばし、メーシーズ百貨店の感謝祭パレードを見物することになっている。

「よお、あれを見ろよ」とアンドリューが牛舎の前にとめてある緑のトラクターを指さして言った。インディアナのディーラーから買った回収車で、糞尿処理に使用するという。「まだ二一五時間しか乗ってないんだ。乗用車でいえば八〇〇〇キロってところだな」ダーラの分娩で子牛を牽引した若い獣医師をリラックスさせるため、先週アンドリューが話題にしたのがこの小型トラクターだ。これを買うため睡眠時間たった二時間で丸二日車を運転し、彼はインディアナまで行ってきたのだった。ロチェスターからヨークまで往復一時間半ほど深夜運転したことで芽生えていた、私のちょっとした虚栄心はしぼんでいった。

・・・

太陽がのぼり白みがかってきた東の空に、三つのサイロのシルエットが浮かび上がる。地面にはうっすら霜が降りている。まるで絵はがきの景色の中にいるようだ。

温室ではジェシカが初乳の摂取期間を終えた雌子牛のため、餌用バケツに温かい代用乳を注いでいる。それと同時に、ガストロコートという胃腸薬のような薬を子牛たちに注射する。今週はじめに生まれたナンバー6717は、自分の檻の中で静かに体を休めている。

・
・
・

六時四五分、分娩牛舎では4923が薄い藁の上で右を向いて横になっている。天井に灯された明るいハロゲンライト一つで、この古い牛舎のたいていのものが見わたせる。いっぽう外ではヘッドライトをつけたフロントローダーが飼料を大型トラックの荷台に放りこんでいる。こうした人工的な明かりやうるさいエンジン音のせいで、休息や出産をコントロールする牛の力が損なわれたりするのではないだろうか……。

空はすっかり明けきった。4923は依然そのままの姿勢だが、後ろ脚を伸ばし突っ張らせていた。膣が開き、中に袋(胎胞)が見えた。

一〇分後、4923は立ち上がって柵の下に頭をもぐらせ、柵越しに他の牛と鼻をすり合わせた。次に牛舎の端まで歩きまたもどってきた。

ミルキング・パーラーの外に一四輪のステンレス製ミルクローリー車〔集乳車〕がとまった。運転しているデイヴ・スローカムは毎朝牧場にやってきて、ここでとれたミルクを六〇キロほど南にある乳製品加工工場まで運んでいる。ミルクローリー車には約二八〇〇〇リットルのミルクが積載できる。

破水してから二時間以上たった4923の膣部は赤く腫れ、胎胞が見え隠れする。しかし49

23はまだ歩きまわり、産む体勢に入らない。私が近づきすぎているせいで神経質になっているのではないかと心配になってきた。

三〇分後アンドリューが牛舎にやってきて言った、「引っ張り出そう。破水してから長すぎる」ジェシカも姿を見せたので、アンドリューは彼女に乾いた藁を持ってくるよう指示を出した。

「さあ、こっちにおいで。どこに行くかわかるな?」アンドリューはそう言いながら、今は石灰で覆われたブルペンの向かいにある、赤いスタンチョンへと4923を導いていく。

牛がすんなりスタンチョンにつながれるとジェシカは尾の下の部分に藁を敷き、アンドリューはオレンジ色の手袋を右手にはめ、牛の後ろわきに立って膣部に手を入れた。

「双子だ。片方がまだ破水してないようだな。だからお産をはじめなかったんだ」

4923の中で彼がかすかに手を動かすと、白い蹄があらわれてきた。アンドリューは手をコップがわりにして外陰部に石鹸水を注ぐ。膣が収縮をはじめたようだ。

今度は蹄が二つ出てきた。アンドリューはナイロンロープの一端を蹄に巻きつけ、もう一端を牽引器に固定しジャッキをまわした。すると濡れた子牛が4923の体内から出てきて、一メートル半ほど下の藁の上にドスンと落ちた。アンドリューは生まれた子牛を通路まで引きずっていき、いつものように下半身に目をやった。

「雌牛だ」

この雌子牛の真の価値は、双子の片割れの性別にかかっている。もしもう一頭も雌牛なら、4923の妊娠は二倍の利益をもたらす。一回の妊娠で貴重な乳牛が二頭も手に入るのだから。しかしもしそれが雄なら、この妊娠はかぎりなく全損失に近くなる。なぜなら、雌が雄の双子の片割れとして生まれた場合、その約八五パーセントが胎内で雄性ホルモンの作用を受け雄《おす》化して、不妊症になってしまうからだ。こうしたケースの双子の雌は「フリーマーチン」と呼ばれ、子どもができないゆえ、酪農牛として飼育されるより雄子牛のように市場に出されることが多いのだ。

別の蹄があらわれてきた。アンドリューがロープを巻きつけ牽引する。頭の番だ。目を大きく見開いている。全体的に黒い牛のようだ。さらに牽引がつづけられ、４９２３が大声で鳴いた。

破水とともに二頭目の全身が出てきた。この時、子牛は石鹸水の入った白いバケツに背面をぶつけ、藁の外まで転がっていった。アンドリューがそのまま通路へ引きずっていく。

「雄だ」感情を押し殺して彼が言った。

・・・

雌雄双生児の誕生はローネル・ファームにとっては惨敗だが、私にとってはそうではない。足もとで横たわるこの雄子牛は、私の待ち望んだ牛だ。ボナンザの精子と４９２３の卵子により生まれた子。生後の不安定な時期を無事に乗り越えることができたならこの子牛こそ、肉用牛、デイリー・ビーフの一六ヵ月しかない一生を私に見せてくれる、特別な一頭になるかもしれないのだ。

アンドリューはお産を終えた４９２３をスタンチョンからはずし分娩牛舎へもどそうとしたが、私のたのみを聞き入れ、４９２３を少しのあいだ子牛たちのそばに置いてくれることになった。これで私は親子がいっしょにいる姿を見ることができる。アンドリューはスタンチョンを清掃し、牛舎を離れた。

全体が黒っぽい二頭の子牛は床の上で四肢を伸ばしている。雄の方が体が大きく、額から鼻にかけて三角の形をした白毛が広がっている。雌の額にも同じ形の白毛があるが、鼻まで伸びていない。それが二頭を見分けるための目印だ。両方とも、とりわけ雄の方が、頭のわりには大きな耳をしている。二頭の耳を見ていると〝ロバの耳〟を連想する。ちょうど「ピノキオ」でロバに変わっていく時の悪童ランプウィックのようだ。

全身が体液で濡れ、鳴きながら立ち上がろうと必死にもがく雄子牛を４９２３は見つめている。しばらくするとかがみこんで、雄子牛の首や耳、顔を舐めはじめた。

今度は雌子牛の方を向き、頭、肩、背中を舐める。三分後にまた雄を舐めはじめ、尻から背中、首、顔をへてまた尻のあたりを舐めていった。勘定してみると、母牛は子牛を一分間に九〇回舐めていた。これほど舐めるのは、分娩にともなって分泌する体液が母牛にとって美味だからだろうか、あるいは本能からなのだろうか。舐めることによって、母子の絆が強くなる、体液を舐めとることで子牛の体温低下を防ぐ、刺激されて子牛が起立し母牛の乳首が見つけやすくなる、以上のように専門家はその効果を分析している。

生まれたての子牛は体が小さく、まるで全身が耳のようであり、頭であり、顔である。

雄子牛はなんとか立とうとするが、床に広がる羊水や膣液ですべってしまい、うまくいかない。４９２３は雄の目、額、耳、肩、腹部、背中をあいかわらず舐めつづける。

双子はほんのちょっと互いの頭をすり寄せた。

母牛は静かに舐めつづけている。牛舎に響くのは、子牛の濡れた短い毛を逆立てる舌の音だけ。ここにきて私ははじめて、「逆毛〔cowlick＝牛のひと舐め〕」という言葉の意味を理解した。牛のざらついた舌で舐められてクセがついたような、ぴんと立った髪をいうのだ。

雌子牛が立ち上がる。４９２３はその尻や尾を舐めている。母の巨大な乳房によろよろ向かい裏側に顔を押しつけるが、乳首にはとどかない。そしてまた倒れる。4923の右の乳首から乳がしたたり落ちた。

雄子牛もふたたび立とうとするが、すべりやすい床に耐えられる脚力はまだもっていない。

一〇分がすぎ、雌子牛がもう一度立ち上がる。4923はいまだ立つことさえできないでいる雄を舐めつづけている。冷たくなった体液や血液にまみれ、藁のないコンクリート床の上で雄子牛は震えはじめた。

数分後、ジェシカが朗報をもって牛舎にやってきた。雄子牛たちは今日から、温室のそばにもうける〝スーパーハッチ〟〔牛が数頭〜十数頭入る小さな牛舎〕に入れられることになり、従業員らが今それを組み立てているところだという。さらに雄にも初乳を与えるつもりだという――成熟した牛からとれる最良の初乳ではなく、若い雌牛が分泌するこれまでは捨てられてきた初乳ではあるが。若い牛はまだそれほど多くの病気にかかっていないため初乳に含まれる免疫物質も少ないのだが、有用なのは確かだし、代用乳よりずっといいにちがいない。

ジェシカが立ち去っても雌子牛は立ちつづけ、母牛の腹を鼻でつついている。だが乳首はまだ見つからない。雄子牛は立つことができないままだ。後ろ脚がどうしてもすべってしまう。もし4923が子牛を一メートルほど向こうに押しやれば床の乾いた部分に行き、立てるにちがいないのだが。

・・・

レストラン「ヨーク・ランディング」の移動販売車のスピーカーから「マクドナルドおじさん」の数小節がにぎやかに聞こえてきた。毎朝この時間帯、牧場にコーヒーやパンを売りにくるのだ。

私も休憩することにした。

地元の人たちはよくレストランにやってきてくれるがそれでも売上は充分じゃない、そうジョーン・アレクサンダーは言う。そのためこうして、彼女は半年前からこの移動販売をはじめたのだ。毎朝七時半になると彼女は車を出し、この地区の半径約二五キロ内にある十数件ほどの比較的大きな牧場へと向かっていく。販売するのは朝食用のサンドイッチ（卵、チーズ、ベーコン、ハム、ソーセージのいずれかをはさんだベーグル、マフィン、クロワッサン）やドーナツ、デニッシュそれに飲み物だ。トヨタの小型トラックの荷台に屋台が取りつけられている。ジョーンと夫のラリーがこの車を中古で買った時、走行距離はすでに三〇万キロを超えていたというが、現在それに四万キロ以上がプラスされている。私はピーチ・デニッシュを選んだ。

・・・

一五分して牛舎にもどると、子牛は両方とも通路で寝ていたが母牛４９２３の姿はそこに見えない。不思議に思ったちょうどその時、４９２３の鼻と口が分娩牛舎の柵の下からのぞいた。雌子牛はおぼつかない足どりで長いコンクリート通路の上を、柵へ向かって、母牛へと向かって歩いていく。

そこへ黄色い防水コートを着たジェシカがやってきて、スーパーハッチが完成したと私に告げた。彼女は雌子牛を抱き上げると、外にとめた小型トラックまで運んでいった。

今度は雄子牛をトラックまで運ぶ番だ。持ち上げようとするが、あまりに重い。ジェシカは死んだ子牛を牛舎から引きずり出す時に使っていた赤いプラスチックのそりを持ってきて子牛を乗せた。だが大きすぎて、引きずるとそりから落ちてしまう。

私は決断を迫られた。ジェシカに手を貸したいが、私はこの牧場で起こるいっさいのことに関しては一傍観者になると決めている。介入はしない。それなのに、私の中の何かがこの雄の子牛を、その死までを観察しようとしている生まれたての子を、さわってみたい、抱いてみたいと望んでいた。

「他にも防水コートはあるかい？」私はたずねた。ジェシカが事務室からもう一着持ってくると、私は上着を脱いでトレーナーの上にはおった。彼女が子牛の尻を持ち上げ、私が腹の下に腕を入れて上半身を持ち上げる。子牛の胸と私の胸が重なり合う。二人で子牛をトラックまで運び、荷台にいる姉牛の隣りにそっと置いた。

後方に押しやられてぎこちない態勢をとる雄子牛の腹部には、赤い臍の緒がむき出しになっている。手袋をはずしてさわってみると、まるでつるつるした赤唐辛子の皮のようだった。

スーパーハッチに着き、私たちは二頭の子牛をトラックから降ろした。木々に囲まれたスーパーハッチは白いファイバーグラス製の板壁と厚い藁床《わらどこ》でできている。おそらく一二、三頭の子牛が収容できるだろう。

雄子牛は自力でハッチまで歩いていったが、雄子牛はふらついているうえ動こうとしない。その時、作業服の名札に「ベネット」とある従業員がこちらに近づき、そのトラックを貸してくれと言って運転席に乗り込んだ。バックしようとするので、この牛が道をあけるまで待ってくれと合図を送ると、彼はトラックから降り、無言で雄子牛の両耳をつかみハッチまで引きずっていった。

ベネットが立ち去ったあと、私はジェシカに、彼があんなふうに子牛を扱うのをどう思うかたずねてみた。

「私はしないけど」と彼女は答えた。そして「でも、子牛はべつに平気みたい。虐待してるとは思わないわ」と言い足した。

双子はハッチで横になっている。ジェシカはそれぞれに立つよううながし、一頭ずつまたがっては初乳の入った哺乳瓶をくわえさせる。二頭とも無心に飲んでいる。

彼女の子牛への接し方はていねいだし愛情に満ちている。私はそんな感想をジェシカに伝えた。すると彼女は「おかしなもんね。だってここにくるまで、何かの面倒をみたことなんてなかったんだから」と言った。彼女には妹や弟も姪や甥もいないし、ベビーシッターの経験もない。牛のことについても、美容師を辞めて牧場で働くようになるまでは何も知らなかったという。「よく牧場のそばを車でとおってたけど、べつに意識もしなかったわ」今では、「牛の中にはとても利口な子がいる」と感じはじめ、自分自身「何頭かに愛着を抱いている」と言っている。

もしこの雄子牛が私の目的とする牛ならば、それに印をつけるべきだとジェシカが言った。なぜなら今日はたくさん出産がありそうなのでスーパーハッチに多くの子牛が集まってくる、ここにくる子牛は雄なので耳標《じひょう》はつけないので、いったん混ざってしまったら見分けるのがむずかしくなる。それにもし印をつければ、月曜日にここにやってくる運搬業者ジョー・ホッパーも、その牛は市場に出してはならないものだとわかるにちがいない、そう彼女は言った。

私は事務室で家畜用のオレンジ色のマーカーを見つけた。それは濃い目の蛍光クレヨンのようなものだった。私がハッチにもどってくると、今朝ハンナ・ファームで生まれた別の雄子牛がもう双子のあいだに混ざっていた。

私はスーパーハッチの中に入り込み、藁の上で寝ている雄子牛の額の三角模様にマーカーを何度もこすりつけた。あとで私は牛の代金をスミス家に払うつもりだが、今のところマーカーでつけたこの跡が、子牛が私のものであるという証である。私はツバをつけたのだ。

するとふいに、この生き物の健康管理は自分にゆだねられているという責任感が芽生えてきた。余分に初乳を与えてもらえないかこっそりジェシカにたのんでみよう、まず最初そんな考えが浮かんで来たが踏みとどまり、思い返した。プロのライターとして距離を保たなければならないこと、私の意図は牧場の流れを観察することであり、介入するのではないということを。

双子はいっしょにいる方がいいと考えて、私は雌子牛にも印をつけた。当然のことながら、酪農場には雄牛やフリーマーチンを育てるだけの余裕はないため、ここでは双子のどちらも飼うことはできない。二頭を市場に出荷するまで育ててくれる肥育農家を、私はこれから探さなければならない。

・　・　・

帰りぎわ、まだ雄子牛は震えていたが、私はそれほど心配しなかった。雄子牛は他の二頭といっしょに厚い藁の上で寝ているし、ハッチの開放部は南に面していて、気温は低いものの陽がさしている。

私はコートを返しに事務室に立ち寄ってから自分の車に乗り込んだ。ジッパーが壊れていたため、防水コートはたいして役に立たなかった。牧場に来てから約一二時間後、私は帰路についた。服には血痕と羊水の染みがついていた。

・　・　・

金曜の夜、ヨーク公会堂はフィドルの音楽で熱気を帯び、スクエアダンス大会のはじまりを待っていた。天井が高いにもかかわらず、落ち着いた色の床材と壁の羽目板のおかげで、室内全体が暖かく感じられた。ステージでは、フィドル、ギター、アコーディオン、キーボードのパートから成る七人ユニット、「オールド・タイム・フィドラーズ」が演奏の準備をはじめている。入場料の五ドルを入り口の受付の女性に払うと、隣りの男性係員が手にスタンプを押してくれた。

場内には金属製の折りたたみ椅子が三方の壁に並べられ、七、八〇人にのぼる入場者がいた。彼らの年齢もそれくらいだ。若干若い者もいるが、六〇歳は下らない。こんな時間のダンスパーティーに農家の人間が来ているとしたら隠居した人以外ありえない。明日の朝、寝坊して仕事に間に合うわけがないのだから。男性の何人かは細い蝶ネクタイをしめ、女性の多くがブーツをはきカラフルなスカートを身につけている。

コーラー〈ダンスの指示を与える人〉の歓迎の言葉を合図に全員立ち上がり、あっというまに男女ペア四組が一つになりグループをつくっていく。ペアの足りないグループは、その中の誰かが手を挙げて何ペア必要か指で示す。妻と私は一ペア足りないグループの四番目として加わり、感謝祭でこちらに来ていた私の弟と彼のガールフレンドは別のグループに加わった。

私にはスクエアダンスの踊り方がわからなかった。最後に踊ったのは小学校四年の体育の時間だ。しかもその時は、男の子はみんなふざけていたし女の子と手をつなごうとしなかった。ところが音楽がはじまり、コーラーがみんなの前でドレミの音階を歌いながら旋回をはじめると、他のメンバーが、コーラーの指示にしたがいリズムに合わせて円を描いてみるよう私たちを誘導してくれた。三回目のダンスがはじまる頃には、私はすっかり汗をかき心から楽しんでいた。

早い音楽に合わせ円を描いて踊っていると、心地よく、しかも心が高揚してくる。手を伸ばし、その時ちょうどいい位置にいる誰かの手を見つけ、それをつかむ。そしてまた手を伸ばす、そしてまた。手を伸ばすたびに必ず、その時そこにあるべき手がある。たとえその手がまったく知らない人の手であっても、そしてもう二度と会うこともない人の手であっても――。

ダンスが三回終わるとバンドによるスウィングナンバーの演奏があり、つづいて休憩時間に入った。スナック類は広間の外にある小さな厨房で買える。カウンターの紙皿の上には手作りのクッキーが並べられ、「クッキー二五セント。二、三枚お取りください」と札が立っている。

もうひと踊りするとくたびれてきた。ダンスは深夜までつづくが、私たちは引きあげることにした。一〇時すぎに公会堂の外に出ると、澄み切った空に、ロチェスター市内ではお目にかかれないほど多くの星が輝いていた。私はボナンザの子牛たちのことを思い出した。最初の一頭は温室に、そのあと生まれた二頭はスーパーハッチにいる。そのうちの二頭の額には私のつけたオレンジ色の印がある。こんな寒い夜、子牛たちはどうしているのだろう?

あわただしい一週間だった。子牛誕生の場面を観察するという必要不可欠な経験を私はすませた。不安を抱いたこともあったし無駄足を踏んだこともあった。だがスミス一家と牧場で働く人々の助けで、私は幸運にも自分の立てた計画を正しく軌道にのせることができた。今はそれで満足だ。

第2章

ボナンザの精子——蘇る記憶

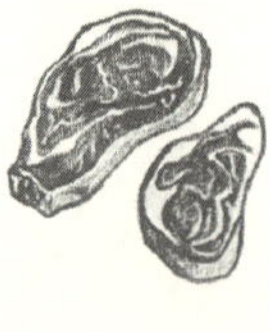

ローネル・ファームをまだ知らないころ、そしてもちろん双子の子牛がまだいないころ、私は二日間かけて牛の人工授精について学んだことがある。最初の一日は人工授精会社のジェネックス社で種牛ボナンザから精液が採取されるところを見学した。ボナンザはのちに私の子牛たちの父親となる牛である。二日目は、雌牛に人工授精がほどこされる様子を見学するため、授精師といっしょに牧場まで車で出かけた。

・・・

その日、引き綱を引かれて一頭のホルスタイン牛がジェネックス社の精液採取場へ誘導されてきた。私はメモをとるのを忘れ、驚きのあまり口をあんぐりさせてその牛に見入ってしまった。こんなに大きな牛は見たことがない。牛を引く男性の身長は約一七〇センチ、私と同じくらいだが、その牛の体高はそれをはるかに上まわっている。男性の頭は牛の肩にさえとどかない。「体重はおそらく一〇〇〇キロ以上あるでしょう」ジェネックス社の技術員がそう言った。牧場にいる成牛の約二倍だ。

私がいるのは同社の生産第二センター内、建物は平屋のレンガ造りだ。ニューヨーク州イサカ市郊外の高台にあるこの場所からはカユーガ湖が見わたせる。ジェネックス社が所有するこの施設には五〇頭ほどの種牛がいて、私は今、〝採取リング〟と呼ばれる広い円形の採取場に面した見学窓の前に立っている。

雄牛がかつて聞いたこともないほど大きな、そして長い鳴き声を上げた。まるで霧笛《むてき》のようだ。

「なぜあんな声を上げるんですか?」私はたずねた。

「わかりませんね」技術員はたいして興味を示さず私に答えた。「何が言いたいのかなんて私にはさっぱりわかりません」

上方から照らす蛍光灯の光を手でさえぎって、彼は窓に顔を近づけた。

「耳標になんて書いてあるか見えますか?」彼がたずねた。

牛の右耳からぶら下がっている緑のプラスチック札のことだ。字が小さすぎて私にも読めない。

「ボナンザじゃないかな」彼は興奮気味に言った。

たしかに私にもそう読めた。あの巨大な牛は確かにボナンザだ。ジェネックス社でもっとも有望視されている種牛の一頭、ボナンザだ。

「ああ、あなたは運がいい」と彼が言う。「ボナンザの番だ」

・
・
・

酪農牛の人工授精は、米国では一九三〇年代後半に商業的な発展を見せた。明らかに人工授精は自然交配を上まわる利益を酪農家にもたらすため、その技術は急速に広まっていったのである。

恩恵をいくつかあげよう。まず、時間をかけて家畜を遺伝的に操作することでミルクの生産量が確実に増加し、酪農家には大きな収益が約束される。また交配時に生じる牛どうしの怪我がなくなるし、攻撃的な雄牛を群れから遠ざけるという危険な作業から人間が解放される。

とはいえ、精液の保管や輸送の問題から、世界レベルでの人工授精の導入はそう簡単にはすすまなかった。室温では雄牛の精子は約一、二時間しか生存できない。それを打開するためとりいれられた精液凍結法も、初期段階では試行錯誤の連続だった。また、遠隔地にいる酪農牛に種牛の精液をとどけるためには、売り手側にかなりの資力が必要とされた。一九九六年、『Hoard's Dairyman』誌の回顧談で、前マサチューセッツ州郡農事顧問、マイルズ・R・マッカーリー氏は次のように述べている。

［われわれは］液状精液の保存期限に間に合わせるため、曲乗り飛行士を雇い、［第二次大戦下］軍の余剰飛行機でインディアナの授精師までとどけようとしたことがある。飛行士が精液の入った容器をパラシュートでいくつも空から落とし、地上で待機する授精師が拾い集め雌牛のもとへ飛んで行くという手はずだった。授精師は着地目標物としてシーツを広げていた。(……)ある日ものすごい突風が吹き、空中の精液容器が落下点からはるか離れてどこかへ散ってしまった。断言しよう――一九五〇年のすがすがしいあの日、洗濯物のあちこちに付着したものはいったい何だったのかと、オハイオとペンシルベニアに住む、今はご老体となった多くの女性がいまだに首をひねっているはずだ。

一九六〇年、液体窒素による精液凍結法が発見されると人工授精産業は一大飛躍をとげ、あらゆる種牛の精液が世界中のどこででも手に入るようになった。凍結精液によって誕生した子牛第一号の名はフロスティーという。

今日では、アメリカの酪農牛の九〇パーセントに人工授精がほどこされており、その結果、合衆国における年間ミルク生産量は、一九六〇年の一頭あたり約三一〇〇リットルから、現在の約九五〇〇リットルへと大きく引き上げられた。

人工授精産業が成長すると地元の農業協同組合は公営の組織をつくるようになり、また、一般の民間企業も営利を目的にこの事業に参入するようになった。三〇〇人にのぼる技術者を擁するジェネックス社は、精液販売で年間六八〇〇万ドルの収益を上げ、国内の酪農牛九〇〇万頭のうち一二〇万頭以上に毎年人工授精を行なっている。つまり米国ではハンバーガーの肉における酪農牛部分の生物学的な父親は、その八分の一がジェネックス社の種牛ということになる。

私と話した繁殖技術者は人工授精の大々的な普及に関し、そのおもな要因としてコントロールという点をあげた。「酪農家は人工授精を好みます。なぜならそれが唯一牧場でコントロールできる作業だからです。彼らは天候も価格もコントロールできませんが、牛の遺伝子だけはそれが可能なのです」

人工授精業者が競合することでサービスが向上し、酪農家の〝買い物〟はきわめて楽になった。家でくつろぎながら各授精所が提供する種牛の銘柄リストを吟味し、どの牛の子種を買おうか決めることもできるのだ。

種牛のカタログには、子どもが集めるベースボールカードのように、牛のカラー写真が添えられている。よくあるのが田園風景をバックにした横向きに立つ牛の姿で、前足が盛り土をした草の上にのせられている。また、写真の横に記載された牛に関するデータには、授精によって誕生した雌牛の年間ミルク産出量、そのミルクの脂肪分およびタンパク質のパーセンテージ、さらに、その雌牛の尻の角度、足の角度、乳房の大きさ、乳首の長さといった身体的特徴も盛り込まれている。そうした説明書きの下には、娘である雌牛の写真が二、三枚添えられているが、これら雌牛たちも横向きで立っており、尻の方に若干アングルがつけられ、乳房がよく見えるようになっている。

ジェネックス社のカタログによると、ボナンザの母親はネッド・ブレイズという名の牛で年間一七〇〇〇リットル以上のミルクを産出していた。国内平均の二倍にあたる量だ。ネッドのミルク、そしてボナンザの娘のミルクはタンパク成分に富んでいる。これは大切なセールスポイントだ。ひと昔前までは脂肪分の多いミルクに需要が集まり乳価も高かったのだが、消費者が低脂肪ミルクを好むようになるにつれ、高タンパク質のミルクに高い値がつけられるようになってきたからだ。

種牛とはいえ、雄牛が名前をもつのにはきわめて大きな意味がある。今日ではほとんどの酪農家が、雄牛にはもちろんのこと牧場で飼う牛に名前をつけたりはしはない。もし牛に名前がつけられているとしたら、それは誰かがその牛に（ローネル・ファームのダーラのように）特別な感情を抱いているためか、あるいは、その牛に知名度があるためだ。たとえばボーデン社の缶入りミルクに描かれているエルシーというジャージー牛がその例だ。しかし基本的には牛には名前がない。ホルスタインの雄牛に名前がつけられるとすれば、それは、その牛の経済的価値が認められてのことといえる。

・
・
・

ジェネックス社への連絡は簡単についた。以前参加した酪農家養成講座で「生殖」を受け持ったのがジェネックスの繁殖技術員だったからだ。会社を案内してもらえるか電話でたずねたところ、彼はこころよく引き受けてくれた。

見学窓から見るボナンザは、色の点では白黒の典型的なホルスタイン牛だが、割合でいうと圧倒的に黒い部分がまさっていた。頭、首、背中、尻が黒、白いのは下腹部、足全体、それと、肩にかかる帯状の細い縞だけだ。生殖器のサイズには目を見張るものがあり、脚のあいだから見えるピンクの陰嚢は長さ・幅ともに約三〇センチはありそうだった。人工授精所では何の照らいもなく種牛の性器の特徴が話題にのぼる。種牛の精子から生まれる子がもし雄なら、その子がもつであろう陰嚢の予想円周を記載しているカタログさえある。

精液採取の方法はいくつか開発されてきたが、もっとも一般的なのはジェネックス社で用いられている方法、人工膣の利用によるものだ。種牛を擬牝台《ぎひんだい》あるいは生きた〝台牛〟のいずれかに乗駕《じょうが》させ、射精の瞬間に技術者がペニスの先に特殊な器具をはめて精液を採取する方法だ。

また別の方法に、電気を用いる電気刺激射精法がある。この方法では、種牛の直腸に電極のついたプローブを挿入し、五〜三〇ボルトの微弱電流を流して腰部の射精中枢を刺激し、射精させる。正しく乗駕しようとしない（あるいはできない）種牛や、性欲のない種牛から採取するさいに効果的だ。

残酷に思えるかもしれないが、私は以前、神経系の問題などから正常に射精できない人間の男性がこの方法を用いて精液を採取したという話を何かで読んだ。高度な技術が要求されることもあってジェネックス社では通常この方法を用いていないが、それには調査による裏づけもあるようだ。コロラド州立大学の研究によると、電気刺激法を用いた六九頭のアンガス牛をくわしく調べたところ、電流が高いほど、そして作業者の操作技術が未熟なほど、牛は一連の工程に拒否反応を示すことがわかっている。

採取場の端に別のホルスタイン牛がいるのが見えた。大きさはボナンザの三分の二ほどだ。おとなしく立っているが、引き綱が床に埋めこまれた金属製フックにつなぎ止められているため頭が四五度下を向き、そのぶん尻が採取場の中央に向かって突き出た形になっている。

ボナンザ用の台牛にちがいない頭を垂れたこの牛を、私ははじめ雌牛か去勢された雄牛のつもりでながめていた。だがその時陰嚢が見えた。この牛もボナンザと同じ完全な雄牛だったのだ。

ブロンドの髪を短く刈り込みグレーのつなぎを着た細身の若者が引き綱を引き、台牛の後ろにボナンザをつけた。彼はいっぽうの手で煙草を吸い、もういっぽうの手でボナンザの大きな頭をつかんで左右に揺すり、台牛の尻のにおいを嗅がせている。ものぐさで退屈げな様子だ。種牛の射精に手を貸す作業でまたいつもの一週間がはじまってしまった、若者はそんな表情をしていた。

突然ボナンザが後ろ脚立ちし、台牛の背中に覆いかぶさった。

そう思った瞬間ボナンザは乗駕をやめ、石灰岩の床の上に降り立った。

「あれを何度もやります」と、そばにいた技術員が教えてくれた。彼の説明によると、雄牛はめったに一回では射精しないのだという。実際のところ種牛の調教側としてもそれは避けたいところらしい。一五分から二〇分かけて何回か乗駕させ、しだいに興奮させる方が、質・量ともに豊かな精液が採取できるとのことだった。

台牛に雌牛が用いられることはない。重量級の種牛による度重なる乗駕に耐えられるほど雌牛は強くないからだ。そのため用いられるのが雄牛となる。通常ジェネックス社では台牛には種牛として失格になったものを使う。種雄《たねおす》育成計画に組み込まれたものの、何らかの理由で継続が不可能になった雄牛である。「精子数の少なさや受胎率の低さから市場の需要がない種牛は放棄せざるをえないのです」ある技術員はそう言っていた。

一人の調教者はそれを端的に表現した。「台牛の娘はたいしてミルクを出さなかった。ただそれだけの理由さ」

優れた種牛であっても台牛になると名前を失い、かわって連番の数字が与えられる。その日ボナンザの台牛をつとめた牛は３３９と記された緑の耳標をつけていた。

たいていの場合、種牛は雄なのに平然と去勢されていない雄牛に乗駕する。二者は直腸による交尾こそしないものの互いに興奮するし、交尾に先立つ特徴的な動きも見せる。「ここにいる雄牛たちは、牧場にいた六ヵ月来、雌牛を見たことがないんです。あたりまえのことができなかったんですよ」と社員が言った。雌牛との性的接触がこれまでいっさいなかったということだ。

種雄は一週間に二度、朝のうちに採取場に連れてこられ、二回射精するよう求められる。各回、二、三頭の台牛が用意され、その中から相手を選ぶことができる。

「火曜には選んだ牛でも金曜には見向きもしないことがあるし、あるいは三週間ずっと同じ台牛を選ぶこともある。だが飽きてしまうともう二度と相手にすることはない。とはいえ、中にはいつでもどこでも誰とでもできるやつもいる」と調教者は種牛の習性を説明した。

私が訪問した時には、五〇頭の種雄のために二一頭の台牛が用意されていた。台牛は採取場に三時間つながれ、その間に四、五頭の雄牛に乗駕される。種牛は射精前に四回ほど乗駕するので、台牛は一日で二〇回も相手をつとめることになる。度重なる乗駕の衝撃を吸収させるため、各台牛の前蹄は厚さ一ミリほどのゴムマットの上にのせられている。

一頭だけ前傾姿勢をとるのをいやがる台牛がいた。この茶色い雄牛は場内に入ってくる時も抵抗していた。調教者が怒鳴った。「この腐ったおかま野郎が！」そしてわき腹を蹴飛ばした。

雄牛にとって、台牛役をつとめるのはこの世でもっとも恥ずべき仕事にちがいない。種牛になるという前提で人生をスタートしたにもかかわらず、現実には彼らは牢獄の女役で終わろうとしている。どこかで気づくのだろうか、自分が名前で呼ばれなくなったことに。

・・・

ボナンザはふたたび台牛３３９の背中に飛び乗った。その時ペニス——色は明るいピンク、長さは六〇センチもあろうか——が一瞬あらわれたが、３３９から降りるとまたすぐに引っこんでしまった。

雄牛のペニスは平常時、陰茎牽引筋の力でS字型をして体内におさまっている。雄牛が性的興奮をおぼえると、この牽引筋が急速に弛緩しペニスが勃起する。

乗駕をやめた雄牛が足の上に着地するという事故にそなえ、調教者は足の甲に保護帯のついた安全靴をはいている。

・・・

ジェネックス社の種雄が現役でいられるのは一年か二年といったところで、一二、三歳まで精液を提供しつづける雄牛はまれと言っていい。「用がすむとハンバーガーになるわけです」技術員はそう言い、「ほかに転売したりはしません」とも言った。

ジェネックス社副社長ハーブ・ライクロフト氏は次のように説明する。

「現役中の種雄は数年間ここで過ごし、ある程度精液を売ると、ここから去っていきます。しかしそれはあくまで平均的な牛の話です。ボナンザのようにトップリストにいる牛は、もっと長期間ここにとどまります。ボナンザはもう五、六年いけるのではないかと思います。変わってしまうのは精液の量でしょうね。精子をつくる精巣の細胞が死にはじめますから。

市場も変化します。あらゆるビジネスがそうであるように、消費者はたえず新しい商品に興味を示すのです。ある種牛に人気が集まると客はしばらくのあいだその牛に注目しますが、次の牛が脚光を浴びると、客の関心はそちらに向かいます。わが社で最年長だった雄牛ベルトンが先月一五歳で死にましたが、ベルトンは八〇万本のストロー〔採取した精液を入れる、飲用ストローに似た細長い容器〕を生産しました。人工授精による受胎率を五〇パーセントとすれば、ベルトンの場合、四〇万頭の子孫を残したことになるわけです」

驚くべき数ではあるが世界記録にはおよばない。その栄誉は、一二歳半で最近この世を去ったサニー・ボーイという名の雄牛のものだ。『Hoard's Dairyman』誌によると、オランダのこのホルスタイン種牛は生涯に二〇〇〇万本以上のストローを生産したとあり、ピーク時の一九九一年には年間生産量が二五万本に達したという。サニー・ボーイの全盛期には、二分おきにその息子や娘が世界のどこかで生まれていたともいわれている。

•
•
•

三回目の乗駕。ボナンザのペニスが勃起し、339の尻にねらいを定める。だがじきにペニスが引っこみ、ボナンザは飛び降りる。今はまた台牛の肛門を舐めはじめている。

・・・

グレーのつなぎを着た別の男が採取場に入場し、ボナンザに近づいてきた。彼はポスターを丸めたような筒を持っている。これが人工膣だ。人工膣は二重構造になっていて、長さ一メートル弱のプラスチック製の外筒と、コンドーム用の薄いゴムの内筒からできている。外筒と内筒のあいだにはレンジで五〇度に温められた湯が入っている。筒の一端は種牛のペニスが挿入できるよう開いており、もう一端には精液をたくわえるための透明プラスチック容器がつながっている。

突然ボナンザの前脚が跳ね上がり、台牛に覆いかぶさった。ボナンザのどっしりとした白い胸と台牛の黒い背中が重なり合う。巨大な生き物の頭が宙にそびえ、天井から吊るされた蛍光灯にまでとどくのではないかと思われた。

精液採取者はボナンザの右側に立ち、抱えた人工膣をさし出しながらその瞬間を待っていた。

その時ボナンザの白い前脚が台牛の黒いわき腹をぎゅっとつかみ、両方の後蹄が軽く跳ね上がった――瞬時に採取者は移動した。

あまりに素早くて目で追うのがやっとだ。精液採取者がボナンザの下にもぐり込み、人工膣をボナンザの膨張したペニスの先にあてがったのだ。筒に入れた湯のぬくもりで雄牛の射精が誘発される。

官能的な雄叫びが上がるのではと想像していたが、何一つ聞こえてこなかった。

・・・

ボナンザの精液採取が終わるとすぐに、人はそれぞれ各自の処理作業にとりかかる。採取者は退場すると人工膣にふたをして、この場所と隣の研究室とをつなぐ壁穴式のボックスにそれを置く。

調教者は引き綱を引いてボナンザを採取場の外へ移動させる。まだつながれたままでいる台牛が排便する。係員がかけ寄り、糞をスコップですくう。次にバケツと長い柄のついたブラシを手にした作業員があらわれ、消毒剤で台牛の尻を洗いはじめる。

「無事に乗駕が終わるたび、種牛の体液がついていそうなところはすべて洗い流すんだ。唾液や精液がついた尻をはじめ、病気が感染しそうな箇所は全部ね」調教者はそう話した。

台牛は他の種雄の相手をするため、もう二、三時間採取場にとどまることになる。

・・・

研究室ではメリッサ・クラークがデスクの椅子を転がしてボックスまですすみ、ボナンザの精液の入った容器を受けとる。少しカールした茶色い髪が背中の真ん中で揺れている。その朝ボナンザからとれた乳白色の液体、精液は九ccだった。種牛の平均採取量七ccを上まわっている。九ccという量は親指ほどの容器を満たすことさえできないわずかな量だ。ちなみに人間の男性が射出する精液量は平均で五ccといわれている。

メリッサはニューヨーク州中南部のイサカ近くの農村部で生まれ育ち、高校卒業後、一九八六年にジェネックス社に入社した。彼女にはすでに一二年間にわたる精子分析のキャリアがある。ジーパンにスニーカー姿という彼女は、二〇〇倍の顕微鏡が置かれた机へ、椅子に腰かけたまま近づいていった。

ボナンザの精液をスライドグラスにのせ、レンズの下に置く。「顕微鏡で精液をのぞく時、忘れないようにしていることがあるの。貧しい農家がこれに大金を払っている、自分は彼らのために働いてるんだって肝に銘じるの。精子の質の良し悪しで大きな影響を受けるんだもの」と彼女は言った。

異常性を示すものはないか、メリッサは形態学的・構造的な観点からボナンザの精子を検査していく。彼女の手もとには、正常な精子細胞が描かれた資料とともに、さまざまな異常例を掲げた資料も置かれている。そこには先細りした頭や洋ナシ型の頭、小さすぎる頭、泡やくぼみのある頭、そして亀裂のある尾や折れ曲がった尾、コイル状の尾、鋭い角度のついた尾、まったく尾のない精子（フリーヘッド）などがのっている。

メリッサは精子の運動性についても調べる。「限りなく直線に近い動きを見せるものがいいのよ。尾を曲げて動いていたり、ぐるぐるまわってるのはだめ」彼女はそう教えてくれた。

一日中雄牛の精子を見つめて過ごすことを、彼女は女性としてどう感じているのだろう？「最初はおかしな気分だったわ。でも今は違う。セックスはすぐにこだわるような問題じゃなくなったの。たとえばあなただって、〝ペニス〟って言葉を自分とは関係ないものとして使うことができるでしょ？　でもね、パーティーで仕事の話になった時、まわりの人の反応がおもしろいわ」

メリッサが顕微鏡の方に手招きした。「ちょっとこれを見て」

私は接眼レンズをのぞきこんだ。丸い視界の中で、無数の精子が一心不乱に泳ぎまわっているのが見える。その中の一つを目で追った。円を描いて泳いでいる。別のものに目を転じ、一、二秒なんとか視野にとどめた。顕微鏡のスライドグラスにのった精子の姿を見つめた瞬間――この瞬間こそ私の旅の本当のはじまりだった。

雄牛の精液は非常に濃度が濃いため（精液一cc中に一五億個の精子が存在する）、五〇倍に薄められても充分雌牛を妊娠させることができる。いっぽう人間男性の場合、同量の精液中には平均一億個の精子が存在する。

ボナンザの精液を希釈するため、メリッサは精液に全乳（脂肪分を抜きとらない、全成分を含んだままの通常の乳）を混ぜ合わせ、その中に細菌が繁殖するのを防ぐための抗生物質を添加した。はじめにあった親指分ほどの精液が一リットル弱に増加した。

雄牛の精液はストローに充填されて売りに出される。人工授精時には、ストローは精液注入器に取りつけられて雌の陰部から挿入され、子宮頸管を通過したところで精液が注入される。授精一回につき一本のストローが使用される。

ジェネックス社は各ストロー中に二〇〇〇万個の精子という濃度を目標としているが、それぐらいの濃度であれば、今日のボナンザの二回の射精で一〇〇〇本以上生産することができるだろう。もし毎週二回精液を採取するとしたら、一年間で一〇万本近くのストローができることになる。ボナンザのストローを一本約二〇ドルで売るとすれば（通常価格幅は五ドルから四〇ドル）、その精液によって年間およそ二〇〇万ドルの売上が期待できるわけだ。

メリッサはパーカーをはおるとボナンザの希釈した精液を持って、人間が立ったまま入れる大型冷却室に入っていった。精子の代謝を遅らせるため冷却室の温度は摂氏二度からマイナス一五度に下がっていく。精液の冷却がすむと、彼女はそれを個々のストローに分け入れる。するとストローの色がそれぞれ異なりはじめた。その日のボナンザの精液は明るい緑色だったが、ほかの牛のものは黄色だった。これらのストローはこのあと密閉容器に入れられ、液体窒素のつまったステンレススチールのタンクにおさめられることになる。タンク内で七分間寝かせられると、ストローはマイナス一四〇度の温度で凍結する。一度凍ってしまえば、牛の精子は二〇年間保存がきく。そのため、とうの昔に死んでしまった牛の精子で雌牛を妊娠させることも可能となる。

各ストローに文字と数字を組み合わせた長期保管のための記号が記されると、一連の作業は終わりを迎える。

ごみ箱に黄色と緑のストローの束が捨てられていた。おそらくストローに欠陥があったか記入ミスのためだろう。そのうちの一本をサンプルとして持ち帰ってもいいかメリッサにたずね、許可をもらうと私は無作為に緑のストローを中から選んだ。ボナンザのものだった。

私が第二センターから出るとそのあとを追うようにして、同じドアから液体窒素のタンクを持ったジェネックス社の社員が外に出てきた。私はぶつからないようわきによけた。

「ありがとう」ドアの閉まる音を聞きながら彼が言った。「八万ドル相当の精液がここにあるんだ」

駐車場内の芝生部分に、高さ一メートルあまりの、墓石に似た長方形の石が二つ並んでいた。それぞれに金属製の碑銘がはめこまれていて、一つには一五センチ角ほどの文字で〝ルシファー――一九三八～一九五六〟、とあり、もう一つには〝アイヴァンホー――一九五二～一九六三〟とある。

これらの記念碑は、一九九六年にジェネックス社と合併したペンシルベニアの古い人工授精所の本部から移されたものらしい。アイヴァンホーとルシファーはその授精所でもっとも優れた種牛だった。「この二頭は長年にわたって、ホルスタイン牛繁殖に多大な功績を残してきたのです」

ジェネックス社の事務員がそう教えてくれた。そして、「本当にすばらしい先祖です。二頭の血を引く雄たちも種雄になったのですから。これは雄牛にとって最高の栄誉です」と語った。

駐車場では一八輪のトレーラートラックがアイドリング状態に入っている。凍結精液が積み込まれたこのトラックは、これから北東部へ配送に向かう。トラックの車体にはジェネックス社のロゴマークがついている。ジェネックス（GENEX）のGの文字は精子と受精卵をかたどったデザイン文字で、ロゴの下にはジェネックス社のキャッチフレーズである「伝統あるジェネックス社の最高技術を」がうたわれていた。

私は自分の車にもどった。精液の入った緑のストローはシャツのポケットの中で温かくなっていた。

・・・

「酪農牛は活用すべき母である」英国人獣医師、ジョン・ウェブスターは著書『酪農牛を理解するために』（*Understanding the Dairy Cow*）の中でそう述べ、「酪農牛から利益を得るためには、確実に雌牛を育て、妊娠させ、乳を分泌させせなければならない」と説いている。

少なくともニューヨーク西部にいる多くの雌牛を「妊娠させる」部分は、ジェネックス社が作業を委託する人工授精師、ケン・シェイファーの肩にかかっている。彼は私を人工授精の現場に案内してくれ、ローネル・ファームを紹介してくれた人間だ。

彼に会うまで人工授精師とはどんなタイプの人間なのか、自分がどう予想していたかは思い出せない。だがそれがケン・シェイファーのような人物でなかったことだけは確かである。彼は四七歳。中背でやせ型だが健康的な男性だ。茶色の髪とあごひげをきちんと整え、灰色がかった濃いブルーの瞳をしている。胸もとにパイロット・サングラスをひもでぶら下げ、つばの高い農夫帽のかわりに青い野球帽をかぶっている。もしジェネックス社のグレーのつなぎを着ていなければ、私は彼を大学教授とまちがえたにちがいない。しかもテニス部コーチ兼任の。

彼の受け持ち区域はリビングストン郡のほぼ全域約四〇キロ四方で、ほとんどがジェネシー川渓谷内に位置している。モスグリーンの小型トラックに乗って日によっては一日二回、ケンは大規模酪農場をおとずれているが、小さい牧場であっても連絡があればすぐに飛んでいく。

彼はニューヨーク州ロングアイランドにあるコペーグという町で育った。父親はクイーンズ自治区のアストリアで警官をしていた。一四歳の夏休み、両親が彼をアイオワ州ウィンダーセットの牧場に住む父方の叔母にあずけたことで、彼の人生は大きく変わった。

「あそこは『マディソン郡の橋』が撮影されたところだ」そして「あの夏から、田舎に住んで動物と関係のある仕事をしたいって思うようになったのさ」と彼は言った。

ケンは次の年の夏休み、ふたたび叔母夫婦の牧場にもどってきた。そしてそのあとも夏休みになると毎年牧場にやってきた。やがて大型動物の獣医師になろうと決意する。高校を卒業すると彼はカンサス州立大学に入学したが、獣医師養成カリキュラムで畜産学を学ぶためコーネル大学に転入する。大学四年の年、彼は大学が所有する牧場で生活し、働いた。

しかし彼は獣医学校には行かなかった。

それから何があったかはわからないが、彼は友人の父親の酪農場で働くことになった。「人工授精の技術者が牛を診《み》によくやってきた」彼は思い出しながら「その時ひらめいたんだよ。大型動物の獣医に一番近いのは人工授精師だって。自分はそれになろうって」と話してくれた。

実際そのとおり彼は人工授精師となり、二五年間ジェネックス社のもとでこの仕事に従事している。

十数件の牧場をたずねる彼の巡回には、たいてい四歳になる、ジャーマン・シェパードのミックス〔雑種〕犬バスターが同行する。

「バスターは今の君の席にいつもすわるんだ」と言って、車の助手席を指さした。「今日は家に置いてきた。誰がすわってもあいつは気にしないよ」

・・・

雌牛の生殖サイクルは人間の女性のそれとよく似ている。二一日おきに受胎期がおとずれ、妊娠期間が九ヵ月と少しつづく。出産後、雌牛は九ヵ月から一年間乳を分泌するが、その後しだいに量が減って約六ヵ月後に完全にストップする。

発情期もしくは交尾期とは、卵巣から卵子が放出される前の八時間から一六時間のことをいう。発情期間中は体内のエストロゲンホルモンの値が高くなるため、その影響を受けて雌牛の様子や行動が変化してくる。酪農業を成功させるための大切なポイントの一つは、雌牛の発情を正しく見きわめることだ。授精は受胎が確実な日時に行なわれなければならず、もし発情期を見逃してしまったら、あるいは一日でも半日でも発情期からずれてしまったら、雌牛が妊娠することはありえない。

妊娠の準備は整っているのに受胎していない〝空《あ》き腹〟の牛がいると、ミルク産出量の低下により、牧場では一日に三ドルから五ドルの損失が出る。つまり三〇〇頭の牛の群れで一年間に一頭が一回交尾のサイクルをあやまれば、三万ドル近くの損失が出ることになる。

このため酪農家は多くの時間をさいて、牛の発情期の発見につとめている。発情期の八〇パーセントを正しく判別することが牧場としての一般的指標だが、たいてい半数以上が失敗に終わっているし、二〇パーセントの割合で、まったく発情していない時に牛に人工授精を行なっているのが現実だ。正確に発情期を言い当てた者に特別手当を支給する牧場もある。

野生の雄牛は雌牛のにおいや他の生理的な化学変化をとおして相手の発情を巧みに見分ける。その習性を利用して、繁殖用の雄牛がいる牧場では雄牛に発情期を探知させるのだが、人工授精が普及した現在では、その役目の大半を牧場の作業者がになっている。

発情期に関するもっとも確かな徴候は、雌牛がおとなしくほかの牛に乗駕させる現象である。雌が雌に乗駕することも発情期の徴候ではあるが、両者を比べた場合、乗駕を許す方がより確実なしるしといえる。野生牛の群れについての研究によれば、自然環境下では雌牛が乗駕し合うことはなく、特定の雌牛を他の群れから守ろうとする雄牛の様子で、その牛が発情期にあることがわかるという。

発情の徴候としてはほかに、落ち着きのなさ、神経過敏、興奮などがあげられる。また、他の雌牛の性器のにおいを嗅ぐ、頻繁に鳴く、食欲をなくす、透明な粘液の流出の有無にかかわらず外陰部が腫れてくる、瞳孔が開くなどがある。

発情期を見逃さないようたえず注意していたいのは当然だが、牧場には二四時間牛を見張っていられるような人的、時間的余裕はない。そのため、こうした作業を軽減させるための多くの技術や手段が開発されてきた。

もっとも一般的なのが、牛の尻にチョークやクレヨンで印をつけるという方法である。牛が発情期に入り乗駕される体勢をとると、乗った牛の胸と乗られた牛の尻がこすり合わされ、塗りつけた印の形が変わる。これが証拠となって、下にいる雌牛が発情期にあり繁殖の準備が整ったことがわかるというわけだ。

酪農雑誌には発情を発見する装置の広告がよく掲載されている。たとえば、牛用の万歩計。標準値以上の数がカウントされるとライトが光って発情を知らせる。犬を牛舎に放し、発情期の牛のにおいを嗅ぎ分けさせている牧場もある。

・・・

ケンは二十代で結婚したが、二人の息子が三歳と五歳の時に離婚した。子どもたちは今二〇歳前半となりロチェスター市に住んでいる。

時々女友だちと出かけたりもするが、再婚はしていない。「別れてから用心深くなったのさ。一人でいることの方が多いな。もっとも長時間働いているせいだが」と言う。

この業種の例にもれず、彼も一日一四時間働く。

「五時半に起きてジョギングに出かける。もどってきて緊急な用事がないか留守番電話をチェックし、なければ雑用をすます。馬が二頭、雄鶏が一羽に雌鶏が一〇羽、それに犬が二匹いるからいろいろ大変なんだよ。次にひげそりと掃除。七時半には家を出る。

一日中出ずっぱりだね。時々昼食をとりにもどるが、時間がなければ運転しながら食べることになる。夜の八時まではたいてい外にいる。九時や一〇時になることもざらさ。前なんか夜中の一時になったこともある。施術数は一日平均三〇から三五頭といったところだ」

ケンの休みはひと月に五日ある。だが二週間あるいはそれ以上、休みなしで働く月もあるという。

彼が犬を飼ったのは、ある種の友情を与えてくれるからだという。動物収容所からの里子バスターのほかに、飼い主に安楽死させられそうになり引きとった犬が一匹いる。

彼の話し方にはニューヨーク・シティーの名残がない。半生を田舎で過ごしてきたせいか、彼はおおらかでゆったりとしたしゃべり方をするし、この地域の牧場で育った人と同じように、言葉の抑揚に慎重さがあらわれている。

数日間つづけて休む時はカナダにキャンプに行くのが好きだとケンは言う。友人と行くこともあるが、バスターとだけの方が多い。「公園のまわりでハイキングしたりカヌーに乗ったりするんだ。あそこはきれいだし静かだ。夜になると星が煌々《こうこう》と輝いてまるで宝石みたいだよ」と語る。

彼はマラソンもする。最近では白血病協会主催のマラソン大会に参加するためサンディエゴまで行ったのだが、彼の顧客から、三六〇〇ドルもの基金を集めることができたという。

・・・

小さな牧場に二ヵ所寄ったあと、車はローネル・ファームの舗装されていない私道へと乗り入れた。その時は知るよしもなかったのだが、この見学が、その後一〇〇回以上にのぼるこの牧場への訪問の最初の一回となったのだ。

事務室には誰もおらず、私はその日スー・スミスと会うことはなかった。だが、酪農業界で女性がこれだけ多数の牛を管理するのはとても珍しいケースだとケンが言ったのは覚えている。

彼はこうも話した。彼が繁殖のため牧場をたずねても、顧客である酪農家は忙しく立ち働いていて彼に声さえかけない。だから「黙って作業をすませ帰っていく」のだと。

スーはケンあてに、九頭の牛が発情期らしいという内容のメモを残していた。彼はスーのパソコンに向かうとメモに記された牛のリストから最初のナンバーを入力し、画面にあらわれたデータを私にわかるよう説明してくれた。「三歳半。出産経験は一回で一頭。一日のミルク産出量は平均約三五リットル、良好」これは、バスタブの半分くらいの量である。

「いい雌牛のようだな。それじゃあいいのを使おう」ケンはそう言って、近親交配を避けるためこの雌牛の父親が誰か調べはじめた。牛は望ましくない特質を、父親、兄弟、他の血縁牛との交配で簡単に生得してしまう。人工授精の普及により近親交配の危険性が増加しているのは確かである。現在アメリカには約九〇〇万頭ほどの酪農牛がいるが、精子を供給する種牛は一〇〇〇頭にも満たない数だ。

「ジェフを使おう」ストロー一本二四ドルのジェフは、ジェネックス社の優良種牛だ。

ケンは次の雌牛のナンバーを入力した。「もうじき五歳。一日のミルク産出量は二五リットル。四回目の泌乳期に入る牛だ」

酪農家が牛について語るさい用いるのは、それらの出産回数ではなく泌乳回数である。今日ほとんどの牧場における牛の平均泌乳回数は三回程度で、ふつう四回目に入るとミルク量が激減し、次の泌乳期にはたいていの牛が群れから〝淘汰〟されてしまう。

「この牛は若い種牛にしよう。一本四ドルだ。ミルクの量も少ないし、おそらくつき合いはもうそれほど長くないだろう」

パソコンによる牛のチェックがすむとケンはトラックにもどっていった。

トラックの荷台には液体窒素と三八種の精液のつまった、高さ一メートルほどのタンクが二つ積まれている。ケンは注意深くタンクを開け、やたらと長いピンセットのような器具でストローを一本抜き取った。

「タンクのまわりには用心する方がいい」と忠告したものの、彼自身これまで何度も液体窒素のしずくを指に落とし痛い目にあっていると教えてくれた。「本当に焼けるんだ」と言う。

ケンは凍結したストローを茶色のペーパータオルでそっと包み、つなぎの左胸ポケットの中にまっすぐしまい込んだ。彼の体温で精液はむらなく融けていく。

群れの中から人工授精の対象となっている牛を探し出すのも授精師の仕事だ。ケンが〝カウ・キャッチング〟と呼ぶこの作業では、一〇〇頭以上の牛がうろつく、広さにしてフットボール場の半分はある牛舎の中を、耳標をたよりに目的の一頭を探して歩かなければならない。しかも精液が温まりすぎないよう、一五分以内で見つけ出さなければならないのだ。

ケンと私は牛舎に入った。この牛舎は放し飼い方式のフリーストール牛舎と呼ばれるもので、牛は牛舎内を縦に走る三本の細長い通路を自由に歩きまわることもできるし、一〇〇あまりあるストール〔牛舎内の牛を一頭ずつ収容する区画〕のいずれかで横になったり休んだりすることもできる。各ストールには、おが屑が敷かれている。ケンはデータにあったミルク産出量の少ない牛を探すため、通路を歩きはじめた。すると今回の人工授精とは関係のない牛が一頭近づいてきて、彼のシャツの袖を舐めようとした。

「服についた体液や発情期の牛のにおいがわかるんだ。私を雄牛だと思ってるのさ」とケンが言った。

その時私は急に怖くなってきた。自分は今、一〇〇頭以上の牛が徘徊する牛舎の中にいる。ホルスタインの成牛がどれくらい大きいか、それを正確に伝えるのはむずかしいのだが、長い脚のついたアップライト・ピアノが歩きまわっているところを想像してほしい。鍵盤がちょうど人間の肩の高さにくる。その気になれば、簡単に人間など押しつぶせてしまう。

だがこれほど多くの大型動物がいるにもかかわらず牛舎内は驚くほど静かだった。聞こえてくるのは餌を食べる数頭の牛がスタンチョンを揺らす金属音、尿がコンクリート床を打つ音、糞の湿った落下音くらいのものだ。時おり隣りの牛舎からカラスの声や牛の咳、鳴き声が聞こえてくるが、やはりそこは静謐《せいひつ》な世界だった。

牛舎のコンクリート床にはすべり止めに浅い溝が掘り込まれているが、床のいたるところに種々の液体に混ざって尿や糞が広がるため、急に向きを変えようとして足をすべらせる牛がいる。実際私の眼前で一頭の牛が横転した。

牛舎用のゴム長靴を買っておいて本当によかった。牧場に出入りするようになってすぐに長靴を買わなかったのは、あまりに本物の農夫らしくて恐れ多い気がしたからだ。私が酪農用具店で二〇ドル出して自分のゴム長靴を買ったのは、酪農家養成講座を修了してからのことだった。長靴はやわらかい軽量ゴムでできていて、靴と重ねばきすることができる。丈はふくらはぎまであり、靴底にはすべり止めがついている。

ケンは一頭の牛の前で立ちどまり、それまで見せたことのない親愛の情を示した。

「これは私のペットだよ」そして「名前をつけたんだ」と言った。

名前はローズバッド、八歳になる牛だ。「彼女が若かった頃、私が最初の授精を行なったんだ。なんでこの名前を選んだのかは忘れたが、ここに来て名前を呼ぶと必ずそばにやってきて耳をすり寄せてくるのさ」

ケンは牛を探して、耳標を読みながら通路をすすんで行く。やがて私を呼ぶ声がした。どうやら目的の牛を見つけたらしい。

その牛は静かにストールに立っていた。尻にはピンクのチョークのこすれた跡が残っている。ケンはオレンジ色のビニール手袋を左手にはめて袖を肩のあたりまで引き上げた。そして、締め具をはずした右の長靴の中からミネラルオイル〔鉱油〕の瓶を取り出し、少量を手袋に吹きつけた。「後ろに下がって、ちょっとわきに寄ろう」そう言って彼は作業の体勢に入った。「こうしていればたとえ牛に蹴られても、膝じゃなく腰にあたる」以前膝を蹴られて一ヵ月半も寝込んだことがあるという。

次にケンは、人間の足首の丈ほどに切り落とされた牛の尾を横に向けた。「尾がこんなふうになっているってことは、これで打たれたら、ゴルフのクラブで殴られるのと同じってことだよ」

そして屈伸運動中のランナーのようにケンは腰を折って牛の体に身を寄せ、触診のため左腕を牛の直腸に肘までさしこんだ。しばらくすると腕を引き抜きこう言った。「肛門を掃除しよう。空っぽになると子宮の場所がはっきりわかるからね」

牛の直腸と子宮の位置関係は、人間の女性が両手両足を地面につけた場合とおおまかに言ってほぼ同じである。直腸真下の部分を探ることで、精液を注入すべき場所が特定できる。その箇所とは、子宮と膣部を分ける環状の軟骨の手前、子宮頸部の少し奥にあたる場所だ。

「子宮に触れると牛の様子が変化してくる。子宮が充血するせいだ。牛もそれを合図に自分に種が植えつけられたことがわかるんだ。するとオキシトシンというホルモンが増加して、もう乳首から乳がたれてくる。反応ありってことになるのさ」

ケンはポケットからすばやくストローを取り出すと、ペーパータオルをむいてストローの先をはさみで切り、プラスチックの付属部品を取りつけた。そして、精液注入器と呼ばれる長さ一メートルほどの細い金属製の管にそれをセットした。片手に注入器を持ち、もう片方の手で約五センチ四方のくさび状に固くたたみ込まれた別のペーパータオルを取り出して、牛の陰唇にすべり込ませた。その動作はクレジットカードを読み取り機に挿入する時と似ている。

ピンク色の襞部に、彼が呼ぶところの「膣スプレッダー」である紙製のくさびを挿入して膣を開かせたまま、彼はもう一度左手を肛門にさしこんだ。「私が前によりかかるとその圧力で膣内の襞がきれいに整う。そうなれば注入器を入れても襞が邪魔にならないし、牛もいらいらさせずにすむ」

ケンは精液注入器を紙の「スプレッダー」の少し上のあたりに挿入した。ゆっくり押すように。「子宮頸部の最後部が、精液を注入する場所だ」と言い、「誰だってでこぼこ道はいやだろう？平坦な道をとおりたいだろう？　それが子宮頸部の終わり部分だよ」と説明した。

親指で注入器のプランジャーを押す。授精は完了した。

メモにあった九頭の牛すべての授精が終わると、私たちは帰る準備にとりかかった。ケンはトラックからバケツとブラシを持ってきて事務室わきの水道に向かう。その日たずねたどの牧場でも私たちは儀式のように、ケンがくんだ湯と消毒薬で各々の長靴を洗った。牧場間の病気の感染は、現在酪農界で大きな問題となっている。ケンをながめていると、両方の長靴にくまなく――前、横、かかと、底――石鹸をつけ、ブラシでこすり、洗い流すという作業をものの七秒ですませていた。

「この作業を繰り返していると足首が柔軟になる」と彼は言った。

・・・

私たちは昼食をとるため、ジェネシー川沿いにある高さ約二四〇メートルのダム、マウント・モリスの近くまで車を走らせた。「最高のダムの町」、路肩の立て看板にはそう記されていた。

ケンはレッチワース公園そばのながめのいい場所を選んだ。昼食を食べに彼がバスターを連れてよくやってくる場所だ。ジェネシー川がやわらかい頁岩《けつがん》を侵食し、急峻な渓谷を形づくっている。予想をはるかに超えたみごとなながめだ。この景観は「東のグランドキャニオン」と称されている。

渓谷の淵から一メートル半ほど離れた丸太に腰かけ、サンドイッチをつまみながら、ニューヨーク西部の九月後半の荘厳な一日を堪能した。雲一つない空に燦々《さんさん》と輝く太陽、気温は二一度、湿気も低く、やさしい風が少しひんやりしていて秋の気配を感じさせる。そして何より、そこにいる者に今日という日に感謝の気持ちを抱かせる、そんな昼下がりだった。まわりには誰もいない。渓谷の橋を渡る車から、時おりくぐもった音が聞こえてくるだけだ。これほどの静寂を私はかつて味わったことがない。

私はケンに、野生の牛を見たことがあるかたずねた。

「いや、ないな。だがヘラジカならカナダで見たことがある。群れをなしていた。その場所で以前三、四〇頭の牛や子牛が草をはんでいるのを見たことがある。じっとつっ立ったままこちらを見るのさ。牧場にいる牛と同じだ。私のことを不思議に思ったんだろう」そう彼は答えた。

私がこれまで牧場で会ってきた人々の中で、唯一彼だけが田舎育ちの人間ではなかった。なぜこういう暮らしになったのか私はケンにたずねた。

「ただ田舎の方が好きなだけだよ」そして「ロングアイランドでは息がつまりそうだった。自分の居場所じゃないって感じかな。広々したところに行きたかったのさ。それに田舎の人の方が親切でつき合いやすかったからね」と彼は言った。

ケンの両親と二人のきょうだいも彼同様、地方の小さな町へ引っ越していき、ニューヨーク・シティーに残っているのは姉の一人だけとなった。めったに彼女と会うこともないし、シティーにいるいとこととも会うことはないという。少年時代の友人とも連絡をとっていないと彼は言った。

「葬式や結婚式の時くらいしかシティーにはもどらない。それも、もどればの話だが。もどってみても、あそこにいる人間には自分との共通点が見つからない。接点がないんだよ。彼らの方も、私の仕事や住んでいる場所にこれっぽちも関心がないようだ。ましてお互いの違いを理解しようなんて気はさらさらなさそうだしね」

シティーの人間は農場で働く人間を見下すふしがあると彼は言う。「彼らはステレオタイプ的なものの見方をし、農業に従事する人間には教養がなく、不潔な労働環境の下、安い賃金で働いていると思っている。近代農業に何が起こっているかなど彼らは認識していないのさ」

・・・

昼食後最初に立ち寄った牧場には七〇頭の牛がいた。ケンは授精を行なう一頭めのデータをパソコンで調べている。

「泌乳回数は二回。すでに二回施術、受胎なし」とある。ケンによって二ヵ月連続で人工授精が行なわれたものの、妊娠しなかったという意味だ。「一日平均三四リットルのミルク産出量か、まだよく出そうだな。これが三度目だがいい牛だ、つづけてみよう。ここには雄牛がいないから、もし私に種づけができなければ、この牛は坂を転がることになる」

「坂を転がる？」

「と畜場行きってことさ」

酪農牛は生殖障害が原因でしばしば「淘汰」される。採算性の問題から通常牧場では人工授精は四回を限度とし、四回施術しても妊娠しない牛は泌乳終了後、淘汰にまわされる。

「受胎率の高い雄牛を使おう。でも値段の高すぎないものだ」とケン。

彼はアンビションという名の種雄《たねおす》の精液に決めた。ストロー一本一七ドルという手ごろな価格だ。

古い牛舎にその雌牛はいた。体全体が黒く、ストールで横になっている。背中の上を這いまわる一〇〇匹以上もいようかというハエを追い払うため、短い尾を振るが効果がない。振り返って舐めてとろうとするがどだい無理だ。

ケンは牛の背後にしゃがみ込んだ。

「それじゃあ、この牛の命はあなたの腕にかかっているわけか」

「そのとおり！　だから彼女は私を歓迎する方がいいはずだ。蹴ったりしないでな。おい、聞こえてるだろ？」そう言ってケンは注入器を構えるまねをする。「いい子にしている方が得だぞ」

・・・

その日最後にたずねたのは、エイボンの近くにある小さな牧場だった。発情期にある未経産牛が一頭、牛舎につながれていた。ケンはボナンザのストローを用意している。

「ボナンザの子はお産が軽くすむことで有名だからな」ケンの説明によると、ボナンザの精子から生まれる子は比較的頭が小さいため、若い未経産牛でも楽な分娩ができるという。また、未経産牛は受胎率が高いため、高価な精液を用いてもむだになることが少ないということだった。「こうやって酪農家は自分の金を有効に使うんだよ」と彼は言った。

私たちは牛舎に入っていった。若い雌牛は今まで見てきたどの牛よりも小さく、高さは私の胸までしかない。ふつう未経産牛は成牛とは分けて飼育されるため、私も今までほとんど間近で見たことがない。しかし成熟した牛を数多く見てきたからこそ、未経産牛がいかに若く生き生きとしているかがわかる。その牛の白黒の斑点は清らかでつややか、乳房は小さく締まっている。

そしてよく跳ねまわる。頭を振ってスタンチョンを上下に揺らし、白い尻を前後に動かす。ケンは蹴飛ばされないよう少し距離を置いて後ろに立った。

「私が何のためにここにいるのかわからないだろうな」そう言いながら、手袋をはめた左手を肛門にさしこみ触診をはじめる。牛は少し静かになった。膣スプレッダーを挿入し、次に精液注入器の番となる。数秒後それは終わった。牛はじっとしていた。

・　・　・

ケンが私を駐車場まで送ってくれた時には、ジェネシー川渓谷には夜のとばりが降りはじめていた。車中では、ラジオ番組『All Things Considered』のオープニング・ファンファーレとともに六時のニュースがはじまっていた。いつも公営ラジオを聞いているのか私はケンにたずねた。

「民放はどれもニュースを扇情的にとりあげるから」と彼は言う。「NPR（ナショナル・パブリック・ラジオ）は違う。偏見のないニュースが聞けるのはここだけだ。だから私はテレビもラジオも公営なんだ」

実はシエラ・クラブ〔十九世紀末から続く米国の環境保護団体〕に所属している、とケンが打ち明けた。そして「環境問題に関心をもつと君の仕事に支障が生じたりしないのか、と言う人たちもいる。それは事実だ。シエラ・クラブが求める規準は厳しい。だが、クラブがとりあげているのは廃棄物処理といった問題だ。私だってもちろん関心があるよ。自分の敷地に井戸があるんだからな」と言った。

さらに自分はファーム・ビューロー〔米国最大の農業連合会〕にも加入していると私に告げた。こちらの方がシエラ・クラブよりはるかに納得がいく。

ファストフードの店で食事をする時、目の前のハンバーガーは自分が授精した牛でできていると思うことはないかとたずねてみた。

「健康に気をつけているから、ファストフードはあまり食べない。時々ステーキは食べるが、そうだな、自分と何か関係があるとは感じるな。そして味わって食べているよ。自分の携わる産業の一部だし、肉がどうやってできるかも知ってるさ。だが食べたからといって悲しくなったりはしない。君だって見ただろう？　牧場の牛たちは幸せそうじゃないか」

ケンの未来には何がひかえているのだろう？

人工授精の業界では各授精師が施術した牛の数が記録されているという。二五年間で彼が施術した数は約七万頭。

「一〇万頭に達すると、コロラドで開催されるＮＡＡＢ〔全国畜産繁殖協会〕の年次大会に招待されるのさ。飲んだり食べたり記念写真を撮ったり、いろいろもてなしてくれる。こんなにいいことがあるんだぞって、大げさにやってくれるわけだ」

ケンの年間施術数は約六〇〇〇頭、この調子でいけば五、六年後にはコロラド旅行だ。そのあとは、早めに退職してカリフォルニアで暮らしたいという。

牧場の周囲で働く多くの人々と会ってきたが、ケンほど自分自身とだぶって見えた人間はいない。田舎の暮らしを愛するようになったものの、さまざまな面で彼には都会育ちの面影が残っていた。

第3章

肥《ひ》育《いく》と去勢

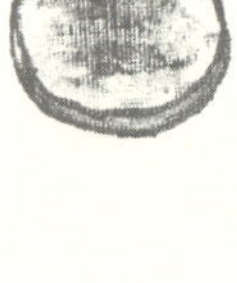

ピーター・ヴォングリスの小型トラックがローネル・ファームの私道に入ってきたのは、午前一一時をまわった頃だった。荷台には合板でできた、縦横一メートル半ほどの箱が積まれている。箱の側面にはドリルで空気穴が開けられていた。

「そこに子牛を入れるのかい?」と私はたずねた。

「ああ、自分で作ったんだ」とピーターは言う。「数が少ないんだから、ハッチを買うのはもったいないよ」

ピーターは三一歳。中肉中背で髪は茶色くて短い。細おもての顔に青い瞳ときれいな口ひげ、笑顔がさわやかな男性だ。彼の動作や話し方にはエネルギーが満ちている。「やあ、おはよう!」、電話での挨拶一つとっても、彼の声にはまるで久しぶりの長距離電話をかけているかのような弾むような響きがある。

三五キロ近くある子牛三頭がこの小さな箱の中におさまるとは思えなかったのだが、彼はスーパーハッチから一頭ずつ子牛を引っ張り出してトラックまで運び、その中に放りこんだ。最初の二頭は頭から先に、三頭目は後ろ足から入れた。この方がおさまりやすいという。

・・・

感謝祭前、ローネル・ファームでボナンザの子が生まれるのを待ちながら、私は生まれてくる子牛のあずけ先を一所懸命探した。それは容易でなかった。郊外に住んでいる人が、買った牛を誰にあずければいいかなど、なかなかわかるものではない。私は肥育農家をいくつかあたってみたが、余分なスペースはないと言って断わられるか、自由に牧場に出入りするうえ、見たことをみな本にするなどとんでもないと言って断わられるのがおちだった。

そんな中、一人の農夫がジョン・ヴォングリスの名前を教えてくれた。そしてそのジョンが今度は息子のピーターを紹介してくれたのだ。ピーターはよその牧場で働くかたわら、副業として十数頭の子牛を飼っているという。育てた牛の肉は売りに出すか、自家用にとっておくらしい。ジョンが教えてくれたピーターの住所を見ると、幸い彼の住まいは三六号線沿いで、ローネル・ファームから南へ八キロほどしか離れていなかった。

深い霧が立ちこめるある日の夕方、私はピーター・ヴォングリスに会うため車を出した。本線からそれた砂利の私道は急な坂を描いてヴォングリス家へとつづいていた。坂を下りきった場所に一本の木があり、そこに頭と皮だけになった鹿が一頭吊られていた。車をとめて坂道沿いの古い牛舎に向かって歩き出すと、くすんだ髪の色をした細身の男が突然霧の中からあらわれた。豚を家畜運搬車に載せ市場に行くところのようだ。ピーターだった。

車が道を飛ばしていくのを横目に、私たちは路肩に立って手短かに話をすすめた。私は以下のことを彼に告げた。もうすぐローネル・ファームで生まれるある子牛を自分は競りで買うつもりなのだが、出荷するまでその牛を育ててくれる場所を探している。もしお宅であずかってくれるなら、その子牛を肉用牛としてごく一般的な方法で育ててほしい。そのあいだ、本の執筆のためしばしば飼養場を訪問したいが、決して仕事の邪魔はしないし口出しもしないので見学を許してほしいと。

ピーターは話の筋を理解し、一頭につき一日一ドル五〇セントで肥育を請け負うと約束してくれた。子牛が生まれたら連絡することにして、私はその場を引きあげた。そしてやがて、あの双子の子牛が産声を上げるのである。

二週間後私はトラックを手配してもらうためピーターに電話を入れたのだが、彼が留守だったため妻のシェリーと話すことになった。シェリーがかつてローネル・ファームで子牛担当責任者として働いていたことを知ったのはその時だった。自分が辞めたのは、動物の扱い方に関する意見がスー・スミスと食い違っていたためだと彼女は言った。シェリーは今回の件に関し熱心で、同じ電話で、なぜ子牛に家畜市場を経由させるのだと私を激しく非難した。

「できるわけないわ」彼女は断言し、「あなたの子牛は生後一週間に満たないんでしょう？　この寒空ですっかりまいっているはずよ。もし競りに出したりしたら、病気になって死んでしまうわ」と言った。

シェリーがただ感情的になっているだけとは思えなかったし、子牛を死なせてはならないのも事実だ。私は彼女の説得に負け、市場をとばしてローネル・ファームから直接子牛を買うことにした。

以上が感謝祭直後に起こったことの一部始終だ。そして私はローネル・ファームから次のような知らせを受けとった。

【見積書――子牛、生後一週間】

オス（双子）一頭、約七五ポンド〔三四キロ〕――二五ドル
メス（双子）一頭、約七五ポンド――二五ドル
オス一頭、約七五ポンド――二五ドル

雌雄の双子は、アンドリュー・スミスがナンバー4923から牽引して産ませ、ジェシカ・トラウトハートと私がスーパーハッチまで運んだ子牛たちだ。誕生の場面に立ち会えた、ボナンザの子であるこの二頭こそ、肉になるまでの一生を私が観察したいと願っている牛である。見積書にある三番目の雄牛は、双子が生まれた翌日誕生した、同じくボナンザの血を引く子牛である。二頭が死んでしまった場合にそなえ、私はこの牛も予備用として購入することにした。

しかしシェリーとの会話は私にいくつかの懸念を抱かせた。彼女とスー・スミスとのあいだに険悪な感情があるとしたら、両者の牧場、両者の家庭を行き来するという私のプランはどんな影響を受けることになるだろう？　また、動物に対するシェリーの強い思い入れから、私の子牛は特別扱いされてしまうのではないだろうか？　実はこの点が一番心配だった。それは困る。私はあくまで通常の方法で子牛を育ててもらいたいのだ。

そして今ピーターのトラックの助手席にすわる私は、シェリーに対する不安を率直に彼に伝えていた。

「牛の面倒をみるのはおれだ。シェリーじゃない」と彼は言った。「ほかの牛と同じように育てるよ」

ピーターは三六号線を左に折れ、例の砂利道を下っていく。木にはもう、あの死んだ鹿の姿はなかった。道の片側に黄土色のランチハウス〈間仕切りがなく、屋根の勾配がゆるやかな平屋〉がある。私道をはさんで、牛の飼養場《しようば》である古い牛舎と、前面が開いた小さな小屋が建っている。彼はその小屋を〝ランニング・シェッド〈機関車庫〉〟と呼び、牛舎として用いていた。

牛舎とランニング・シェッド、およびその前庭一帯は牛が逃げるのを防ぐため、また他の動物が侵入するのを防ぐため、電気牧柵で囲まれている。前庭は面積にして野球場の内野の半分ほどだ。ランニング・シェッドで横になるもの、庭にたたずむものなど、全部で十数頭の牛がいたが、どの牛も、ピーターと私がトラックから降りるのを静かに見つめていた。

ピーターは荷台の木箱の留め具をはずして私の子牛たちを外に出し、家の裏手に建てたカーフ・ハッチ〈子牛を個別に飼育するための小型の牛舎。小屋と小さな庭からなる〉に向かってすすむよう一頭ずつ尻を押してうながした。カーフ・ハッチは高さ約一メートル半、横一列に三個並んでいる。各ハッチの側面と後部には梱包した干し草〈ベール〉が壁がわりに積み上げられ、前面は開いている。屋根がわりの丈の長い木製シャッターが、長屋の共有屋根のように一枚で三つのハッチ全体を覆っている。このシャッターは友人の古い牛舎から見つけてきたとピーターは言う。

双子のうち雄子牛が真ん中のハッチ、雌がその右、予備用の雄子牛が左のカーフ・ハッチに入れられた。ピーターは短い黄色のナイロンロープで子牛の首をしばり、ロープの先をハッチ前の錆びた金属製のポールに結《ゆ》わえつけた。ロープの長さは、子牛たちが二、三歩ハッチの中を行ったり来たりできるくらいに調節されている。各ハッチはたいした距離を置かずに金属網の柵で仕切られているだけなので、子牛は互いの顔がよく見えるし、柵をはさんで口もとを寄せ合うこともできる。とはいえ、それ以上接触できるわけではない。

ピーターは専用のパンチで子牛の右耳に穴を開け、小さなスチール製の耳標を装着した。双子の雄の耳標はナンバー7、雌はナンバー8、予備の雄牛はナンバー6だ。約二ヵ月後、彼が子牛たちをカーフ・ハッチからランニング・シェッドに移す時には、遠くからでも数字が読みとれるよう、これより大きな黄色い耳標が与えられることになる。そしてその頃、子牛たちに離乳と去勢の時がやってくる。

・・・

子牛たちはみなおとなしく小屋前の一角を探っているが、屋根の下に入ろうとはしなかった。しばらくすると、わずかばかり草と藁があるだけで大部分が泥で覆われている地面のにおいを嗅ぎだし、そしてロープの結ばれたポールを舐めはじめた。双子は柵の金網越しに互いの顔を舐め合い、次に鼻を軽くこすり合わせた。

三頭を見分けるのは簡単だ。どれも顔が黒く額に白い三角の模様が入っているが、双子の雄だけがその三角が長く、鼻まで伸びている。予備用の雄牛はほかのに比べ被毛《ひもう》が茶色く、声がややかすれている。しかし頭部に関して共通して言えるのは耳がどれも印象的ということだ。ふわふわした二枚の黒い翼のように見えるのだ。しかも右の方には耳標という銀の飾りがついている。

双子の雄牛を撫でようとすると、私の手のひらを頭で突き上げてきた。この動作は以前生まれたての双子の雌が、母牛から乳をもらおうとして見せた時の動きと同じものだ。おそらく乳房へ刺激をくわえることで母牛の泌乳をうながす本能的な動きにちがいない。手袋のまま指をさし出しても、あるいはこぶしごとさし出しても、子牛は強い力で吸いついてくる。

・・・

一週間後、私はまたヴォングリス家をおとずれた。その日は風は強いが気温四度という、一二月初旬にしては暖かな一日だった。家には犬がいるだけで誰もいない。ラブラドールのミックスのようだ。家人が留守なのにわざわざ家をおとずれ周囲を歩きまわるというのも奇妙なものだが、これも両者合意のうえだ。

車から降りて子牛のいるカーフ・ハッチに向かおうとすると犬が激しく吠え立てた。だが習性なのか、じっと見つめているうちにおとなしくなった。

双子の雄子牛は小屋の外に立っていた。胸と肩に肉がつき、〝体が耳に追いついてきた〟という感じだ。ピーターは下痢予防の抗生物質をはじめとする種々の添加物をドライミルクに調合し、それを代用乳として子牛たちに与えている。

立ち姿を観察すると、尻の方が頭より高く、頭は私の腰にもとどかない。臍の緒は乾いているが取り切れておらず、腹部から一〇センチほどの黒くねじれた姿でぶら下がっている。また、白い額にはうっすらとオレンジ色のマーカーが残っている。今わかったのだが、黒い顔は純粋な黒毛ではなくその下毛は茶色だった。だからこの雄子牛のもつ雰囲気がやわらかいのだ。ピンク色の鼻、その鼻孔の少し上に黒い斑点が数箇所あった。

雌子牛はハッチの前で排尿していたが、それがすむと双子の弟と自分を隔てる柵に近寄り、二頭は互いの唇を舐め合った。子牛のあいだでよくみられる〝クロス・サッキング〟と呼ばれるこの行為は、病気感染の要因となるため酪農界では問題の一つとなっている。先にあげたジョン・ウェブスター獣医師は、子牛が〝キス〟するのは、生後わずかで親から引き離され、充分な口唇的満足が得られていないためではないかと述べている。

風がヴォングリス家の庭の洗濯物を吹き上げ、ロープにからませる。庭にはブランコとジャングルジム、錆びたドラム缶、ごみ箱二つ、ピクニック用テーブル、木製の犬小屋、女の子用の錆びついた自転車二台、茶色のダンプスター〔鉄製の大型ごみ容器〕が点在するほか、廃材やおもちゃの電話、赤い自転車、色のあせたバスケットボール、除雪機の羽根、裸のバービー人形、テディベアが積まれた台車が転がっている。

ウィリアム・カーロス・ウィリアムズの詩を思い出した。「たくさんの物が載った赤い手押し車、雨に濡れてつやつや光る。かたわらには白い鶏たち」

・・・

一二月は疲労とひどい咳のせいでほとんどを家で過ごした。通常の抗生物質では何の効果も上がらない。家庭医学書で調べてみてはじめて、私は自分が肺胞炎にかかっていることに気づいた。この病気は、藁や穀類中で育つ菌類の胞子によって引き起こされる肺胞の炎症で、〝農夫肺〟という名でも知られている。このことを主治医に話すと、費用はかかるが郊外にある診療所で血液検査を受けるようすすめられ、私は診療所で血液採取をすることになった。ところが私の血を採血した女医は、農夫肺を検査するのはそれがはじめてだったため、マニュアルを参照しながらのサンプル分析とあいなった。

私が「農夫肺」にかかるとは。ここ数週間牛舎やハッチをぶらついて、一人前にこんな病気にかかったのか。私が調べた医学書には、各症例がアルファベット順で並んでいる。〝農夫肺(farmer's lung)〟の一つ前は〝空想(fantasy)〟だった。

・・・

数週間ぶりにローネル・ファームに向かう今日、三六号線の路面には地吹雪が舞っている。温室にいるボナンザの最初の娘（三六〜三七ページ参照）はどんな成長をとげているのだろう。

感謝祭の直後に誕生したその雌子牛ナンバー6717は、生まれてまもなくこの温室に連れられてきた。室温は七度台、牛にとっては快適だ。

温室には生後二ヵ月に満たない雌子牛が約五〇頭収容されている。広い中央通路をはさんで二列に並ぶ個別の檻に、子牛が誕生順に入れられている。

ボナンザとナンバー1523の娘、6717は、前から三分の二あたりの右側の檻にいた。私が近づくと、まず前脚の膝を起こし次に後ろ脚を伸ばして立ち上がった。頭の高さは檻と同じくらい、約一二〇センチに達している。檻の開口部から舌を出し、手袋をはめた私のこぶしを舐めまわしたり、ジーパンの膝や黒い長靴の先に吸いついたりしはじめた。

黒い額の中央にある白の斑点はあまりに小さく、白毛の本数まで数えられそうだ。前回たずねた時、ジェシカは断尾のため尾の途中を緑のゴムバンドでくくっており、そこから下は縮れてしなびはじめていた。

二つ左隣りのナンバー6715は檻の中を一、二度ぐるぐるまわった。一・二×一・五メートルの密室では、これが子牛にできる精一杯の運動にちがいない。もういっぽうの列ではナンバー6718と6719が仕切りの金網に鼻をつっ込み、互いの首を舐め合っている。

牛床《ぎゅうしょう》の藁は厚く、ほんの少し糞でぬかるんでいる程度だ。一週間に二度新しい藁が追加されるが、子牛が二ヵ月になってもう少し大きい牛のいる牛舎に移されるまでは、牛床の藁が完全にとりかえられることはない。その時までには断尾も完了していて、落ちた尾は藁といっしょに掃き出されることになる。

干し草は梱包されて通路の真ん中、ちょうど6717の檻の前に積まれている。私は干し草の上にすわり子牛たちをながめた。藁の上でこんなふうにのんびり過ごすとは、まるでとぼけたリル・アブナー〔新聞連載漫画の主人公〕にでもなったような気分だ。室温七度とはいえ、外の真冬の寒さに比べたらここははるかにしのぎやすい。

各檻の正面には、黒と黄色のプラスチックのバケツが二つ取りつけられている。6717は柵の開口部から顔を出し、黄色いバケツから穀類を食べ、黒いバケツから代用乳を飲んでいる。

6717は首を伸ばして黄色いバケツの裏側を頭でこすり、次に唇と舌でバケツの取っ手を起こして舐めはじめた。下の前歯が、鼻と唇の漆黒とは対照的に白く光る。6717には上あごに前歯がないが、これは当然で、完璧な草食動物である牛は上あごに切歯《せっし》や犬歯をもつ必要がないのだ。そのかわり上あごの切歯にあたる部分には固い歯床板《ししょうばん》があり、その歯床板と下あごの切歯を噛み合わせて、草や植物を引きちぎったり刻んだりする。ナンバー6717は、今度は右隣りの檻にいる6716の額の白い星型模様を舐めはじめ、次にその右耳に取りつけられた金属製の耳標を舐めはじめた。

6717の注意はふたたび目の前の黄色いバケツの取っ手に向けられた。舌で取っ手を持ち上げてはまた下ろし、その動作を繰り返している。

檻はどれも洗濯バサミほどの小さな留め金で組み立てられているのだが、たまたま6717の檻の中央の留め金がゆるんでいた。6717は舌で留め金をとらえ、口の中に吸いこんだり押し出したりしはじめた。何度も何度も。

6717の目的は、とにかくものをくわえたり舐めたりすることのようだった。金属はとりわけ味がいいのだろうか? ただの遊びなのか?

私には、バケツの取っ手や小さな留め金はこの子牛にとって唯一自分で自由にできるもののように思われた。それもそうだろう。子牛の世界を彩るものはあまりに少ない。自分に与えられた小さな世界に存在するものといえば、左に子牛の頭、右にも子牛の頭、正面に黄色いバケツと黒いバケツ、それぞれの取っ手、金網の留め具、足もとに藁、それがすべてだ。

温室を覆っているたわんだビニールシートが、冷たい風が吹くたびバタバタと大きな音を立てて揺れている。

子牛の大きな瞳は色が濃く、限りなく黒に近い。瞳に映った私が見える。身長が一センチにも満たない男が、茶色のパーカーにスキー帽、手にノートを持って立っている。

ローネル・ファームの事務室の裏手、温室前には死んだ牛が積み重ねられ、回収業者がやってくるのを待っている。そこは〝死体置き場〟だ。時おり様子を見に行くと必ず一、二頭積まれていて、私は屍骸をのぞきこんでは、なぜ牛が死んだのか自分なりにその原因を探っている。

今朝、死体置き場に移されたのは一頭だ。いつものようにそばで見ようとして近づくと、こちらを見た。まだ生きている、今のところは。私の動きに合わせて眼球だけがあとを追う。そして耳がほんの少し角度を変える。

スーの話によるとその牛は第四胃変位を起こしていた。第四胃変位とは牛の第四胃が正常な位置からずれてしまう消化器障害の一種である。通常は手術で治療するのだが、この牛は蹄にも異常をきたし起立不全を起こしていたため、回収業者に引き渡されることになったのだ。

・・・

次に私がヴォングリス家をたずねたのは、クリスマスを数日後にひかえたある日の夕刻だった。冬真っ只中、気温はマイナス九度、風が強い。

私はついに作業用のつなぎを買った。つなぎは暖かいだけでなく牛の糞尿問題も解決してくれた。それまで私はジーパンについた糞尿をにおいごと家まで持ち帰っていたのだが、洋服の上からつなぎを着てしまえばどんなに汚れても問題ない。帰宅時にはつなぎを脱いで長靴といっしょに車のトランクに放りこんでしまえばそれでいい。あとで洗濯すればすむ話だ。

つなぎを買ったのは、ヨークから三六号線を北に数マイル行ったデーヴィス・ショッピングセンターだった。この店には、カウボーイブーツやバックル類からウェディングドレスにいたるまでありとあらゆるものがそろっている。去年の冬からつなぎに目をつけていたのだが、ゴム長靴の時と同様、牧場でたいした時間を過ごしていない自分に酪農用具を身につける資格はないと感じ、今まで買い控えてきたのだ。だが今年の冬は違う。

断熱生地でできた黄褐色のつなぎには、股上にファスナーとホック、足首にはマジックテープがついていて、裾をしぼってから長靴の中にしまえるようになっている。サスペンダーつきの胸当てにはポケットがたくさんついていて筆記具やカメラをおさめるのに都合がいい。つなぎは重いうえに着心地も悪いだろうと思っていたが、予想に反して体になじむ。ちょうど寝袋にくるまっているような感じだ。

・・・

ヴォングリス家裏手のカーフ・ハッチは雪で覆われ、小屋前のぬかるみも寒さで凍りついてしまっている。青い餌バケツは地面に転がり、凍てついたまま動かない。私は雄子牛のハッチをのぞきこんだ。雄子牛は顔を壁に押し当てて、前のめりになってうずくまっている。体は震え、脚と腹部には泥がこびりつき、耳は垂れ下がり目はどんよりしている。小屋からおびき出そうとしたが、手袋にも吸いつこうとしないしパーカーの袖を舐めようともしない。ハッチ内の雪にも蹄の跡がない。おそらく雄子牛はクロス・サッキングさえしていないのだろう。

双子の雌と予備用の子牛は比較的元気で、私のズボンやコートの裾を舐めに出てきた。だがやはり数週間前ほどの元気はない。数十分してやっと雄子牛が私に顔を見せ、弱々しいながらも手袋の指を一本舐めた。

その時私は気がついた。雌子牛と予備用子牛のハッチの後部には干し草の梱《こり》〔ベール〕が積まれているが、雄子牛のハッチ後部には大きな亀裂の入ったベニヤ板が立てかけてあるだけだということに。

その晩私はさっそくピーターに電話した。

「やあ！」いつもの声だ。「今日来たんだね。雪に残ったタイヤの跡でわかったよ」

しばらく天気のことについて話したあと、私はカーフ・ハッチの藁はどれくらいの頻度でとりかえるのかたずねた。

「二、三日おきだ」と彼は答えた。

「ピーター、君のやり方に口をはさまないと言ったのはもちろん覚えている。だが、双子の雄牛のハッチ、そう真ん中のハッチだ、あそこにはベニヤ板しかない。干し草がある方が温かいんじゃないだろうか?」と私は切り出した。

結果的に私の意見はとおり干し草が置かれることになったのだが、寒いからといって危険なことはないとピーターは請け負った。そして「牛はこういう天気が好きなんだよ。健康にもいい。暑いよりずっといい」と言った。

一月の終わり、月齢二ヵ月になる頃には子牛を牛舎に移すと聞いていたのだが、私はもう一度、それがいつになるのかたずねてみた。寒さから子牛たちが解放されるのを待ち望むあまり、私は毎晩ロチェスターテレビの一一時のニュースに見入り、〝中心部以外〟の地域の〝明日の天気と温度〟の予報が気になってしようがなかったのだ。

「ひと月したら移動させるよ。たぶん一月の三週目あたりだな」とピーターが言った。「離乳、耳標つけ、それに縛るのも、全部いっしょにやるよ」〝縛る〟とは、彼が用いている去勢法のことだ。

・・・

できるだけ多くの従業員や仕入れ業者、顧客をもてなすため、今年のディナーは五時半と七時半の二席がもうけられている――スミス家主催による、ローネル・ファーム恒例のクリスマス・

パーティーだ。パーティー会場はヨークから二、三分離れたジェネセオにある、しゃれたホテルだ。二階の踊り場で私はアンドリュー、スーと挨拶をかわした。「メリー・クリスマス」、二人とも実に素敵だ。考えてみれば、私はそれまで作業服姿以外の彼らを見たことがない。今日のアンドリューは茶のスーツ、スーは袖なしの赤いドレスに身を包み、一五歳のカースティーと一四歳のエイモスも清潔感あふれる、あらたまった服装をしている。カクテル・タイムの時、私は二人に将来牧場を継ぎたいかたずねてみた。カースティーの答えはノーだった。いつか獣医学の先生になりたいと思っているが、牧場を継ぐ気はないという。当面の関心は、来年の夏の交換留学プログラムでオーストラリアに行くことのようだった。いっぽうのエイモスは牧場を継ぐ意志があるらしい。

彼らの曽祖父にあたるネルソン氏が挨拶のためバーにいる私をおとずれ、にこやかに握手の手をさし出した。私は自己紹介し、本について説明しようと補聴器をつけた耳に向かって話しかけたのだが、はたしてどこまでつうじたかわからない。

レストラン「ヨーク・ランディング」のジョーンとラリー・アレクサンダー夫妻の姿も見えた。百人を超える出席者に挨拶してまわるのは、アンドリューの両親、ラリーとキャサリンの役目だ。キャサリンはスタンダードオイル社と縁故のあるチリ人家庭に生まれ、ニューヨーク・シティーの私立高に通ったのちコーネル大学に進学しラリー・スミスと知り合った。

ジーパンとシャツ姿しか見たことのないジェシカ・トラウトハートも、今日はセクシーな黒のドレスをまとっている。長い赤毛の髪を手のこんだカールでまとめ、頭の上でとめている。ジェシカはボーイフレンドのジェイソンを私に紹介した。ジェイソンはローネル・ファームの糞尿処理係およびミルキング・パーラーへの牛の誘導係の仕事についたばかりだという。

ディナーの前に、アンドリューの呼びかけで出席者全員立ち上がり自己紹介をはじめた。ネルソン氏の番になると、彼は「借りてきた一頭の牛で牧場をはじめた時のことを話してもいいかな？」とみんなに許しを求めた。多くの客がクスクス笑っている。彼の話はどうやらこのパーティーの定番のようだった。

ビュッフェにはローストビーフ、挽き肉のラザニア、フィレチキンが並んでいる。

ローストビーフを食べたのは数年ぶりだった。子どもの頃は好物だったというのに、最近では赤身の肉はまるで食べないようになっていた。食べるのは魚と卵、そして時々チキンだ。こうした食習慣は、動物の肉を食べることに対して幼少期から抱いてきた私の二面的な感情を反映している。つまり、ある時期は食べるが、ある時期は食べない。栄養士である私の妻もだいたい同じような食生活を送っているが、それは健康を配慮してのことである。しかし牛を追いかけまわして一年が経とうとする今、不思議なことに私は、自分は動物の肉をもっと楽に味わってもいいのではないかと思うようになっていた。その証拠に私の皿にはチキンだけでなく、ラザニアやローストビーフも盛られている。

ディナーが終わるとアンドリューは、飼料責任者および設備維持係として三〇年間ローネル・ファームに勤務するラリー・ウィルキンソンへ功労賞を手渡した。

・
・
・

大晦日の午後のヴォングリス家。気温はマイナス一一度。夜半はさらに冷えこむだろう。子牛の飲み水用のバケツには雪しか入っていない。約束どおりピーターは雄子牛のハッチ後部に干し草を積んでくれていた。

雌は警戒しながら私に近づき手袋を舐める。予備用の牛も同じだ。だが雄はだめだ。私がカーフ・ハッチに入って顔の前に手をやっても吸いつこうとしない。しかし雪の上には小さな糞の塊がある。時々は外に出ているにちがいない。

私が中をのぞこうとして身をかがめると、雄子牛がぼんやりこちらを見返した。雑誌『ニューヨーカー』に出ていた漫画をふと思い出した。動物園にいる男が檻の中のサルを見つめて考える、「何を考えているのだろう?」サルも男を見つめ、考える。「何を考えているのだろう?」

オレゴン州立大学で二人の研究員が教職員と学生を対象に、家畜には心があって思考すると思うかどうかをアンケート調査したことがある。すると三分の二がイエスと答え、心を持つと思われる動物の名を順にあげた。その第一位が馬と豚、二位が牛、三位以降に羊、鶏、七面鳥とつづく。

もちろん証明するものは何もない。

もしこの子牛が何か考えているとしたら、こんな寒い日には「何を」思っているのだろう? 自分の顔を舐めていた母牛4923のことだろうか? 恋しいのだろうか? 母親から引き離され、生後間もなくから二ヵ月間もひとりぼっちでこんな檻に閉じこめられていたら性格も変わってくるのではないか、私はそんなことを考えていた。

・・・

一月はじめの二週間でニューヨーク西部には雪が一メートルほど積もったが、そんな中、久しぶりに太陽が顔をのぞかせ、正午には気温もプラスになる日曜日があった。天気に後押しされたのか、シェリーから家に来るよう電話があった。「今日、あなたの子牛を牛舎に移動させるわ。どれくらいでここに着く?」

寒さのせいでナイロンロープがもろくなり結び目がゆるんでしまうことが先週だけで四回もあったという。だから子牛の移動が待ちきれなかったとシェリーが告げた。その話を聞いた私は、ロープがゆるんだ時真ん中のカーフ・ハッチにいる雄子牛はどうしていたか彼女にたずねた。そんな時は隣りのハッチに入り込み、姉の横で横になっていたと彼女は答えた。

ヴォングリス家に着いたのは電話の一時間後、夕暮れが迫る頃だった。三六号線の西側には、夕日を背にしたサイロの影が伸びていた。

坂道を下っていくと、少年が二人の子どもをそりに乗せ引っぱっているところに出くわした。その後ろでピーターがカーフ・ハッチに向かって歩いているのが見える。

「こりゃあすごい雪だ!」ピーターが声を上げた。そしてハッチに置いてある青い餌バケツに温かい代用乳を二リットルほど注ぎこんだ。

「ミルクを飲むのはこれが最後だ」という彼の言葉を聞いて、私は今日が離乳の日でもあることを思い出した。と同時に今日が耳標装着の日、そして去勢の日であることも。

今日のピーターには荒々しい雰囲気がある。無精ひげが伸びているし、赤い格子縞の防寒シャツの肘には穴が開き、ぼこぼこした中身の綿が飛び出している。

彼は首輪の部分だけ残して黄色いナイロンロープを切り、子牛をカーフ・ハッチの外に追いやった。子牛の脚から腹部にかけては泥にまみれ、生後五日目からはいつも二、三歩しか歩いていないせいだろう、脚はずいぶんひ弱になっている。ピーターに尻を押され子牛たちは牛舎につづく坂道を歩き出した。だがその時一頭がまるで森を跳ねまわる鹿のように後ろ脚を蹴り上げて、道からそれて雪だまりにつっ込んでしまった。ピーターは子牛をつかまえ道に引きずり出したが、二、三歩すすむと今度は私の車の前で足をすべらせふたたび雪につっ込んだ。ピーターは力ずくで子牛を押し出し、なんとか先にすすませる。

「そんなことする必要ないわ!」とシェリーが声をかけた。「お腹がすいてるのよ、ピーター。バケツを見せればついてくるわ」と言い、代用乳を入れる青いバケツを自分が連れていた雌子牛の鼻先にぶら下げ、いともたやすく牛舎へと導いていった。

「平気だよ」ピーターはいらいらしながら答えた。「おまえはおまえの牛を動かせ。俺は俺の牛をやる」

「私はただ簡単なやり方を教えようと思っただけよ」シェリーは弁解した。三三歳になるシェリーはピーターより二つ年上だ。織物のコートに帽子と手袋、彼女の方が賢明な格好をしている。

「別の方法を教えてくれなんてたのんだ覚えはない」とピーター。

彼らは私の前で口論しはじめた。だがノートをとる私の手はとまらない。

一つわかったことがある。シェリーは動物をやさしく扱うことに執着があり、それと同じくらい、ピーターは動物を甘やかさないことに執着があるのだ。動物に対する彼らの姿勢はある種の典型的な対立パターンにちがいない。

ランニング・シェッドは南に面し、牛舎の前庭につづいている。ピーターとシェリーは私の三頭の子牛を、ランニング・シェッド内の隅にもうけた囲いの中に移動させた。そこにはすでにピーター自身の子牛が四頭入っていたが、どれも三頭と同じくらいの年で、みな黒かった。

「あの四頭はホルスタインの未経産牛に肉用牛をかけ合わせてできたんだ。雄親はたぶんアンガス種だな」とピーターが説明した。

シェリーは三頭の右耳に黄色いプラスチックの耳標を装着している。番号の6、7、8は以前取りつけたスチール製の耳標と同じだった。

ピーターは雄子牛の口のまわりを綱でしばり頭絡《とうらく》〔牛の頭部を固定するため結ぶロープの形〕に整えると、綱の一端を杭に結びつけた。子牛は暴れ出した。この時スチール製の古い耳標がとれてしまい、それを拾い上げたピーターはあることに気がついた。手もとの耳標には〝7〟とあるが、シェリーがたった今取りつけた黄色いプラスチック札には〝8〟とある。

「シェル、この牛に何番をつけたんだ?」

「8よ」とシェリーは答えた。「ほかのが6と7」

「番号が違ってるぞ!」ピーターは怒鳴った。「なんてこった。三頭に正しい札をつけておけ!」

シェリーは黙っていた。自分のミスを認めたようだ。

子牛は綱から逃れようと必死にもがく。

「あんなふうにしなくてもできるんでしょ?」彼女はたずねた。今はピーターから離れ、囲いの中で牛に囲まれている。「ゴムリングで縛られるより頭を拘束される方がむしろつらいはずよ」

ピーターは「やり方はわかってる」そして「教えてほしいことがあればこっちから聞くよ」と吐き捨てた。

• • •

生殖機能を除去された去勢牛(steer)は、気質が穏やかになり牛どうしの喧嘩が減るという。

また、と畜前の雄牛が攻撃的になるとエネルギーとグリコーゲンが大量に消費され、解体後、肉の色が悪くなって質の低下をまねくため、農場ではすすんで去勢を行なっている。さらに、去勢牛は未経産牛に対してあまり積極的でなくなるともいわれている。

「肝心なモノを抜かれると、雌にも乗らなくなる」とピーターは言う。

しかし去勢には難点もある。非去勢牛とくらべて去勢牛は体重の増加が思わしくないし、去勢によるストレスから一時的に成長がとどこおったり、体力が落ちたりすることがある。

だがそれでもなお今日では、乳用種の雄牛も含めほぼすべての肉用牛に去勢術がほどこされている。

去勢法には、外科的にメスで睾丸を摘出する方法（観血法）、イマスキュレイターと呼ばれるペンチで精管や血管を圧迫し組織破壊させる方法（バルザック法）、ゴムリングで陰囊上部を縛り精巣を壊死《えし》させる方法がある。三番目のゴムリング法では最終的に牛の陰囊が干からびて落下する。

中央西部のある州で行なわれた最近の調査によると、各去勢法の利用率は、ゴムリング法が三八パーセント、観血法が三六パーセント、バルザック法が二四パーセントとなっている。動物学者たちは、去勢によるストレスは動物の体重増加を遅らせるうえ病気にかかりやすくさせるという懸念をもっており、これら三つの方法がどれくらいの苦痛を牛に与えるか測定・比較しようとしてきたが、いまだ結論に達していない。

ピーターは雄子牛の後ろに立って尻の下から腹部をのぞきこみ、両脚のあいだに手を伸ばした。

「囊《ふくろ》を引っぱってても牛は気がつかないんだよ。こうやってると上の方に睾丸があるのがわかる。二つをそれぞれ下げて……」と言ったところで、話は中断された。子牛が後退し彼を蹴ろうとしたからだ。

牛舎のすぐそばを三六号線が走っている。会社帰りの車で混み合いはじめているようだ。車にはもうライトが灯されていた。

ピーターが用いるゴムリングの色は緑、直径は私の娘が使っている歯の矯正用ゴムバンドと同じくらいだが、それよりずいぶん厚みがある。そういえば、ローネル・ファームのジェシカが雌子牛の断尾に用いていたものと同じだ。

ピーターは緑のゴムリングの二つの突起物に去勢用プライヤーの先をくっつけ、取っ手をぎゅっと握りしめた。ゴムリングが伸びて大きく開くと彼は素早く子牛の睾丸にそれをはめ、終わると同時に子牛の頭の拘束を解いた。雄子牛はそそくさとピーターから離れていったが、ゴムリングが装着されたことにとくに大きな反応は示さなかった。声を上げることもなかった。

「ゴムバンドで陰嚢への血の流れをとめるんだ。皮膚の上からまるごとな。そのうち睾丸が干からびて落っこちる。去勢が完了すると嚢の方は薄い紙っぺらみたいになるんだよ」ピーターが説明した。

・・・

ピーターとシェリーの一四ヵ月になる息子コリンがキッチンの幼児用ハイチェアーにすわって、シェリーからオートミールをもらっている。そのかたわらでは三歳年上の姉ブリジットが大人用の椅子に腰かけプラスチックのマグカップでミルクを飲んでいる。カップから口を離すと白いヒゲが残る。

この二人が、以前そりに乗っているところを見かけた子どもたちだ。そりを引っぱっていたのが九歳になる兄のビリー。彼は今リビングのリクライニングチェアーにすわってテレビを観ている。ビリーはシェリーと前夫とのあいだに生まれた子だ。そして前夫との子にはもう一人、ステファニーという八歳の娘がいる。ステファニーは今晩、北西に一五キロほど行ったルロイという町で実父といっしょに過ごしている。ピーターの方には一二歳になるカリーという連れ子がいるが、彼女も今日はピーターの前妻とともにルロイの町にいる。

　ラブラドールとスプリンガースパニエルのミックス犬エリンが、コリンの椅子の下で何か落ちてこないか口を開けて待ち、そのそばには茶色い猫がテーブルの脚もとで丸まっている。

　彼ら家族はこれまでずっと公的扶助《パブリック・アシスタンス》の世話になってきたという。「私たちはこの制度を利用して何とかやってるのよ」とシェリーは言い、「ブリジットが生まれた時に申し込めばよかったんだけど、あの時はそうする勇気がなかったのよ。申請していれば上の子どもたちにも今くらいの食事は与えられたはずなのに。フードスタンプ〔連邦政府が低所得者に発行する食料切符〕とＷＩＣ〔女性および幼児のための特別補足食料プログラム〕からの支給をもらってるの。ピーナッツバター、チーズ、ミルクがもらえるわ。とくにここからもらう調合乳は重宝ね。コリンとブリジットはミルク主体の調合乳にはアレルギーを起こすから。そうかといって、体に合うものをお店で買うと一缶一五ドルもするのよ」とその内容を説明した。

　シェリーがコリンとブリジットを入浴させているあいだ、ピーターと私はリビングで軽く話をした。ビリーはまだテレビを観ている。テレビのそばの壁には額におさまったライオンズクラブの会員証が飾られており、それを見ると、ピーターを一九九八年の〝ライオン・オブ・ザ・イヤー〟と称している。ライオンズクラブはその地域社会に住む人々のために資金を集め、問題事項の聞きとり調査および解決策の提示などにあたる奉仕団体である。会員証の上に飾ってあるのは鹿の頭だ。一〇本に分かれた枝角をもっている。この鹿を見て、はじめてここをおとずれた時目にした木にぶらさがった鹿の亡骸のことを思い出し、私はその話をピーターにした。これはその時の鹿ではないとピーターは言った。

「これは四年半くらい前のものだよ。シェリーと出かけた時エイボンの東でしとめたんだ。その年は仲間といっしょに全部で二〇頭はとったな」

「枝角がそんなに大きいってことは、ずいぶん年をとった鹿だったということ?」

「いやそうじゃない。楽しい人生を送ってきたって証拠だよ。よく食べたのさ。一人暮らししてた頃、俺は鹿肉を保存しておいて、電気鍋で料理しては一年中食べていた。ローストビーフよりうまいよ。だがシェリーが食べないんで、とっておくのはやめたんだ。今では売るか、人にあげたりしている」

話しながらピーターは地元のジェネシービールを少しずつ口に含む。

ここから数キロ北にあるエイボンの農場でピーターは生まれ育った。一〇人きょうだいの末っ子だ。農場には家畜もいたが、ピーターの父親はロチェスターの工作機械製造会社で働くのを本業とし、農場経営は副業だった。ピーターがカトリックの小学校に通っていた七歳の時、クリスマス休暇前日の、最後の授業の日に、母親が学校に彼を迎えにきた。「俺を家に連れて帰ると、引っ越すから荷造りしろと言ったんだ。お袋はもう離婚届も出してたんだが、俺にはないしょにしてたんだな」その日ピーターと母親、それにまだ家にいた五人のきょうだいは、ヨークから北に一二、三キロ行ったカレドニアの近くに住む叔母のもとに身を寄せた。

彼には母親の決意をとがめる気はなかった。「二人はうまくいってなかったからね。だからお袋は親父を捨てた」自分が驚いたのはただ引っ越すタイミングだけだったという。「親父と暮らしてた時、お袋はものすごく古風な女だった。これといって手に職もなかったし」離婚後、母親は地元のハンバーガーレストランで働きはじめた。「フードスタンプをもらっていたから、暮らしはわりとよかったんだよ。学校でのランチが無料になった時のことは今でも忘れられない。もしお袋の休み時間がわかったら、いっしょに昼飯が食べられるのにって思ったよ」

九歳になるとピーターは競走馬を飼育する牧場で働き出した。「放課後と週末、それから夏休みはずっとそこで働き、毎週数百ドルは家に入れていた。もちろんあの歳じゃあ違法行為さ」高校に通う頃には毎週五〇時間から七〇時間働き、一年間に一万二〇〇〇ドル近く稼ぐようになっていた。

「後悔はしていない」ピーターは子ども時代を振り返る。そして、「だが何かが欠けてたのも確かだ。放課後友だちと遊ぶって類いのことだ。ほとんどの兄弟は学校一辺倒で、自分で仕事を見つけてきて働きに出るようなまねもしなかった。キッチンの椅子に腰かけて、今週は生活費にいくら必要なのか母親にたずねるようなこともね」と言った。

高校二年の時、彼は牧場のマネージャーになった。そして同時期に少し年上の少女とつき合うようになるが、やがて彼女が妊娠したため彼は扶養義務を負うこととなった。

「婚約していっしょに暮らしはじめたがうまくいかなかった。数年後別れたよ。俺が二三の時だ」それからまもなくして彼はエイボンの酪農場で現場作業の仕事についた。シェリーと出会ったのはその時だ。当時子牛の世話にあたっていた彼女は最初の夫と離婚したばかりだった。

一九九四年のある晴れた秋の日曜、二人は結婚式をあげた。ピーターの父親は出席しなかったが九人の他の兄弟姉妹も――上から四番目の兄マイケルもがんの病状が一時的にやわらいでいた――みな式に出席することができた。シェリーは結婚式の記念品である小さな干し草の束とミルク缶を自ら用意し、ウェディングドレスもデェズニー映画『リトル・マーメイド』に登場した白いドレスをまねて手作りした。いっぽう新郎のピーターは白黒のホルスタイン柄のスーツだ。ピーターはシェリーを驚かそうとコンバインを調達し、彼女を乗せてエイボンの長老派教会まで運転した。「式のあいだじゅう、とめたはずのエンジン音が鳴り響いていたよ。シェリーにはわからなかったようだけど」とピーターはその時の様子を語った。

結婚式のビデオに映し出されたのは巨大な緑のコンバイン。ピーターとシェリーはステップを一三段のぼって運転席にたどり着き、家族や友人に向かって手を振る。シェリーの胸には白いカーネーションのコサージュ、グレイのスーツを着たピーターの襟元にはアスコットタイが結ばれている。当時五歳のビリーはかわいいタキシード姿で、テディベアのぬいぐるみを抱きしめながらコンバインの横に立っている。どっしりした黒いタイヤはビリーよりはるかに大きい。

エイボンの中心広場をコンバインで一周したあと、ピーターは時速三〇キロで、五〇キロ先の消防署の分署で行なわれる披露宴会場へ花嫁を送りとどけた。そこで二人はダンスし、友人が作ってくれたウェディングケーキにナイフを入れた。

結婚後まもなくピーターはオーナーの一人といさかいを起こして牧場を辞めた。それからしばらくのあいだ一八輪トレーラートラックに乗って岩塩や砂利の運搬にあたっていたが、ブリジットが生まれ、つづいてコリンが生まれたのを機に、ピーターは建設会社で働くようになった。ところがある朝、早出を命ずる上司の言葉にしたがえず、彼はその会社を辞めることになる。その日は一日彼が一人で子どもの面倒をみなければならない日で、急な命令だったためベビーシッターを見つけることもできなかったのだ。

「あの会社と俺とでは家庭に対する考え方が違っていた」と彼は言う。

一、二ヵ月間ピーターは家で子どもたちの面倒をみることになる——それは九歳で働き出していたピーターにとって、はじめて雇われ人の立場から解放された日々でもあった。「ミスター・マムを演じたのさ」素っ気なく、だが繰り返し〝ミスター・マム〟を口にする彼の顔は実に温和で、家事という仕事に、認めるのがしゃくなくらいのやりがいを彼が見出していたことがうかがえる。

〔訳註・「ミスター・マム」は、失業した夫が子育てと家事にふりまわされる映画〕

やがてピーターは今の仕事を見つけ、最近では新しい事業にも乗り出した。ピーターが着手した事業とは〝外注刈り入れ業〟なるもので、古くからの友人スコットとともに始めたビジネスだった。スコットは牛三〇〇頭を有する酪農場のオーナーで、今のピーターの雇い主でもある。「どこにでも出向いていって、小麦やコーンを刈り入れるのさ」と彼は言う。

収穫期前に彼らは、ベンツのエンジンを搭載した二五万ドルもするドイツ製の高性能の収穫機をリースで借りたが、あらかじめピーターの営業力で相当数の客が確保されていた。現金を投資して株の大部分を所有するスコットに対し、営業活動と刈り入れ作業にあたるピーターは、いつの日か自分の持ち株率を彼と半々にしようという目標をもっていた。

機械や農作物に重点を置く刈り入れ業はピーターの性に合っていた。「俺は農業でも動物関係にはあまり興味がないんだ」と彼は自認する。だが彼は子牛を育てつづけるだろうし、スコットと

ピーター・ヴォングリス

もビジネスのパートナーでありつづけるだろう。スコットが飼料を提供しピーターが動物を育てる。そして二人で利益を分け合うのだ。

自分の庭で育てた動物を食べて妙な気分になったことはないか、私はピーターに質問した。

「妙だなんてことはない。すばらしい気分だよ。と畜場で解体した家畜の肉が冷凍庫に入る日を、俺は楽しみにしてるんだ」

冷凍庫を見せてもらえるかたずねると、彼は私を家のわきの小さな貯蔵室へと案内した。

貯蔵室内の冷凍庫の扉を開けると、ほとんどの棚が白い紙に包まれた肉でいっぱいだった。肉の包みはそれぞれ青のステンシル文字で種分けされている。ラウンド・ステーキ、リブ・ステーキ、チャック・ステーキ、挽き肉、サーロイン・ステーキ、チャック・ロースト、だし用骨、ポーターハウス・ステーキ、レバー、舌。サーロイン・ステーキの包みは平らで大きい。一番かさのある挽き肉の包みは丸くてこんもりしている。

「これはうちで育てた、ある去勢牛の半分だ。残りの半分は友だちに売った」

• • •

その四日後、私は牛の様子を見るためふたたびヴォングリス家をおとずれた。ニューヨークの西部一帯がつかのまの春の日差しを祝っているかのような一日だった。太陽の光はランニング・シェッドにあふれ、雪解け水が屋根からしたたり落ちている。牛舎付近はすっかりぬかるみ、歩くたびに長靴が地面に吸いこまれ音を立てる。歩いたあとにはワッフルの焼き型のような跡が残った。

けっきょくナンバー8と名づけられた私の雄子牛は、囲いの真ん中で太陽を浴びながら寝転んでいる。こんな暖かな日は生まれてはじめてだろう。牛床の藁を数本舐めると口に運び、ゆっくり噛みはじめた。この子を見ているとマンロー・リーフの絵本『はなのすきなうし』（邦訳・岩波書店）に出てくるフェルディナンドという雄牛を思い出す。フェルディナンドは闘いよりも花のにおいの方が好きだった。

わが家の子どもたちはあいかわらず、子牛の名前はどうするつもりだと私にたずねる。牧場の人間と同じように私も子牛を番号で呼ぶつもりだ、どんな名前もつける気はないと答えているのだが、今日のようなうららかな日にくつろぐ雄子牛をながめていると、心の中だけでいいからこの牛を名前で呼んでみたい、そんな思いに駆られてくる。しかしそれはルール違反だ。畜牛のごく一般的な飼育プロセスを観察しようと私は決めた。そして通常の畜牛には名前が与えられないことを私は知っている。たががはずれ名前などつけたりしたら自分はこの子牛に執着しはじめるかもしれない――そんな恐れにも似た予感を私は抱きはじめていたのである。

雄子牛は立ち上がると、ゆっくり双子の姉の方に向かって歩き出した。しゃがんで股間をのぞきこむと、陰嚢に緑の去勢用ゴムリングがはめられているのが見える。姉牛は弟の左耳を舐め、弟牛は姉の右の頬を舐める。今度はそれが入れかわる。予備用の子牛があとから二頭に近づくと、雌牛がその耳を舐めはじめた。しばらくすると雄子牛が柵にかかった餌用バケツに向かって歩き出す。そこにはすでにピーターの黒い雄牛が群がっていたが、雄子牛はその中に分け入って口いっぱい穀類をほおばりはじめた。ゴムリングをはめられてはいるが、雄らしく積極的で、必要なものは自分からすすんで得ようとしていた。

「ランニング・シェッド」は骨組みが鉄骨で、壁の下部一メートルあまりが厚い木の腰板、その上部はトタン板が張られている。子牛が囲われている東側の壁には数箇所穴があいているため、ひどい風や雪に見舞われたらもろに被害をこうむることになる。しかしそれでもランニング・シェッドは、ピーターが時々子牛や豚を入れているもう一つの牛舎に比べればましな造りをしていた。ピーターによると一〇〇年以上前に建てられたというその牛舎の板壁には、バスケットボールがとおるほどの大きな穴があいているのだから。

牛舎の引き戸には錆びた蹄鉄が打ちつけられている。中には、青い餌バケツ、スコップ、ほうき、代用乳の空き袋、手押し車、ネズミ捕り、黒字で〝ウシ横断地点〟と書かれたオレンジ色の標識、大型のラジカセ、電気牧柵用の充電器、ジェネシービールの空き缶半ダースなどが積み重ねられている。窓のそばの小さな棚にはガラス瓶が置かれ、中には緑の去勢用ゴムリングが五〇個ほど入っている。家畜用具店ではゴムリング一〇〇個入りの袋が一つ一ドル四九セントで売られている。一個が約一セント半ということになる。

・・・

私は牛舎から出てシェリーのいる家の中へ入っていった。シェリーはロチェスターにあるストロング記念病院の心臓病棟で三交代制の介護の仕事をしているが、今日は非番で家にいる。これまで何度かシェリーに会ってきたが、ピーターの外出と子どもの昼寝が重なり、今回はじめて二人きりで話す機会がおとずれた。

彼女の方から話しはじめた。

「あなたからはじめて連絡があって、子牛をあずかってほしいと言われた時、世慣れた都会の人が思いつきでここに来て本を書くんだって思ったの。そしてかわいい赤ちゃん牛をながめようとしてるんだって。でもあなたはジャーナリストなんでしょ？　それで私は興味をもったの。それにあなたはユダヤ教徒でもある。自分とは違う信仰をもつ人は興味深いわ。

　先週、子牛の移動の件でピーターと私が険悪だったのは見たわよね。家庭の事情や、家がおんぼろで最低なのもわかったはずだわ。だから私、あなたはうちに嫌気がさしてもう来ないだろうと思ってた」

　私たちは子どものプレイ・ルーム〔遊戯室〕にいた。彼女は話しながら這いつくばって床に転がるおもちゃを拾い集めている。青い瞳に赤茶色の髪、前髪をおろしている。三三歳になるシェリーは中肉中背だが肩幅のある女性だ。自分よりずっと大きな患者に寝返りをうたせているところが目に浮かぶ。

　彼女はヨークの北にあるカレドニアで、酪農業を営む一家の五人中三番目の子として誕生した。牧場には八五頭の牛がいたという。「一八年間搾乳しつづけたわ。三歳頃の最初の記憶は、牛舎のスタンチョンにつながれた牛が乳をしぼられている姿だった」と振り返る。

　牧場をはじめたのは彼女の祖父、現在八三歳になるキャロル・ビックフォードである。農作業中の事故で片手と片脚を失ったため、今では〝かぎの手〟と〝プラスチックの脚〟をつけている。「それでも寝たきりじゃないわ」とシェリー。「坐骨神経痛の具合がよくて義足の調子もいい時は、トラクターだって運転するのよ。肥料をまいたり畑を耕したりして一日中外にいるわ」

　長女のブリジットが生まれると、シェリーが家で託児所を開けるようピーターは車庫を改造して、今、私たちがいるこのプレイ・ルームをつくった。託児所には一〇人を超える子どもが集まったが、一年を過ぎた頃閉所することになった。

シェリー・ヴォングリスと息子のコリン

（写真：アーリヤ・マーティン）

「問題は私が子どもたちにのめり込みすぎたことよ。洋服やら食べ物やら持たせて家に帰したの。だって、家に食べる物がろくにないってわかっていたから。父はお人よしにもほどがあるってあきれてたわ。でも私はおめでたい人間じゃないわよ。ちょっとだけ心が広すぎたのよ」と彼女は言う。

シェリーはその後、准看護師と救命士の資格を取り、病院で働きはじめた。最初に結婚した相手は、高校を卒業してすぐ知り合った男性だった。「はじめて私に愛してるって言った男よ」その男性とのあいだに生まれたのがビリーとステファニーだ。二人は、前夫の住むルロイの近くの学校に通っている。

シェリーは窓のそばに転がる洗濯機のおもちゃまで這っていこうとしたが、その途中でバービー人形を拾い上げ、その髪をぼんやり撫でながらふたたび話しはじめた。

前の結婚はしだいに破綻へと向かっていったのだが、「間接的にとはいえ、別れた理由はローネル・ファームにあった」と彼女は言う。「だから、あなたがあの牧場から牛を買ってくるって聞いた時、心の中で思ったわ。〝ああ、何てことなの！　今さらどうしろっていうの？〟って」

昼寝から目覚め、コリンが泣き出した。シェリーはコリンを抱いてプレイ・ルームにもどってきた。コリンはコーヒーテーブルにつかまり立ちし、おもちゃのピアノを叩いている。

シェリーはローネル・ファームの子牛担当責任者だった。黄色いプラスチック製のベビー用椅子に腰をかけ、子どもの白い靴下を右手にはめてパペットをまねながら、彼女はいかに前の夫が嫉妬深かったかを私に語った。前夫はローネル・ファームで彼女とともに働く男たちに疑いの目を向けていた。

「牧場には男ばかりだったのよ。〝マットは今日こんなことをした、ジムはこんなこと、ジョンはこれこれこうで、別のジョンはこう、ケンはこうだった〟って話したら、私は五人の男とつき合ってることになるの？　まさかでしょ」

コリンが母の膝まで這ってきた。

夫は嫉妬深かったものの、シェリーはローネル・ファームで働くことを楽しんでいた。スー・スミスとの関係を除いて。のちに家畜管理者となるスーは当時牧場の事務職についていて、夫のアンドリューや義父のラリーから家業について学んでいる最中だった。

「スーは私にいてほしくなかったのよ」とシェリーは言う。「私が働き出した日から、辞めさせる理由を探していたみたいよ。彼女に嫌われてるって人から教えられたけど、いくら何でも追い出すようなまねはしないだろうと思っていたわ」

スーが自分をねたんでいたと思っているようだ。「私はみんなとうまくやってたの。好かれていたのよ」と彼女は語る。「それに私には酪農に関するキャリアがあるし。だって農家の娘だもの。彼女はただ農家に嫁いだだけでしょ？」

私はスーもまた酪農場で育った人間だと指摘した。

「えっ、彼女が？　あらそうなの。小さなところ？」

シェリーは腕の中のコリンにおしゃぶりを与える。

家畜の世話をめぐって、二人のあいだにどんな対立があったのか私はたずねた。

「ローネルの搾乳係の中に、飲んだくれのとんでもないやつがいたのよ。ある日、牛に抗生物質をやったのはいいけど、隔離せずにそのまま牛を群れにもどしてしまったの。だからその牛も搾乳されて、ミルクといっしょに薬の成分がタンクに混ざってしまったわけ。ローネルは罰金を科せられたわ。そんなことが二回も起きて、牧場ではしばらく抗生物質の使用が禁止されてしまったの。その結果あちこちで子牛たちが死んでいったわ。大事に育ててきたのに、私にできることといったら祈ってやることくらい。ほかに何ができる?

仕方なくスーは、子牛が生まれたらすぐに生卵とかそんな類いのものを与えるよう指示したけど、私は内心思ったわ。〝こんなものじゃ肺炎は治らない。大腸菌は殺せない。脱水症はおさまらない〟って。私の怒りはつのっていった。そのうえ分娩を終えた牛が子宮感染から乳房炎を起こし苦しみながら死んでいくのも見つづけたのよ。彼女が牛たちを真剣に治してやろうとしなかったせいよ。ぞっとするわ」

シェリーの話はつづく。「ある晩、少なくとも二〇時間くらいは大の字のまま伸びてた牛がいたの。いよいよと思い胸を持ち上げたら子牛が見えた。母牛の下で死んでたわ。誰も調べようともしなかったのよ。私は頭にきてスーを電話で叩き起こしたわ。彼女は電話に出るとこう言った、『母牛の方は今すぐ死ぬってこともないでしょう』。そして獣医は呼ぶなと命じたわ。もし気になるなら牛飼いを連れてくるか自分のところに来いともね。一事が万事よ。私にはもう耐えられなかった」

あとで私はスーにたずねてみた。ローネル・ファームでは牛の治療に抗生物質が使えないらしいが、不満の声は上がっていないのかと。私の質問に対し彼女は、それは乳房炎治療を抗生物質ではなく代替薬で行なおうとしていた時期の話で今は違う、そして「抗生物質を一掃しようとしたんだけど、成功しなかったの」と返事をした。

スーが家畜管理の役についた時、シェリーはローネル・ファームを辞めた。その後エイボンの酪農場で働きはじめ、ピーター・ヴォングリスと出会うことになる。

シェリーは家畜の扱い方に関していまだに冷淡ではいられない。牛となるとなおさらだ。

「私は牧場育ちなのよ。両親は今も二人で二五〇頭の牛を搾乳してるし、義理の弟と父は一頭一頭の牛のことをよく知ってるわ。機械化のすすんだ大規模なところへ行ってごらんなさい、一〇〇頭の牛が搾乳されているけど、三回目の泌乳期を過ぎたらだいたいが用済みよ。父の牧場には長生きしている一〇歳くらいの牛がいて、一〇頭から一一頭も子どもを産んでるわ。だって牧場よ、ミルク製造工場じゃないもの」

「牛は抗生物質をもらうだけの価値があるわ」彼女はつづける。「乾いた床で寝る価値がある。牛舎につめ込まれる必要もない。牛には権利がある――だって生きているのよ、物じゃないのよ」

ピーターとともに子牛をハッチからランニング・シェッドに移した時、二人のあいだで起きた口論についてたずねてみた。

「ああいう動物はストレスをうまく処理できないの。それが原因で病気になることもあるしね。引っ張られたり、押されたり、力ずくで何かされるのはストレスなのよ。あの時子牛たちはお腹をすかせていたわ。だから餌のバケツを見せたら急いで私のあとについてきた、あなたの車に見向きもせずにね。だけどピーターが連れていた牛は車を見て尻込みしてしまったの。そして氷で足をすべらせ、雪につっ込んでしまったわけよ。私の二頭は車の横をとおり過ぎ、おとなしく牛舎に入ったけれどね」

私の子牛たちがここのハッチで過ごした約一〇週間を彼女はどう思っているのだろうかと、私は興味をもった。運動や遊び、他の牛との接触が遮断されたことで、牛は精神的に何か悪影響を受けたのではないだろうか？　臆病になったり怖がりになったりしたのではないか？

「かわいそうに見えるかもしれないけど、肺炎や大腸炎にかかって死ぬ方がもっと悲惨よ。集団で子牛を飼えばそうなりかねないの。子牛だって仲間といっしょにいたいだろうけど、それさえ我慢すれば小屋の隅っこで丸くなって死ぬようなこともないわ」

今度は肉食についてたずねてみた。

シェリーは肉を食べると答えたが、食べるのは肉用種のものだけで、酪農牛の肉は食べないという。ファストフードのハンバーガーを食べないのはそれが理由らしい。

「レストランに行くと、料理の肉は、肉用種だけを育てている牧場から仕入れたものかどうか確かめているわ。そうであれば、健康で元気に歩きまわっていた牛の肉ということになるけれど、酪農牛の肉であれば、満足に歩くこともできずあえぎながら死んでいった牛の肉ということになるわね」

実家の牧場を夫とともに継いでいる妹はハンバーグに触れようともしないという。

「素手では肉にさわらないの。ミートボールを作る時はスイカ用のスプーンを使ってるわ」

「なぜ？」

「わからない。でも姉の方はまったく牛肉を受けつけない。とにかく食べないのよ」

「菜食主義なの？」

「いいえ、七面鳥は食べるし、鶏やハムもそこそこ食べるわ。でも変よね。同じ牧場で育ったのに、肉に対してみんな少しずつ違った好みやくせをもっているのよ」

私はヴォングリス家をあとにした。楽なインタビューだった。テープレコーダーを用意し、二時間ただ彼女の話に耳を傾けていればよかった。私の質問に答えながら彼女はプレイ・ルームを片づけ、息子をやさしく腕に抱き眠りにつくまでゆすりつづけた。

だがロチェスターの自宅へ向かう途中、私は突然悲しくなってきた。

私をそんな気持ちにさせたのは、スー・スミスとシェリー・ヴォングリスという二人の女性が描く明暗だった。同じ州の両端にある農場でそれぞれ生まれ育った彼女たちだが、妙なことに、その人生は決まってローネル・ファームという一点で交わってきた。最初の接点はオーナーと子牛担当係として、二度目は私という媒介をとおしてだ。そして今回はローネル・ファームで生まれた三頭の子牛がシェリーのもとにあずけられることになってしまった。現在スーは九〇〇頭の牛を有する牧場を切り盛りし、盛大なクリスマス・パーティーの主役をつとめている。いっぽうシェリーは最初の結婚にやぶれ再婚はしたものの厳しい家計を強いられ、ピーナッツバターや幼児用粉ミルクの調達に奔走している。そしてさらに今また別の仕事につこうとしている。

面と向かってみれば二人とも勤勉で開放的、私に親切だ。スーに対してはそのなしとげた業績、シェリーには不屈の精神、私は二人をともに尊敬している。だがこうして両者の境遇の違いに思いをはせていると、つい最近目のあたりにした子牛たちの対照的な暮らしぶりを思い出さずにはいられない。ローネル・ファームの温室で恵まれた生活を送る雌子牛と、ヴォングリス家の屋外ハッチで寒さに震えている雄子牛。性が異なるというだけで——あたかもスーとシェリーの境遇のように——安楽に暮らせるものとそうでないものとが自然と決まってしまう、それが酪農牛の世界だった。

・・・

三月初旬の木曜日、私は週一回の定期訪問でヴォングリス家へやってきた。誰もいないと思っていたがシェリーの車があったので、私はドアをノックし家に入った。

犬のエリンがキッチンの黒い薪ストーブのそばで寝そべっている。シェリーはリビングのソファにすわり、鹿の頭の真下で洗濯物をたたんでいた。コリンが風邪をひいたため、彼女は今日仕事を休んでいた。

「あなたの子牛が死んだわ」彼女は抑揚のない声で私に告げた。家畜の世話をめぐってあれだけ感情をあらわにしたあとだったので、私は知らせを伝える彼女の素っ気なさに正直驚いた。だがそれは、自分の管理下で子牛を死なせたことへの罪悪感のせいだったのかもしれない。

シェリーはこう説明した。「先週末元気がなかったので、ピーターはミコチルという抗生物質を雄の子に注射したけど、次の日に寝込んでしまったの」そして土曜の晩、吹雪の中、彼女とピーターはすべての子牛をランニング・シェッドから牛舎へと移動させた。牛舎の方が雪がしのげるとわかっていたからだ。「様子が変だったので牛舎に移してから体のまわりにお湯の入ったペットボトルを並べたの。獣医も呼んだけど到着する前に子牛は死んでしまったわ」

私は死因について彼女にたずねた。

「天候のせいだと思う。腸菌にやられていたとしたら脱水症状を起こしたはずだから。寒さのせいで低体温症になったんじゃないかしら」

だが実は私が一番知りたかったのは、彼女の言う〝雄の子〟がどちらを指しているかだった。双子の雄牛なのか予備用の牛なのか。

「ナンバー7だと思う」とシェリー。「あなたが記録をつけている雄牛じゃないでしょ?」

耳標の取り違えがあってから彼女も混乱している。

「死んだのが雄だというのは絶対まちがいないわ」

私が牛舎に向かっていくと、ピーターがちょうど出てくるところだった。

「死んだ子牛はどこだい?」私はたずねた。

「すぐそこだよ」彼は悪びれることなくはっきり答え、牛舎の中を指さした。

死んだ子牛が二頭、壁ぎわに積まれている。一頭は真っ黒いアンガスとホルスタインの混合種で、ピーターの牛だ。もう一頭が白黒のホルスタイン。しかし頭が横を向いていて、顔も耳標も見えない。別の角度から調べてみようと、私は屍骸のまわりを歩き出した。たしかに雄だ。でもそれは予備用の雄子牛だった。

なぜ子牛が死んだ時に電話をよこさなかったのか私はピーターにたずねた。「それは、土曜だったから電話しなかったんだよ。土曜はあんたにとって特別な日なんだろう?」以前私はピーターとシェリーに、土曜はユダヤ教の安息日にあたるため仕事はしないと話していたのだ。「俺は日曜に電話するようシェリーに言っておいた。だがあいつは悪い知らせを伝えたくなかったんだろう」と彼は言った。

子牛はランニング・シェッドにいた時に吹き込んできた雪や風のせいで体力が落ち、結果的に低体温症を引き起こし凍死したのではないかとピーターは言う。だが細菌感染による死亡の可能性も否定できない。先週ほかにも二頭の牛が死んでいるからだ。ピーターが秋に飼いはじめた一五頭の子牛のうち、生き残っているのは九頭だけになった。

牛の屍骸はコンポスト〔堆肥塚〕のある友人の牧場へ運ばれる。ピーターは後ろ両脚を縛ったロープを握り、黒い子牛の屍骸を牛舎前につけたトラックまで引きずっていく。もう一頭の方を手伝おうと私は申し出た。ピーターが私にロープを手渡す。ぐいっと引いたが微動だにしない。

「想像以上に重いだろう、どうだい？」

「どれくらいあるんだ？　一〇〇ポンド（約四五〇キロ）くらい？」

「いや、もっとある。それに死んだやつは重く感じるんだ」

屍骸はこわばっており、尾はクェスチョンマークの形に凍りついている。私は尾を左右上下に振り、死んだ子牛の感触というものを確かめてみた。

片方の目が開いている。光沢のある青い瞳だ。こんな色の瞳は見たことがない。

「死ぬとふつう目はどうなるんだい？」

「どんより曇ってくるよ」とピーターが答えた。

彼が予備用の子牛をトラックまで運ぶあいだ、私は自分に残された双子の子牛を牛舎まで見に行くことにした。雄の方はやせて骨張ったように見えたが、それでも二頭とも元気そうだった。雄子牛が私から顔をそむけたので、急いでしゃがみ込み脚の間にあるはずの陰嚢を探したが、もうどこにも見あたらない。この一週間で取れたにちがいない。去勢は完了したのだ。

第4章

フレンドシップ

これまで経験した病気の中で最悪のものといえば、何といっても二十代の頃かかった、サルモネラ菌による食中毒だ。たぶん安い弁当屋で昼に買った卵サンドイッチが原因だったと思う。数日間熱がつづいたあと嘔吐と下痢でひどい脱水症状におちいったため、私はついに入院するはめになった。五日間絶食と点滴がつづいたのち自宅静養が許されたのだが、食欲のもどった私に何が食べたいか母がたずねた。私は迷わず答えた。「マカロニとカテージチーズがいい」

母にすれば、待ってましたというところだっただろう。こういう時はいつもマカロニと、凝乳《ぎょうにゅう》の小さな粒からできたカテージチーズだったのだから。幼い時私が病気になると、いつも母はこの二つの食べ物を出してきたのだ。

ローネル・ファームと契約を結ぶ牛乳協同組合の代表役に面会しながら、私はそんな昔のことを思い出していた。そして何気なく彼が言った、「ローネルのミルクは牛乳になったためしがない」という言葉には戸惑った。

当時私は、ローネル・ファームのミルクはすべて飲用乳になり、学校でもスーパーでよく見かける半パイント（二三〇ミリリットル）サイズのパック牛乳として児童に配られていると思っていた。それで、一日にローネル・ファームで産出されるミルク量で、何人の子どもを何週間まかなえるか試算したことがある。ローネル・ファームでは、毎日約二一・八キロリットルのミルクが生産される。年間授業日数を加味すれば、半パイントのパック牛乳が一年間約四六五人の児童に行きわたることになると計算した。

ローネル・ファームのミルクに何か問題があるわけではないと代表役は言い、さっきの言葉の意味をこう説明した——もちろん飲料用の牛乳にもなる。ただローネル・ファームでとれたミルクを組合から購入するのはほとんどがチーズ製造会社であるため、めったに牛乳にはならないということだった。

ローネル・ファームのミルクを積んだタンクローリー車は毎日二つのエリアにあるチーズ工場を行き来している。奇数日には、モッツァレラチーズを作っている、ニューヨーク州キューバのグレート・レイクス・チーズ社へと向かい、偶数日には同じくニューヨーク州にあるフレンドシップ・デーリー社へと向かい、ここではサワークリームとカテージチーズに加工される。

米国ではミルク産出量の約三〇パーセントが飲用乳になり、残りの七〇パーセントはみなチーズやヨーグルト、アイスクリームといった乳製品に加工されている。牧場でとれたミルクがチーズに加工されるのはごく一般的なことであると、私は今さらながらに知ったわけだ。大々的な宣伝活動を繰り返しても牛乳の消費量は基本的に横ばいなのに対し、チーズや高級アイスクリームの売れ行きは上昇の一途で、ミルク生産者にとって乳製品加工業者は重要な存在となっている。

「ピザを与え賜うた神に感謝しますよ」とこの代表役は言っていた。

いずれにせよ彼と話したことで、自分を昔、癒してくれた食べ物について振り返ることができた。しかし母が出してくれたマカロニがミューラーズ社製のものだったことは簡単に思い出せたのだが、カテージチーズの方は思い出せなかった。

私は母に電話した。母は八四歳になるがとても元気だ。

「母さん、僕が病気になった時マカロニといっしょにいつも粒々のカテージチーズを出してくれたでしょう？　どこの製品だったか思い出せる？」

「もちろんよ」そして「フレンドシップ社のものよ」と彼女は言った。

・　・　・

四月はじめは花冷えの季節である。ヨークに向かう車の窓から広野一面にぼんやり靄《もや》がかかっているのが見えた。朝の六時、今私はローネル・ファームのミルキング・パーラー〔搾乳室〕にいる。ここは搾乳のため牛がひっきりなしに出入りする、二四時間たえずにぎやかで忙しい場所である。カジノさながら明かりは夜通し煌々《こうこう》と輝き、カントリー番組を中心にラジオから一日中音楽が聞こえてくる。入ってくる牛がいれば出ていく牛もいる。搾乳用の真空ポンプはたえまなく動きつづける。

パーラー横のミルク保管室の前には、ステンレスの一四輪タンクローリー車が待機している。この保管室にはバルククーラーと呼ばれる三つの大きな保冷タンクがあり、搾りたてのミルクが貯蔵されている。保管室に入ると、バルククーラー内のミルクがパイプの中を流れていく様子が見える。パイプは保管室の壁に開けられた穴をとおり、真空状態のまま外にとめたタンクローリー車にとどけられる。

　スーが颯爽《さっそう》とミルキング・パーラーに入ってきた。朝の搾乳係アルが彼女に笑って挨拶する。今日の仕事についてからまだ一時間しかたっていないはずだが彼女はすでに牛舎の見まわりをすませたらしく、作業服の肩の後ろ、片袖、胴、右腰のポケットの上に堆肥の染みをつけている。

　彼女は赤いバケツを二個運んできた。一つには白いプラスチックの注射器が数本入っていたが、もう一つは空だった。注射器にはBST（rBST、rBGH）として広く知られる、牛成長ホルモン剤五〇〇ミリグラムが充填されている。そして使用後は空のバケツに捨てられる。「注射針の本数を数えなければならないの」とスーが言う。注射器の納入業者は管理上の問題から、使った注射針はすべて送り返すよう指示を出しているそうだ。

　ひんやりとした夜明け前のパーラーに一四頭のホルスタインが一列に並んでいる。搾乳の位置についていっせいに頭を低く垂れ、鼻から湯気を吐き出す姿は、駅で蒸気機関をふかす機関車の列のようだ。

　ミルキング・パーラー裏の待機場には次の搾乳群の牛がつめ込まれ、なだらかな坂を描く長さ二十数メートル幅六メートルのコンクリート床の上で、自分の番が来るのを待っている。スロープ状になっているため糞尿は床をつたって流れ、鉄格子の部分にたまり、たまった糞はやがて屋外の堆積場へと運ばれていく。窓は南向きなのになぜかこちらの部屋は薄暗い。低い天井に取りつけられた扇風機四台が空気を循環させている。群れの最後部にいる九頭は、高さ一・五メートルほどのクラウドゲート〔牛をパーラーに追い込むための、待機場内の自動扉装置〕に尻をぴったり押しつけていた。

私はクラウドゲートの手前に立っているのだが、ここからではミルキング・パーラーの入り口がまるで見えない。チケット売場の長蛇の列に並んでしまったような状況だ。私の前では一〇〇頭を超える牛が黙って前方を見つめながら自分の番を待っている。

自然環境下にいる牛は一日に平均六回、子牛に乳を与える。多くの牧場、とりわけ小さいところでは搾乳は通常一日に二回、ローネルのような大規模農場でも搾乳は一日三回しか行なわれない。重い乳房を抱えてパーラーにやってくる牛は、たいてい搾乳されるのを待ちわびている。

モーターが始動した。まるで電気チェーンソーのようなやかましい摩擦音だ。すると突然クラウドゲートがレールに沿って前進し、牛の一団がパーラー内に押し出された。前のグループが急にすすんだため、最後部にいた九頭のうち一頭が前のめりになって膝をつく。尿で足をすべらせる牛もいた。どの牛も立ち上がり、足場をかためる。一五秒後モーターの音がやむとゲートもとまった。

クラウドゲートはパーラー内の搾乳者がコントロールパネルから操作するため、牛の入れ替えがスムーズに運んでいる。

牛の社会学的関係について、ある動物科学者が次のような発見をしている。牛舎からミルキング・パーラーへ移動するさい、酪農牛は一定の秩序に従って移動する傾向がある。支配的な牛が先頭に、従属的な牛が後方に位置して動くのだ。前方の牛とくらべ後方にいる牛はたいてい非常に若いか非常に年寄りであり、小さくて臆病だ。またおもしろいことに、〝追従性（rearship）〟は統率性（leadership）より一貫していることもわかっている。リーダーは時々交代するが、最後部にいる牛がかわることは少ない。つまりもっとも従属的な牛はつねにクラウドゲートに尻を押しつけることになるのだ。

最後尾より少し前にいるのはナンバー４９２３、私の双子の母牛だ。額の逆クェスチョンマークの模様ですぐわかる。頭を低く垂れているため、鼻先に前の牛の短い尻尾がぶら下がっている。

クラウドゲートがふたたびうなる。群れの後部にいた牛が膝から崩れ落ち、また立ち上がる。その隙に４９２３が少し前にすすんだ。ゲートがとまると、牛の一団はもう三メートルほどパーラーに近づいた。

スーのパソコンによるとナンバー４９２３の年間ミルク産出量は一〇七五三リットルで、ローネル・ファームの一頭平均九九六四リットルを少し上まわる。こんなふうにゆっくり待機場のスロープをのぼるのも、４９２３にとって苦ではないにちがいない。今回の、三回目の泌乳期が終わる頃には、パーラーへの小旅行も三〇〇〇回近くにもなるのだから。

モーターが音を立て、ゲートがまた前にすすむ。牛たちが大きな塊となって、ゲートの動きに合わせて移動する。

私は４９２３のすぐそばに見覚えのある耳標１４２３を見つけたが、それが何の牛であったか思い出せないためノートをめくって前の記録に目をとおした。ダーラだ！　アンドリューが苦労して二頭の死産児を牽引した、あのダーラだ。こうして搾乳群にもどされた姿を見て私はうれしかった。だが弱った体が完全に回復するまでにはまだ時間がかかるのだろう、ダーラは群れの後方にいた。

次のゲートの前進で、私もパーラー手前に近づいた。カントリーミュージックが聞こえてくる。待機場のスロープに残された最後の群れ一五頭から二〇頭のあいだを抜け、搾乳係のアルが最後部にやってきた。ナンバー4923の右の尻を軽く叩く。4923はパーラーの中にすすみ、左列四番目のストールの中に入った。

・・・

昨今のミルキング・パーラーは、それ自体が搾乳のための大きな機械設備のようなものだ。搾乳システムの種類もいろいろある。ローネル・ファームには一四頭ダブルヘリンボーンタイプの搾乳設備が導入されていて、中央通路の両側に斜列になった一四のストールが並んでいる。牛は一頭ずつストールに入り、計二八頭が同時に搾乳されることになる。搾乳者が作業にあたる中央通路はピットと呼ばれ、ストールより一メートル弱ほど低い溝になっている。ここに立つと目線がちょうど牛の乳房にあたるため作業がしやすい。設備投資に約二五万ドルかかるが、こうした設備によって一人で一時間に一〇〇頭の牛を搾乳することができるのだ。

一頭の牛が産出するミルクの量は、その牛が泌乳サイクルのどこにいるかによっても違ってくる。サイクルのはじめに牛は多くのミルクを出し、数ヵ月するとしだいに量が減ってくる。ピーク時は出産後の約六〇日間で、一回の搾乳で二五リットル以上のミルクを産出する牛もいる。

政府が用いる乳価算定用の公式は複雑なため、ほとんどの酪農家が理解していない。彼らが知っているのは、ミルクの値段は月によって違うものだということ、そしてたいてい望んだ値段より安いということだ。一般的にいうと、酪農家側は市場価格——ミルク一〇〇ポンド（四一リットル強）につき一三・五ドル——に、容量、含有脂肪・タンパク質分にもとづいて算出した小額の割増分がついた額を受け取っている。ここのところ一日三回各五〜七分の搾乳で毎日約四三リットルのミルクを泌乳するナンバー4923であれば、一分につき一ドル近くのミルクを産出していることになる。

乳牛はいわゆる〝牛の気持ち〟がわかる人間の前ではより多くの乳を出すといわれている。牛の気持ちがわかる人間とは、静かで、頼れて、精神的に安定した人間、また、群れのあいだを上手に落ち着いて移動できる人間のことだという。

この説は、酪農場主で出版人でもあるH・W・ホード氏の意見と一致している。彼は一九〇〇年代はじめ、少しでも多くのミルクを出させたいのなら牛をやさしく扱うよう酪農家に説いた人物だ。スーはミルキング・パーラーわきの掲示板に、ホードの有名な〝助言集〟からの引用文を貼りつけてある。「ここは母なるものたちの家。自分の母親に接するがごとく牛にも接するべきである。泌乳は母性のなせる技、手荒いやり方では流れがとまる」

この掲示板にはスーの手書きのメッセージが貼り出されることもある。「動物にやさしくしてください。最近何頭か乳房に出血のみられる牛がいました（ミルクに血が混ざります）。乳房を蹴らないでください」

パーラー左列にいた一四頭の牛がすべて後ろ向きで搾乳位置におさまると、作業者はホースを持ってピットにあらわれ、それぞれの乳首に赤い消毒用のヨード剤をスプレーする。三〇秒後、茶色のペーパータオルで拭きとって乾かすが、ペーパータオルは一頭ごとにとりかえられる。乳首を消毒するのは、付着した汚れや糞尿のせいで細菌がミルクの中に入ったり、搾乳中開いた乳頭口から細菌が入って牛が乳房炎を起こしたりしないようにするためだ。

乳房の炎症――乳房炎はおそらく世界中のあらゆる酪農牛が共通してかかえる問題だろう。その症状には、頭や耳を垂れる、乳房の熱と腫れ、水っぽく色の薄いミルクの分泌などがあげられる。

だが症状の出ていない潜在的な感染牛はかなりの数にのぼると思われる。乳房炎にかかった牛のミルクを人が飲んで病気になることはないが、ミルク自体味が悪いうえ腐りやすいとされている。

しかし酪農牛が置かれている今日の生活環境を考え合わせれば、乳房炎は当然なるべくしてなる病気と言っていいだろう。酪農家養成講座に参加した時、獣医師はこう説明した。「自然界で暮らす牛はめったに乳房炎にはかかりません。牛は本来食餌《しょくじ》の場所と排便の場所が異なるため、乾いた地面の草を食べているからです。乳房炎にかかりやすい状況をつくっているのは人為的な生活環境、牛舎へのつめ込みや排便の仕方なのです」

乳房炎を予防するため乳房のまわりの毛を留めたり焼いたりして乳頭への汚物の付着を防いでいる牧場もある。スーも試してみたと言っているが、ローネル・ファームでは今のところ、この方法をとりいれるほど事態が深刻ではないとも言っている。

幸いなことに、乳房炎の問題は牛舎やパーラーの衛生状態をよくすることでたいていが解決できる。それでも症状が重い牛には抗生物質を投与することもあるが、慢性化した牛はと畜場にまわされることもある。先の獣医師は講座の中で、「抗生物質を繰り返し投与しても効き目があらわれない慢性乳房炎であれば、牛を早急に処分することが肝心です」と言っていた。

搾乳係は次の作業にとりかかっている。搾乳ユニットの〝クロー〟をつなぐと、各乳房四つの乳首にティート〔乳頭〕カップを装着した。品種改良により今日の酪農牛の乳首はほどよい間隔を保っている。つまり、搾乳機器が楽に装・脱着できるような位置についているのだ。

酪農家は、引き締まっていて腹壁にしっかり付着した前乳房、両腿のあいだで高さのある後乳房を好む。重くぶらぶらした乳房では、支持靭帯が弱くなったり伸びてしまった場合、胴体から分離することになる。六歳頃まで乳房は成長をつづけ、重量が七〇キロを超えるまでになる。ナンバー４９２３の乳房は特別張りがあって位置が高いというわけでもなければ、重くてたるんでいるわけでもなく、きわめて平均的な形をしている。乳首の色は黒とピンクのまだら、長さといい太さといいちょうど人間の親指に似ている。乳房そのものには白い毛がまばらに生え、血管が浮き彫りになっている。そして温かい。

・・・

短いはしごをのぼってピットから姿をあらわした彼女は、牛の後方に陣取った。４９２３は搾乳されながらおとなしく反芻《はんすう》している。

「おはよう、お嬢さん」スーが４９２３に話しかける。

スーは一週間おきの水曜の朝にＢＳＴ〔牛成長ホルモン剤〕を牛に注射する。ＢＳＴは一四日周期で体内に吸収されるため、二週間にいっぺんの割合で投与しなければならない。

「一本が約五ドル。しかるべき牛に正確に投与したいから」彼女は自ら注射する。「でも面倒な作業で、注射のあいだは長時間つきっきりにならなくちゃならないの。個人的にはＢＳＴの投与は好きじゃないわ」だがミルク産出量一〇パーセントアップという経済効果を考えると、やむをえないといったところらしい。

「ＢＳＴをこわがっててもしょうがない、増収につながることなら、やらなきゃならないってことだもの」

ＢＳＴとは、本来牛の体内で自然に分泌される成長ホルモンのことである。遺伝子組み換え牛成長ホルモン剤としてモンサント社からポジラックという商品名で製造・販売されているが、政府から販売認可を受けたのは一九九四年のことだった。ローネル・ファームは発売当初からのユーザーで、モンサント社の宣伝用パンフレットにはスミス一家も登場している。パンフレット全面には、牧場の木の看板「ローネル・ファーム」の前に立つアンドリュー、スー、娘のカースティーの姿があり、「ポジラックは見逃せない薬です」というスーのせりふが紙面を飾っている。

BSTを投与することで、一日に約四～五リットル以上のミルクが余計に産出できるという。さらにBSTによって牛の泌乳期間が延ばせるのも酪農家にとっては大きな魅力だ。通常の牛には出産後約一〇ヵ月すると〝乾乳〟がおとずれる。ふたたび泌乳させるには子どもを産ませなければならないのだが、牛の中には妊娠が困難なもの、あるいは流産してしまうものが必ず出てくる。子どもが産めず泌乳が再開できないとなれば、その牛は肉牛として売りに出されることになるのだが、BSTを用いていればこうしたリスクを最低限に抑えることができるのだ。

しかしBSTの使用をめぐっては、消費者保護団体および外国政府から異を唱える声が上がっている。実際カナダでは販売認可申請が拒否されている。いっぽうのモンサント社では、自らが出資して行なった調査結果をもとに、BSTは人体に何の影響も及ぼさないと表明しているが、真偽のほどは疑わしい。だがこうした現状をふまえながらも、市場調査の結果、アメリカの酪農家の約三分の一が、現在BSTを使用していると答えている。

牛が出産を終えて一〇週間ほどたつとスーはBSTを投与しはじめ、泌乳期間中ずっと注射しつづける。ホルモン剤は牛の脂肪部に注入される。「皮下注射でもいいのよ。でもそれだと双子が生まれる確率が高くなるの。理由はわからないけれど」と彼女は言った。

4923の尾のつけ根左側にスーは注射針を突き刺した。一瞬体をこわばらせ首を前につっ張らせたが、次の瞬間にはいつもの４９２３にもどっていた。

４９２３の搾乳がはじまってから七分二〇秒後、終了の合図とともに搾乳ユニットが乳房から離れていった。この自動システムを司っているのはデタッチャー〔自動離脱装置〕と呼ばれるもので、もっとも省力化に役立つ装置の一つとして一九七〇年代に開発された。デタッチャーは泌乳の終わりを自動的に感知すると、ティートカップを乳首からはずし、次の牛のため搾乳ユニットをもとの位置にもどす。

ピット内の作業者が搾乳後の牛の乳首を消毒し、コントロールパネルのボタンとスイッチを押して出口ゲートを開ける。ゲートは競馬場のスターティングゲートのように開き、一四頭の牛がいっせいにはき出される。

牛たちはミルキング・パーラーを出ると、待機場のスロープ横の通路をとおって牛舎にもどる。出てきた群れのしんがりをつとめていたのは、入ってきた時と同様、４９２３だった。

・・・

しばらくすると飼料担当および設備維持係であるラリー・ウィルキンソンが、足もとをふらつかせながらパーラー正面ドアに倒れ込んできた。去年のクリスマス・パーティーで三〇年勤続功労賞をもらったラリーである。長いあごひげと、農夫帽の下のくしゃくしゃの白髪のせいで五〇という年より老けて見える。

スーが走り寄り彼を受けとめた。具合が悪そうだ。スーはラリーを抱きかかえながら、すわらせたいのでパーラーからバケツを持ってくるよう私に言った。ところが見つからない。彼女もこれ以上ラリーを支えられそうにない。

「救急車を呼んで！」

私は事務室に走り九一一に電話した。電話の相手は原因についてたずねてきた。

「おそらく心臓発作だと……」事実私はそう思っていた。だがその時スーが飛び込んできて紙を数枚つかむと振り向きざま私に向かって叫んだ。「違う、化学ガスを吸いこんだのよ！」

外では誰かがパーラーの前にトラックをつけて、ラリーを後部座席にすわらせている。

「肺が焼けそうだ」ラリーがうめく。彼は胸の痛みも訴えている。そして息絶え絶えになりながら、自分はバルククーラーの洗浄中に塩素ガスを吸ってしまったと告げた。

倒れ込んだ時彼が抱えていた容器にはこう書かれていた。「酪農用酸性洗剤——注意・刺激薬」

「肝心なのは肺から空気を抜くことだ」アンドリュー・スミスがどこからともなくあらわれてそう言った。必要とされている時、彼はいつもこうやってあらわれる。

午前八時一六分、私が九一一に電話をかけてから八分後、最初に到着したのはボランティアの救急医療隊員だった。彼は農機具修理の仕事中に、救急車に出動を呼びかける九一一の声を車のラジオで傍受し、ここに駆けつけたという。その三分後ヨーク市消防隊の救急車が到着した。運転手デニス・ハウスは町の役人でもある。

ラリーの顔に酸素マスクがつけられた。その時私はスーが左の頬の内側を噛みしめていることに気がついた。はじめて彼女が不安を見せた瞬間だった。

ラリーは咳きこみ、つばを吐く。

ミルキング・パーラーでは次のグループの搾乳がはじまっているが、スーがいないのでＢＳＴが注射されることはない。

医療隊員は何が起きたかたずねた。

「作業手順が狂ったの」スーはそう断言した。

何が起きたのか誰も正確にはわからない。だがバルククーラーを洗浄する過程でラリーが塩素と塩酸を混ぜ合わせ、そこで発生したガスを吸ってしまったことだけは明らかだ。

事務主任のクリスにわかっているのは、中身を落とさないようラリーが洗剤の入った容器をしっかり抱きかかえていたということ。

そして私にわかるのはスーが迅速に事態に対応していたということくらいだ。

ラリーは救急車に運びこまれ、ロチェスターの病院に搬送されることになった。

そこへ保安官の車が到着した。保安官は舗装されていない私道をのぼり、小型トラックのまわりにできた小さな人垣に近づいてきた。私自身も含め、染みだらけのジーパンやつなぎ服姿の農夫の中にあって、彼のプレスのきいた黒い制服姿はひときわ目立った。

「けが人は誰です?」保安官がたずねた。

「救急車にいるやつだよ」顔色も変えずにアンドリューが答えた。

「あなたがオーナー?」

ここで彼はどう答えるだろうかと、私はアンドリューのたどった人生を思い起こした。彼の祖父ネルソン・スミスが農場をはじめ、父ラリー・スミスが事業を拡大した。アンドリューの二人の兄弟、マークとエイドリアンは牧場を継がないと決めている。アンドリューはコーネル大学にすすんだが甲状腺異常のため中退し、その後別の大学で農業工学の学位を取得した。そして運がよかったのか勘がよかったのか、スーという有能な女性と出会い結婚した。二人は一六年間毎日四時半に起床し、朝から晩まで懸命に働いている。

「ああ、私がオーナーだ」

「お名前は？」

「スミス、アンドリュー・スミスだ」ジェームズ・ボンド風に彼が答えた。

後日、その日の出来事をスーが説明してくれた。「この牧場にはバルククーラーが三つあるわ。使用するのはそのうちの二つで、残りの一つは洗浄用に空にしてあるの。タンクを洗浄する時、ミルクをそっちに移すのよ。空にしたバルククーラーは所定の箇所に洗剤を入れると自動的に洗浄されるようになっていて、私たちは午前中そこに塩素の入った洗剤を入れタンクの脂肪汚れを落としていたの。その時の成分が洗剤投入口の底に残っていたんだと思う。だからラリーが酸性洗剤を入れた時、有毒ガスが発生したんだわ」

ラリーはその日の夕方五時には牧場にもどり、トラクターの整備にあたっていた。医者は彼に後遺症の心配はないと言い、彼自身、鼻の奥と食道がちょっと「焼けた」だけだと言っていた。

・・・

スー、アンドリュー、父親のラリーが昼休み事務室に集まり、新しい牛舎の建設プランについて話し合うことになった。ランチは「ヨーク・ランディング」からとどけられるハムとチーズのサンドイッチ、ポテトチップス、チョコレートミルクだ。

獣医師も同席するはずだったが遅れそうなので彼らは先にはじめることにした。

牛舎を増設してメイン・ファームの収容頭数を増やし、ミルク産出量のアップ、家畜の健康維持、飼育管理の合理化をはかるのが目的だった。

ラリーはピクニックテーブルの上に牛舎の見取り図が描かれた方眼紙を広げた。全長がフットボール競技場ほどもある施設に牛三五〇頭を収容する計画だが、それができあがればローネル・ファームは一〇〇〇頭以上の乳牛を有する本格的な大規模酪農場ということになる。三人は、空気の流れ、堆肥の管理、ミルキング・パーラーまでの距離、牛舎間の除雪効率といった観点から、図面の牛舎について意見をかわしている。

建築業者の出した見積り金額があまりに高くて驚いたとラリーが報告する。数年前に建てた一番新しい牛舎とくらべてもその費用は莫大だった。現在の相場はストール一区画（牛一頭分）につき五〇〇〜七〇〇ドル、そうなると今回は二〇万ドルを超える計画となる。それに三五〇頭の牛が増えるとなれば、パーラーにも搾乳用のストールを最低四つ追加しなければならない。

牛舎の一部に出産をひかえた乾乳牛用のスペースと、ヨーネ病にかかった牛の隔離用のスペースをもうけたいとスーが言う。

ヨーロッパ各国で〝狂牛病〟や〝口蹄疫《こうていえき》〟が重大視されているように、アメリカの酪農界ではヨーネ病に対する警戒心が高まっている。ウシの感染病はおもに腸に作用するが、ヨーネ病もやはり下痢や消化不良、体重減少といった胃腸障害を引き起こし、最悪の場合は牛を死にいたらしめる。

私は今朝パーラーでヨーネ病に冒された牛を見た。その牛は一目で病気とわかった。弱々しくやせ細り、痛みをもたらす姿勢は決してとろうとしない。そのことをスーに話すと、彼女は、ヨーネ病にかかったその牛は搾乳がすんだら〝ホスピタルエリア（パーラーのそばにある、病気の家畜を隔離し、治療するための牛舎）〟に移され、来週の月曜にはこの牧場から出ていくと教えてくれた。

スーは牛舎建設計画に意欲的だ。「この五年間、少しずつ手を加えながら牧場を運営してきたの。うまくいってるけど、まだこれといって大きな成果があがってないわ。搾乳牛の数も変わらないし、そろそろ大がかりにやる時期だと思うの。五年間の構想を実行に移す時じゃないかってね」

ミーティングはいったん終わったが、三〇分後に獣医師のデイヴ・ヘイルが到着すると、別棟事務室のラリーのデスクに集まるようふたたび号令がかかった。ヘイル医師は四二歳。コーネル獣医学校の卒業生だ。彼はローネル・ファームの牛を何度か診察したことがあり、牧場についてもスミス一家についてもよく知っていた。

ヘイル医師がラリーの設計図に一とおり目をとおすと、話題はまたヨーネ病に移っていった。未経産牛がこの病気にかかる確率は州全体で約二割だとヘイルが言う。すると、ローネル・ファームではヨーネ病で処分される牛の数は年間二〇頭、全体の三パーセントに満たないとスーが言った。

ヘイル医師は最近の研究結果をあげ、ヨーネ病の細菌がクローン病〔慢性炎症性腸疾患〕にかかった人間から検出されたと話したが、それを否定する報告結果もあるので今のところ公衆衛生面でヨーネ病がどれだけ危険かは不明のままだと結論した。しかし、低温殺菌処理によってミルク中のヨーネ病病原菌が非活性化するといっても、加熱の不充分な料理や低温殺菌されていない乳製品、あるいは水をとおして広まるのではないかという不安の声は依然根強いとも指摘した。

さらに、飼料運搬トラックのタイヤについた堆肥によって、子牛のいるエリアが汚染されないよう設計すべきだとも彼は言った。

どうやらヘイル医師はヨーネ病に感染した牛を、子牛や他の群れから離すことに重点を置いているようだ。「もしヨーネ病がクローン病に一〇〇パーセント関係しているとわかったら、州は最終的に、病気になったすべての牛を隔離するよう命じてくるだろう。それにそなえてプランを立てる方がいい」と彼は警告する。

新牛舎建設には充分意味がある、そう同意に達したところでミーティングは終了した。ラリーは建設費を見直すためほかの業者にもあたってみると約束した。

・・・

アンドリューは話し合いのあいだ終止黙っていた。その日の夕方、作業車に乗ってコーンを植える彼の隣りにすわり、私はミーティングについてたずねてみた。実のところこの計画には誰が賛成で、誰が反対なのか。

「スーと親父は乗り気だよ。俺は反対だ」と彼が言った。「親父は死ぬ前に牛が一〇〇〇頭ほしいのさ。だがそれだけじゃ俺はやる気になれないね。でもスーが望んでいるのなら仕方がない。俺は女房の味方だよ」

アンドリューにとって牛が増えることは頭痛の種が増えることを意味するらしい。

「乳搾りは一日三回より二回の方がいい。ＢＳＴも無しの方がいい。それに仕事のできる従業員と働きたいね。まぬけどもはごめんだよ」

彼はおどけて、従業員が困ったと言ってはかけてくる電話の様子を再現した。「牛に蹴られました！　車が壊れました！　病気です！　刑務所に入れられちゃったんで保釈金出してくれますか⁉だとさ」

もし牛舎が増設され牛の群れが大きくなったら、そのぶん必要な従業員をどうやって探し出すのだろう？

「また人材斡旋所にでも顔を出して誰か引っぱってくるさ」と彼は言う。「あそこじゃ貧乏白人をよく見かけるな。それにコソボ人、ロシア人、スペイン系、アジア系もいる」

新たな従業員の管理・指導にあたるのはもちろん彼ではなくスーだ。アンドリューはそのことをよく心得ている。そして彼女を心から信頼している。

「従業員の中には、本当の親方はスーだと思ってるやつもいる。あれだけ仕事のできる人間なんてそういるもんじゃない。彼女には本当に感謝しているよ」

・・・

ブリジットとコリンが砂場で遊ぶのをながめながら、シェリー・ヴォングリスと私は裏庭の折りたたみ椅子に腰かけていた。芝生の先に、ピーター手製の豚小屋と、新しい子牛数頭が入れられた例の干し草のハッチが見える。私の二頭の子牛たちはもうここの最年少ではなくなった。遊んでほしいのだろう、犬のエリンが口にプーさんのぬいぐるみをくわえ私のところへ走ってきた。物干しロープは洗濯物の重さでたるみ、干されたシャツやズボン、タオル、シーツが、穏やかな昼下がりの庭先でゆらゆら風に揺れている。

今日はこのあと、ナンバー4923の夜間搾乳風景を観察するためローネル・ファームに立ち寄るつもりだが、先にヴォングリス家をたずねたのは子牛をチェックするため、そしてシェリーの様子を知るためだった。先日電話で話した時、子牛は元気だが自分の方が〝神経衰弱〟におちいりロチェスターの病院を辞めてしまったと言っていたのだ。それにもうじきピーターが子牛の除角をするはずだから、もし見たいのなら今日の午後こっちに来てみるといい、彼女はそう私に話していた。

牛は雌雄ともに生後約三ヵ月になると頭の上にある小さな瘤《こぶ》状の軟骨（角根《かくこん》）が成長し、角ができはじめる。牧場にいる牛はみな角が落とされる。除角の目的は人間や仲間を傷つけないようにするためだが、一般に角がなくなると静かになって扱いやすくなるともいわれている。去勢の目的とほとんど同じだ。

牛舎ではすでにピーターが私の雄子牛に頭絡《とうらく》をつけ、端綱《はづな》を柵の柱に結びつけていた。子どもたちを連れシェリーも牛舎にやってきたが、ひどく疲れているようだった。顔はけわしく、目の下に隈ができ、髪に艶がない。彼女の〝神経衰弱〟についてたずねてみたいのだが、この場では切り出せない。

頭の保定器は使わないのと、シェリーがピーターにたずねた。

使わないと彼は答え、子牛が小さすぎて抜け出てしまうから自分で子牛を押さえつけると言った。

そして二人は私に向かって、除角の光景に耐えられるだけの度胸はあるかと言ってからかった。

「倒れたらけがするようなもの、まわりにないわね？」

「子牛のことかい？」とピーター。

シェリーは「いいえ、彼の方よ」と私を指さし、「もしこの人がひっくり返ったらの話よ」と笑って言った。

「ひどいにおいがするぞ、毛だけじゃなく肉も焼けるからな」

「私にはにおいがわからないと言っただろう？」

「家に帰ったら奥さんが服についたにおいのことで文句を言うぞ、上着は脱いで車に載せておいた方がいい」

私が着ていた薄い春用ジャケットのことだ。

「私はそろそろ行くわ」とシェリーが声をかけ、「あんまり見たくないのよ」と言った。

「おまえはヤワだな、シェル」ピーターの皮肉。「農家の人間じゃないよ」

シェリーは出ていったが、ブリジットとコリンは牛舎に残った。

「除角用の電気ゴテが熱くなるのを待ってるんだ。充分熱くしないとな。なにせ古いから」そう説明し、ピーターは長さ二〇センチあまりの金属棒を垂木《たるき》からぶら下がったコンセントにつないだ。

電気ゴテが熱くなるのを待つあいだ、私はナンバー8がつながれた柵に寄りかかり子牛の首を撫でていた。ひと月前にハッチから牛舎に移されて以来、こんなにそばに寄ったのは久しぶりだ。集団の囲いに入れられてからは、私が近づくとすぐ逃げるようになっていたのだ。雄子牛の感触はやわらかで、とくに胸垂《きょうすい》と呼ばれる首の下の肉が発達し、そこが一段とやわらかい。

除角にはデホーナーという鉄製の専用コテが用いられる。デホーナーの先を熱し一五〜二〇秒子牛の角根に押し当てて真皮《しんぴ》もろとも角の組織を破壊してしまうのだ。正しく処置できた時には出血しないとされている。

生後二〇日以内であれば角根に苛性《かせい》カリをこすりつけて角の成長をとめてしまう方法もある。やや大きくなった子牛であれば今日のように角の中心部をえぐるようにして焼き取る方法が用いられ、生後三ヵ月をすぎ、角が成長しはじめた子牛の除角には、のこぎり、はさみ、ペンチ型の除角器が用いられることになる。私は以前、仲買人が月齢のすすんだ牛の除角を行なう場面を見たことがあるが、あれに比べれば、小さいうちに角根を焼き取る方がはるかに良心的に思えた。

角の中身をえぐり出すこともあるが、それはあまりしたくないとピーターは言う。「血管までほじり出すことになるから」そして「頭蓋骨の中で何かが動いているのまで見えるんだ。血まみれになるしな」と言った。多少は誇張しているのかもしれない。だが事実、私が寄りかかっている木の柵には血の痕がついていた。

私は柵から離れた。

電気コテが熱されて赤くなっている。

「さあ、いいぞ」とピーター。

ピーターは真っ赤になった先端部分をナンバー8の右の角根に押し当てる。私の方を向いた牛の片目が大きく見開く。声を上げたいのだろうが頭絡で口を封じられ、鳴き声が消される。両脚から床に崩れ落ちた。

煙が立ちこめる。

子どもたちの様子を見るため振り返ると、彼らはまったく動じていない。おそらく何度もこうした場面に立ち会っているからだろう。

「角根のまわりが赤くなるまでやる方がいいんだ」とピーターが言った。

ナンバー8は横になったまま動かない。だがあまりにすぐ静かになったので私は驚いた。

「ショック状態になってるからだよ」

除角の必要性を訴える者はいるだろうが、その方法の是非を論ずる者はほとんどいない。子牛をあずかってくれそうな場所を探している時、よろこんで引き受けようと言ってくれた牧場主がいたのだが、彼は自由に見学するのは認められないと言った。「除角の様子も書くんだろう？　あんたの本を読んだ人は腰を抜かしちまうよ」

だからこそ私はピーターとシェリーに感謝している。今のこの場面ですら、私はピーターにすすめられて写真を撮っているのだ。

デホーナーが熱くなるまで、また二、三分待たなければならない。煙たくなったため牛舎から出ていったブリジットがタンポポを摘んでもどってきた。

「パパにプレゼントよ」

「ありがとう。よーし、パパはこれから反対側の角を取るぞ」

ピーターはナンバー8の頭にふたたびデホーナーを近づけた。すると雄子牛はいったん後ずさりし、彼を突き飛ばした。

「おとなしくする方が身のためだ」ピーターは凄むと、立ち上がって子牛をきつく抱きかかえた。「前より痛い目にあうぞ」

ピーターはデホーナーを左の角根に押し当てた。ナンバー8はわきに飛びのき、茶色い餌料の入ったポリの容器の上に倒れ込んだ。

私はローネル・ファームのアンドリューがこの子を母胎から引っ張り出した時のことを思い出した。あの時子牛は今のように、石鹸水の入ったバケツの上に落っこち床の上を転がっていった。

赤サビ色に焦げた角根の丸い断面は、懐中時計くらいの大きさだ。ダメージで数日間食欲がなくなるだろうとピーターは言った。角自体は三〜四週間で完全に消滅し、周囲の毛もやがてもとどおりに生えてくるという。

どの方法をとろうと、除角が成功しなければ角はまた生えてくる。矮小化した角、ねじれた角、片方だけ完全に再生している角、そんな形成不良のものは除角が失敗した証拠である。

雄子牛の除角がすむと、今度は雌にとりかかった。横になっているあいだに片方の角にデホーナーを当てたのだが、完全に処理するまでには四回かかった。もう片方は立たせながら行なった。コテを押しつけると雌子牛は声なき声を上げて餌桶につっ伏した。ナンバー8は三メートルほど向こうからこちらをじっと見つめている。

ピーターはデホーナーを片づけながら、私が最後まで除角に立ち会いつづけられたことに感心していた。

「約束だから」私は素っ気なく答えた。

ピーターがデホーナーを押し当てるたび私は内心びくついていたのだが、子牛たちの苦しむ姿を驚くほど平然と見つめていたのも事実だった。私はこれまでローネル・ファームで数百頭という角のない牛を見てきていた。もちろんその中にはこの子たちの母牛もいる。どの牛も今日と似たような経緯をへて生き残ってきたにちがいない、そんなことを作業の最中考えていた。

だがさっきの冷めた返事にはもう一つ理由がある。痛みに対する子牛自身の反応があまりにあっさりとしていたからだ。子牛たちは咽喉の奥で声を上げほんの少し抵抗すると地面に崩れ落ち、あとは静かなままだった。私はこれと同じような光景を牧場で何度も目にしてきた。蹴飛ばされ、つつかれ、体をねじ曲げられ、時に電気ショックを与えられても、牛は最小限の反応しか示さない。

獣医学の専門家A・F・フレイザーとD・M・ブルームは、著書『家畜動物の行動と福祉』（*Farm Animal Behavior and Welfare*）の中で、ウシのような被捕食動物が痛みを外にあらわさなくなったのにはそれなりの理由があると述べている。

「危険な捕食者がすぐそばに迫ったさい、［傷ついた］動物がとるべき最良の策は、静かにただじっとしていることである。（……）捕食関係で弱者の立場にある動物が痛手を負ったと自ら示すような行為は、（……）ただ自分を窮地に追い込むだけであろう」

もし牛などの被捕食動物が傷による痛みをあらわにしたら、捕食者は彼らが弱いと察知し、殺しにかかるのだ。痛みは隠す方がいいのである。

・・・

その日の夕方、シェリーは裏庭の椅子に腰かけて腕と脚を組みながら子どもたちが遊ぶのをながめていた。爪に塗られた鮮やかな赤いマニキュアも、沈んだ彼女を盛り立てることはできないようだ。

私は彼女の体調についてたずねてみた。

「ある朝、」彼女が口を開いた。「目がさめると、頭からつま先まで全身が震え出したの。死ぬかもしれないって思ったわ。感情のコントロールができないし、とにかく震えがとまらないのよ」

彼女の神経衰弱――実際にはパニック発作――は、二週間前の病院での出来事が引き金になったらしい。ある患者の呼吸がとまり、シェリーは助けようとして救命措置をほどこした。彼女は記憶をたどる。

「心臓マッサージをしはじめてから、その患者がDNRだと気づいたのよ」（DNRとは、do not

resuscitate〔蘇生処置をするな〕という患者およびその家族から出された指示だ）

「罪の意識を感じたわ。だって彼女の心臓を押して生き返らせようとしてたんだから」数日後、その患者はやはり心臓発作で亡くなった。

「火曜日に生き返らせて、金曜日には患者の心臓をとめたのよ」

彼女は今無力感にさいなまれ、抗不安薬を飲んでいる。

皮肉なことにパニック発作に襲われたその日、彼女のもとに、家から車で一時間のところにあるアルフレッド州立カレッジから、二年制看護コースへの入学許可証が送られてきた。

「あそこに通えば必ず看護師になれるわ」

このコースは秋に開講するのでしばらくは子どもたちといっしょに過ごせる。夏が終わるまではパートの仕事でもしようかとシェリーは考えている。

「考えたりしない仕事がいいわ。心臓病や呼吸器系疾患なんかとは関係のない仕事よ。しばらくストレスから解放されたいの」と言った。

ピーターは「思っていた以上にうまく」彼女のパニック発作に対処してくれ、当分のあいだ子どもたちと家にいたいという彼女の願いをかなえようとしているらしい。近隣の牧場の小麦や干し草を刈り入れるという彼のビジネスも順調な滑り出しをみせているという。

だがこうして話をしていても、コリンとブリジットは容赦なくシェリーにまとわりついてくる。彼女を質問ぜめにしたり、おもちゃやら何やらを運んできたり、コップをひっくり返し、喧嘩し、泣き叫ぶ――二人ともたしかにかわいい子どもたちだが、まだ幼くて手がかかる。家庭にいても押し寄せてくるストレスを、いったいシェリーはどう処理するというのだろう？

除角の途中でなぜ牛舎から出ていってしまったのか私はたずねた。

「苦痛を与えるってわかってるからつらいのよ。たとえ自分で何かするわけじゃなくてもね。彼のやり方をけなすわけじゃないけど、私がローネルで除角していた時は子牛を保定器に入れてノボカインっていう局所麻酔薬を注射したわ。子牛はぜんぜん暴れなかった」と彼女は言った。

・・・

ローネル・ファームの午後六時。足の不自由な牛がミルキング・パーラーに入っていく。跛行《はこう》は酪農牛のあいだでよくみられる症状だ。歩行に支障をきたしている牛には、藁のたっぷり敷かれた専用の〝不具エリア〟が与えられている。牛の歩行距離を短くするため、この専用エリアはパーラー近くに設置されており、搾乳回数も一日二回に減らされている。

ジョー・クレンザーが群れを寄せ集める。ジョーは五五歳、ずんぐりした体型で、白髪混じりながら髪の毛は豊かにある。彼は長年つとめた製材所を辞めたのちローネル・ファームにやってきた。ここに来て八ヵ月になる。三日間の訓練を終えて牛飼いになった彼は、牛舎とパーラーを往復する牛の誘導にあたるほか雑用仕事に手を貸している。ジョーは気のいい男だ。つまらないジョークにも大笑いしてくれる。

十数頭の牛が立ち上がり、のろのろとぎこちない行進をはじめている。長時間横になっているせいだろう、どの牛もわき腹に泥と藁がついている。泥のついた部分以外は全身がほぼ真っ白な牛が群れの先頭に立ち、頭を浮かしたり沈めたりしながらパーラーに向かっていく。二番目を歩くひときわ大きな牛は、いずれかの足に体重をかけるのを避けるように小さな歩幅で歩いている。三番目の牛は後ろの蹄が極端に割れていた。

「さあ、行こう」とジョーが声をかける。一頭の牛が水を飲もうとして立ちどまった。ジョーは少し時間を与えるとせき立てた。「ほら急げ」

「こいつは足の神経をやられてるんだ」と、水を飲んでいる牛を指して言った。「良くなるとは思えないな」

別の牛を指しながら、「これには乳首が二つしかない。あんまりミルクも出さないよ」と言った。こういう場所で働くジョーの姿は、見ていてつらい。なぜなら彼自身が障害者であり、不自由な足をかばうように体を左右にぐらつかせて歩いているからだ。

牛の跛行はおもに蹄および蹄間の皮膚の炎症、あるいは怪我によって引き起こされるが、膝や関節の腫れがもとで跛行を生じるケースもある。そして後ろ足は前足より問題が生じやすいとされている。

専門家たちはその根本的な原因として、ミルク産出量を高めるため大きな乳房をつくろうとして行なう遺伝面での操作をあげている。英国の獣医師ジョン・ウェブスターは『酪農牛を理解するために』の中でこう述べている。「今日の酪農牛は異常なまでに大きい乳房をもつ。そのため後ろ脚の位置や歩き方が歪められてしまったのだろう。足の損傷を引き起こす素因はそこにあると考えざるをえない」さらに彼は、と畜場に送られた牛を調べてみるとほとんどすべての牛の足に何らかの異常があると指摘している。

跛行を加速する要因としてはほかにも、足の底を痛めるコンクリート床での生活、栄養のとりすぎなどがあげられる。後者のように食餌によって足に異常をきたしたものを〝(食餌性)蹄葉炎《ていようえん》〟と言うが、これはデンプン質の多い濃厚飼料のとりすぎによって引き起こされる。濃厚飼料をとることでミルク産出量は増大するが、血管内に多量の乳酸が分泌されるため、蹄の組織が軟化してしまうのだ。

酪農関係者は蹄の疾患を予防、治療するため、定期的な蹄の手入れ、飼料成分への配慮、脚浴などさまざまな方法を用いている。ローネル・ファームでは削蹄《さくてい》師を雇い、毎週二回蹄の手入れにあたっている。

足を引きずる牛たちすべてがパーラーに移動し、ストールの所定の位置についた。私は尾の長い牛が一頭いるのに気づき、搾乳係に断尾をどう思うか聞いてみた。糞が飛んでこないようにするため本当に断尾が必要なのか?

「ああ、尻尾の威力はものすごくて、顔面を叩きつけられるからな。眼鏡まで吹っ飛ぶんだ。顔がやけどするようだよ。でも、尻尾を切り落とすのは残酷かな。尻尾はハエを追っ払うのに必要だからさ。もっともここにはそれほどハエなんていないけどね」と彼は答えた。

搾乳がすむと牛たちはゆっくり自分のエリアにもどっていった。最後にパーラーから出てきたのは乳首が二つしかないあの牛だ。鼻を地面にこすりつけるようにして、休み休み歩いていく。

・・・

夜九時半、月明かりにナンバー4923の姿が浮かぶ。ヴォングリス家にいる子牛の母親4923と仲間の約一〇〇頭が、その日三度目の搾乳のためパーラーをおとずれていた。この群れの最初の搾乳は朝の六時だった。

この時間になるとローネル・ファームには夜間搾乳係の二人しかいない。実に静かだ。朝・昼・夜の三部からなる連携体制の中で他とのつながりがもっとも薄いのが、この夜間搾乳係たちだ。日中の作業員には家族持ちの中年男女が多いのだが、夜間要員としてスーが集めてこれるのはたいていの場合経験のほとんどない若い男性たちである。彼らは、「牧場で働くのはもっと歩《ぶ》のいい仕事が見つかるまで」と割り切っている。

夜間搾乳係は日中ほとんど顔を見せないため謎めいた存在となり、牧場には彼らにまつわるさまざまな噂話が出まわっている。たとえば夜間搾乳係の一人が以前、牛の体内ではミルクが青いことを発見し、しかも空気に触れて白く変色するところを目撃したらしい、そんな類いの話である。と同時に、互いに顔を知らないため、何か問題が生じると手っ取り早く責任をなすりつけられるのがこの夜間搾乳係たちである。牛に虐待の跡が残っていたりしたら、証拠の有無にかかわらず、やり玉にあがるのは決まって夜の人間だ。

今夜の搾乳係はB・Jとデイヴ、ともに二十代前半の男性だ。B・Jが牛を集めデイヴが搾乳にあたっている。二二歳になるB・Jは日中はロデオの練習をしているが、「人生に目覚めた」時には、何かのプロになりたいと言っている。彼がここに来てまだ四ヵ月しかたたないが、牛の群れを寄せ集めると、口笛一つでいともたやすくパーラーへと誘導してしまう。

待機場のスロープに到着する頃には、ひしめき合った群れの中で4923は中間あたりにつけていた。その光景は、夜の高速道路から一刻も早く抜け出そうと料金所めがけてせめぎ合う車の列を思わせる。

「そら、そら、急げ!」ミルキング・パーラーの入り口でデイヴがせかす。赤と青のバドワイザー模様のスカーフで長い金髪を覆っているが、伸びほうだいのひげまでは隠し切れない。彼はジーパンに袖なしの青いTシャツ姿、つなぎは着ていない。

ナンバー4923は右列の前から四番目のストールに入っていった。床につきそうなほど頭を低く垂れている。かがみこんで4923を間近で見ると、頭だけで私の上半身くらいありそうだった。

デイヴが乳首を消毒し搾乳ユニットを取りつける。

夜のパーラーは昼間とはまったく異なるたたずまいだ。雰囲気は工場に近い。おそらくそれは闇に閉ざされたピットの暗部と、蛍光灯に照らし出された明るい室内とが織りなすコントラストのせいだろう。蛍光灯の光が金属製の搾乳装置にあたり反射する。夜のしじまの中、エアホースと真空ポンプの吸引音がパーラー内に響きわたる。ラジオから流れるカントリーミュージックも心なしか大きく聞こえる。

五分もするとティートカップがひとりでに牛の左右の乳房から離れはじめた。だが4923の乳頭からまだミルクが垂れているのを感知すると搾乳の位置にもどっていった。これでまた今日も、4923から約四〇リットルのミルクが産出されることになるだろう。七分後には完全に搾乳が終了し、デイヴが乳首を消毒するのを待って、出口のバーが上げられた。

群れの牛すべての搾乳が終わりそれぞれが牛舎にもどっていくのを見とどけると、私はデイヴに礼を言い、部屋を出かけた。

すると「どうだい、子牛が生まれてないかいっしょに調べに行かないか?」とデイヴが声をかけてきた。

夜間搾乳者は作業の合間に数回分娩牛舎を見まわり、陣痛がはじまっていないか、お産に助けが必要でないかをチェックしなければならない。そういえば子牛の誕生に立ち会おうとして夜中にヨークまで運転したあの日、生まれそうだとスーに知らせてきたのは夜間搾乳係だった。もっともあの日、真夜中のドライブは無駄足に終わってしまったのだが。

ときには助産の必要な牛に出会うこともあるという。「これまで何回か、夜中の二時、三時にスーやアンドリューを起こしたことがあるよ。だけどほかの搾乳係を電話で起こして、来てくれってたのむこともある」とデイヴは言った。そして、昼の作業者は彼ら夜間作業者にとっては「いいカモだ」と言って笑う。夜中に遠慮なく起こすことができるし、彼らが来てくれるおかげで親方をわずらわせなくてすむというのだ。

私はデイヴが運転するトラックで、分娩間近の牛が飼育されているハンナ・ファームまで同行した。夜中だったので二、三分で到着した。

二五頭ほどの妊娠牛がいる分娩牛舎の中を、私たちは牛のあいだをぬってすすんで行った。デイヴは懐中電灯で藁の上を照らし、子牛が生まれていないかどうか調べている。二頭いた。新生牛の脚を持ち上げて雌雄を確かめると、彼は出産した牛のナンバーを忘れないよう耳標の番号を読み上げた。パーラーにもどると夜間報告書にナンバーを記録しなければならない。牛舎の見まわりがすむとふたたび車に乗り込み、今度はハンナ・ファームの裏手にある牧草地へと向かっていく。牧草地には十数頭の牛がいた。

「これは電気牧柵だ、気をつけて。頭を引っこめた方がいい」とデイヴが私に注意した。

「先に行ってくれ、私はここからながめる方がよさそうだ」

デイヴは柵の下からもぐり込み、牧草地へと入っていった。懐中電灯が彼の行く手を照らしている。

「一頭見つけたぞ」彼は小さな声を上げた。デイヴの口調にはまるで母親のような静かな優しさがあり、私を驚かせた。

懐中電灯から伸びる細い光の先に、地面に横たわる生まれたばかりの子牛が見えた。母牛がそのかたわらに立っている。デイヴは片脚を持ち上げると、そっと「男の子だ」と言った。

・・・

ロチェスターにある私のオフィスの向かいには、一つのスーパーマーケットを中心にしていくつかの商店が軒を連ねている。帰宅間際、私はこの商店街をおとずれ、ある店の後方に置かれた冷蔵ショーケースに目をやった。牛乳とヨーグルトのあいだにカテージチーズが山のように積まれている。その中でもあのフレンドシップ社製カテージチーズが棚三段を占領し、ひときわ幅をきかせていた。白い鳩が描かれたプラスチックの容器にはカテージチーズが一ポンド（約四五〇グラム）ずつ入っている。だがどのパッケージにも私の〝元気の源〟だった「スモール・カード（凝乳）」の文字がない。しかし消去法で探していくうち、〝カリフォルニアスタイル〟と呼ばれるものが、当時のカテージチーズにあたることがわかってきた。

アルバイトの女子高生がレジで私の買い物かごを清算した。代金一ドル九九セント。

オフィスにもどると私はプラスチックのふたを開け、ついで内ぶたのアルミを剥《は》いだ。これだ。容器は変わったが、これこそあの「スモール・カード」にちがいない。チーズの表面は瓶入りのピーナッツバターのようになめらかだ。私はプラスチックのスプーンで一口すくい、味わった。まさしくこの味。この乳白色の粒の味わいは、咽喉がまだ痛むためもう一日学校を休んだ、あの時のあの味だ。

だが待て。ミルキング・パーラーであれほど多くの時間を過ごした私に、何か新しい味わいが見出せないはずはない。私はもう一さじチーズをすくった。今は午後の六時。ローネル・ファームではジョー・クレンザーが足の不自由な牛を待機場からパーラーへ移動させている頃だ。もう少しするとナンバー４９２３も搾乳にやってくる。夜間搾乳係は今日最後の搾乳のため、クラウドゲートを操作して牛をパーラーへと追い込むはずだ。４９２３の三〇〇〇回目の小旅行もすぐそこだ。

口に含んだカテージチーズに、こうした日常の味をはっきり感じとることはできなかった。それでも、今の私は知っている。人知れぬ牧場の毎日がたしかにそこに存在するということを。

第5章

放牧

新緑の季節を迎えた六月のある日の午後、私はヴォングリス家の牧草地で、ほんの数分ではあったが自分の牛を見まちがえ、違う牛を一心に見つめていた。広い牧草地に放たれた姿を見るのはこれがはじめてだったので、遠くから見定めることができなかったのだ。女性動物学者ダイアン・フォッシーも、マウンテンゴリラを観察するためアフリカをおとずれた時、茂みに身をひそめ一時間ずっと、動かぬ黒い物体——実はモリイノシシだった——に双眼鏡の焦点を合わせつづけたのだから、仕方あるまい。

まちがいに気づくと、私は草をはむ二十数頭の牛の群れから自分の雄子牛を探し当てた。顔の真ん中の白い模様が目印だ。額の白い逆三角形の一点が鼻まで伸び、その下の白い三角模様とつながっている。雄子牛は双子の姉とともに群れの後ろを歩き、草原をゆっくり渡っていく。

ピーターは年上の未経産牛の群れに混ぜて私の子牛を放牧に出した。これら未経産牛は数ヵ月間ピーターのもとで放牧されたのち、彼の友人であり雇い主でもあるスコット・ベイチングの農場へともどされ、やがて乳牛となる。

牧草地につどう牛の姿は実にすばらしい。とりわけホルスタイン牛たちのながめは壮観だ。草原の緑と空の青に白黒の体がくっきり映える。生後五ヵ月頃まで雄子牛ナンバー8の全身を覆っていた茶色味もすっかり消え、月齢七ヵ月となった今ではあざやかな白と黒の体をしている。

牛たちはゆっくり移動する。行動は群れ単位、ひとかたまりになって草をはみ、全員いっしょに日なたや木蔭で横になる。放牧中の牛は一日に五〜八時間牧草を食べて過ごし、二時間は歩いて過ごす。食事には二つの時間帯があり、一回は日の出直後、もう一回は、今のように日没が近づいた午後の時間帯である。そのあいだ牛たちは体を休めて過ごす。

ナンバー8は群れの未経産牛より体が小さいとはいえ、体高はすでに私の胸に達している。おそらく体重は四〇〇キロ近くあるだろう。集団でじっとたたずむ巨体の群れは見ている者の心を奪い、そしてなごませてくれる。スローモーション映画のような牛の動きを目で追っていると、催眠術にかけられたようになってくる。天でチェスに興じる神様が腕組みしながら盤を見つめ、慎重にゆっくりと白黒の駒を一つ一つ動かしている、そんな幻想を抱かせる。

この牧草地は、干し草の梱《こり》〔ベール〕に囲まれたハッチで冬の寒さと孤独に耐え、ランニング・シェッドに移されてからも雪と風に耐えてきた子牛たちへのご褒美と言っていいだろう。予備用の牛はそれらに屈してしまったのだから。

子牛たちの写真をとろうと私は草の上に腰を下ろした。つなぎのおかげで糞や草のトゲから身を守ることができる。ナンバー8を近くにおびき寄せるため私はりんごを一つ足もとに置いた。昨年冬、干し草のハッチに引きこもって以来ナンバー8は用心深くなっていて、私の周囲、半径一メートル半以内に近寄ろうとはしなかった。この距離が、ナンバー8にとって避難可能な〝間合い〟の距離にちがいない。

草の上の赤々としたりんごは雄子牛の興味を引いたようだ。五、六〇センチに間合いをつめると、においを嗅ごうとして頭を垂れた。だが私がカメラを向けると踵《きびす》を返し離れていった。

これがナンバー8を牧草地で見る最後の姿になろうとは、その時の私には知るよしもなかった。

・・・

七月は猛暑がつづき、ここニューヨーク州の北西部および大西洋沿岸全域にはほとんど雨が降らなかった。気象予報官はテレビで旱魃《かんばつ》の注意を呼びかけている。

だがピーターの自走式ハーベスター〈収穫機〉の運転室内は涼しくて快適だった。「エアコンがなくちゃやっていけないよ」とピーターは声を上げた。「陽をもろに受けてるからな」ハーベスターは床から天井までが一面フロントガラスになっていて、二〇ヘクタール近くあるアルファルファ畑がよく見わたせる。

生後一〇週で離乳してから、ピーターは子牛たちにアルファルファとコーンを与えていた。それが食肉用の雄牛に与えられる標準的な食餌である。飼料のほとんどは彼が畑作管理にあたっているベイチング・ファームから運ばれてくる。収穫期にある今ベイチング・ファームをたずね、子牛たちの餌がどこでどうやってつくられるのか自分の目で確かめるため、私はこうしてピーターの運転するハーベスター、別名チョッパーに乗り込んだのだ。

ピーターとスコットがチョッパーをリースで借りているのは、ベイチング・ファームで用いるためだけでなく、彼らが営む〝外注収穫〟ビジネスでも用いるためだ。二人の名刺には、このドイツのクラース社製収穫機の小さなモノクロ写真がついている。チョッパーのエンジンは後部にあり、運転室は直径約二メートルの巨大な前輪の上にのっている。こうしたタイプの収穫機は、作物をまるごと（茎葉もろとも）刈り取ると、それらを瞬時にして親指ほどの小片へと細断してしまう。値段は約二五万ドルするという。

　ローネル・ファームでも最近同じようなチョッパーに乗せてもらったと私は話した。

「アンドリューがニューホランド社のチョッパーを買ったのは知っている」と彼は言い、ニューホランド社とクラース社は農業機器界の主要メーカーだと説明した。「だがこっちの型の方が高いんだ。造りがしっかりしている。なにせメルセデス・ベンツのエンジンだからな」ピーターはいつも大きな声で、手短かに話すので、彼の言葉はチョッパーのエンジンの轟音《ごうおん》の中でもよく聞きとれる。

　チョッパーにはコンピュータ制御の機器が搭載され、壁にはラジオのスピーカーが取りつけられている。長靴に半袖シャツそれにファームの帽子とサングラスを身につけたピーターは、グレーの布張りの運転席にゆったりと腰かけている。

　三六号線とジェネシー川のあいだに位置するスコットの農場はベイチング家に代々受け継がれたもので、その付近を走る道路にはベイチング通りという名前がつけられている。農場には約三〇〇頭の乳牛と八人の従業員がいる。規模的にはローネル・ファームの三分の一といったところだ。ローネルも含め他の多くの酪農場と同じように、ベイチング・ファームでも飼料はできるだけ自家栽培のものでまかなおうとしている。

　栄養価の高いマメ科植物のアルファルファは消化の楽な餌であり、生のもの、乾燥させたもの、サイロで発酵させたもの（サイレージ）〔二一二〜二一四ページ参照〕、その種類にかかわらず牛に適した飼料となっている。サイレージにする場合は今日のように、アルファルファは刈り取りと同時に細断される。

アルファルファは刈り込んでも芝生のようにまた生えてくる植物で、今日はピーターにとって今シーズン三度目のアルファルファの収穫日にあたる。夏の終わりには四度目の刈り入れを迎えるはずだが、降雨量によって時期は多少左右されるという。

通常、アルファルファが実際にチョップ（切り刻む）されるのは収穫工程の第三段階においてである。第一段階はアルファルファを刈り取る作業、第二段階は刈ったアルファルファを畑で山にして、ウィンドローと呼ばれるこんもりとした筒状の畝《うね》にする作業、そして第三段階、ここで、ウィンドローになったアルファルファは細断され、小片へと切り刻まれる。

チョッパーが飼料を細断する寸法、細断長には重要な意味がある。牛の生産力および健康状態に大きな影響を及ぼすからだ。短かすぎては健康状態が損なわれ、長すぎれば食物の消化に牛のエネルギーが費やされてしまいミルク産出量が減ってしまう。

草食動物や被捕食動物全般がそうであるように、牛には、大量の牧草をすばやく摂食し、あとでゆっくり消化・吸収するという身体機能がある。捕食者から逃げおおせたあとで落ち着いて味わおうというわけだ。

そしてそれを可能にしているのが牛のもつ四つの胃である。食道を通過した食物は第一胃をへて、まず第二胃（別名、蜂の巣胃）にたくわえられる。しばらくすると牛は第二胃内の食物を口内にもどし、口の中でさらに細かく噛み砕き（これが反芻あるいは〝食いもどし〟といわれる行動である）、唾液と混ぜ合わせてふたたび第一胃へともどすのだ。

第一胃は約三八度（体温）で保たれており、一五〇〜二三〇リットルもの食物をたくわえることができるため、いわば醗酵室のような役目をはたしている。

「これまで給餌《きゅうじ》とは牛に餌をやることだと思っていませんでしたか？」以前通った酪農家養成講座で、講師は出席者にそうたずねた。「でも実際には何に餌を与えているのでしょう？　それは第一胃に対してなのです。第一胃は微生物や分泌液、飼料など、二〇〇リットル近くの内容物で満たされています。この第一胃こそが、栄養を摂食し、ミルクと肉を生産する牛という存在そのものなのです」

そして第一胃に特有な機能があるからこそ、アルファルファをはじめとする飼料の大きさが重要な意味をもってくる。もし飼料となる植物をあまりに小さく細断すると植物繊維質が損なわれてしまい、第一胃に住んで繊維質の分解をになっている微生物が減少してしまうことになる。すると第一胃でデンプン質の分解にあたっている他の微生物が異常増殖しはじめ、それら微生物が分泌する乳酸が過剰となって牛の血中に入り、蹄の組織を軟化させることになる。したがって、最終的にミルク産出量が減るだけでなく、跛行をまねく結果となるのだ。

ピーターはアルファルファ用の細断長を一七ミリに設定してあるが、このサイズは動物栄養士の意見にもとづいている。

第一・第二胃から食物は、その形態から重弁胃とも呼ばれる第三胃へと運ばれ、そこで水分が取り除かれると、第四の胃、皺胃《しゅうい》に到達する。第四胃が〝本当の胃〟と呼ばれるのはそれが人間の胃と同じような働きをするからである。ここではじめて胃液が分泌され食物が消化されるのだ。

私たちが乗るチョッパーは時速一五キロほど。のろく思えるかもしれないが、強力なディーゼルエンジンの上で四メートル以上の高さから下をながめているとずいぶん速く感じるものだ。すぐにチョッパーの右側を、一台の一〇輪トラックが並走しはじめた。チョッパーの長いシュート〔排出筒〕からトラックの荷台に向かって、緑の細かい小片が奔流のごとく噴き出された。トラックは細断されたアルファルファを一〇トン積載できるのだが、荷台はあっというまにいっぱいになってしまう。荷台の様子はトラックの運転手より、チョッパーの運転席にいるピーターの方がよく見える。

「替わるんだ、デイヴ」とピーターは無線で運転手に連絡した。トラックが向きを変えて建物の方にもどると、代わりのトラックがやってきて同じようにチョッパーの右につけた。彼らはチョッパーのリース代として稼動一時間につき一〇〇ドル支払っている。そのためチョッパーをアイドリング状態にしたまま一台のトラックを往復させるより、ローテーションを組んで複数のトラックを使う方がはるかに効率的なのだ。

ピーターは次のトラックの運転手に畑の端で左に曲がるよう指示を出した。チョッパーとトラックが同時に向きを変えると、ピーターはシュートを旋回させて、アルファルファの緑のつぶてをトラックの空の荷台めがけ噴射した。

今日の収穫を私の子牛たちにも与えるのかピーターに聞いてみた。

「いつ生まれたんだっけ?」とピーター。

去年の感謝祭の週に生まれ、もうすぐ八ヵ月になると私は答えた。

「それじゃあこの飼料は食べられないな」そして「機会があればすぐにでも、全粒コーンと固形の配合飼料に切りかえたいところだ」と彼は言った。

全粒コーンとは乾燥させた殻つきトウモロコシのことをいい、固形の配合飼料とは工場で生産される栄養補助飼料のことをいう。この栄養補助飼料にはミネラルやビタミンが含まれるほか、成長促進剤的な働きをする抗生物質が添加されていることもある。こうした食餌は、と畜前に体重を最大限増やすことを目的とした、高脂肪、高タンパクの〝仕上げ〟用飼料として用いられる。

肥育経営専門の大きな飼養場であれ、ピーターのような個人の小さな飼養場であれ、子牛が六〜八ヵ月になると肉牛飼育としての仕上げの段階に入り、一二〇〇ポンド（約五四〇キロ）をめどに、仕上げ飼料を与えつづける。と畜の目安となる一二〇〇ポンドに達するのは、子牛が通常一六ヵ月前後になった頃だ。

運転台の計器が23TL（トラック一台分の積載量×23）を指した時、時計は夕方の四時をまわっていた。早朝から収穫しはじめて、これが三つ目の畑となる。その間ピーターはひたすらチョッパーを運転し、トラックの荷台めがけシュートから収穫物を発射させ、畑に何か異物が落ちていないか探しつづけた。

作業中彼は何を考えているのだろう?

「牧場のこと、子どもたちのことをぼんやり考えているよ」そして「チョッパーから聞こえる音にも注意している。音でチョッパーの調子がわかるからね」と言った。

「シェリーはどうしてる?」

「元気だよ。来週から看護学校がはじまるらしい」

「ゴルフトーナメントはどうだった?」

「今年はいいトーナメントだったよ。一一一人が参加して、二〇〇〇ドル以上の金が集まったんだ」彼の結婚後にがんで亡くなった兄マイケルを追悼して、ピーターの家族は毎年ゴルフ大会を催している。集まった金は地元の慈善事業に寄付される。

その時突然ビーッビーッという音が聞こえ、チョッパーのエンジンが停止した。同時に横を走るトラックも停車した。チョッパーの金属探知機が作動してエンジンをとめたのだ。金属探知機はチョッパーの故障原因を取り除くだけでなく、飼料に金属物質が紛れ込むのを防いでいる。ピーターは「時々読み違えるんだ」と言ってエンジンをかけ直した。

釘、針金、鉄くずなど、畑に迷い込んだり牛舎に転がっている金属片を餌といっしょに食べてしまうと、牛は内臓にひどい傷を負う。そこで酪農場では、牛に磁石を飲み込ませている。

ローネル・ファームでも六ヵ月になるとすべての未経産牛の第二胃に、長さ二〇センチほどのタバコ型の磁石を特殊なパイプで挿入する。磁石はずっしりと重く、強力だ。以前、くっついた二つの磁石を引き離すのにひどく苦労した覚えがある。第二胃の底におさめられた磁石に金属片は吸い寄せられ、消化器官をそれ以上先にすすむことができなくなるのだ。

牛がと畜解体されると磁石はどうなるのか牧場の人間にたずねたところ、と畜場の係員が腐食が激しくない質のいいものをきれいに洗い、牧場に転売しているのではないかと話してくれた。

アルファルファの収穫が半分ほどすんだ時、ピーターはあるニュースを私に伝えた。スコットからベイチング・ファームの共同経営者にならないかと誘われたというのだ。父親ががんを患っているため、スコットはその持ち株を売りたいと考えているらしい。ピーターの仕事の出来高に応じて株を与えるので、徐々に持ち分を増やしていってはどうかとスコットは提案していた。また、スコットの娘たちは牧場にまるで関心がないという話なので、「スコットが引退する時、俺はすべての株を買収し牧場を自分のものにすることもできるんだ」とピーターは言う。

四十代そこそこのスコットと、ピーターが知り合って一五年になる。

この話はピーターにとってこの上もないチャンスだった。ピーターの別れた父親はロチェスターの工作機械製造会社につとめていたが、退職前に州の自然保護局で働きはじめた。母親はウェイトレスだった。この計画がうまくいけば、一〇人きょうだいの末っ子ピーターは一族で二人目の経営者ということになる。ちなみに姉の一人は額縁店を経営している。

「俺の夢だったんだ」

シェリーもよろこんでいるだろうと言ったが、ピーターは浮かぬ顔だった。

「俺が働きすぎやしないか、手伝いを見つけるのに苦労するんじゃないかって気をもんでいる。『あなたみたいな人は見つからない』って言うのさ。俺ほど働くやつはいないってことらしい。シェリーは俺のことを仕事中毒だって思ってるんだ。だがシェリーは俺がなぜ誰も見ていないのに夜遅くまで働くのか、なぜ完璧にやろうとするのかわかっていない。あいつはそんなふうに育てられなかったからさ。シェリーは牛の乳を搾る、ただそれだけさ。時間がくると帰ってしまう搾乳係とおんなじだよ。

俺は怠け者じゃないし、怠ける連中も好きじゃない。必要なだけ働いて仕事はきちんとやり終えたいんだ」

・・・

ヴォングリス家にもどったのはもう夕食間近な頃だった。シェリーはキッチンで子どもたちに出すマクドナルドのハンバーガーを用意している。私は少しのあいだ食卓で子どもたちの相手をした。ブリジットが椅子を引き寄せ、私に猫の絵を描いて見せた。いっぽうビリーはスクラップブックを持ってきて、所狭しと貼りつけた農機具の切り抜き写真を見せてくれた。

シェリーにうながされ子どもたちが手を洗いに席を立つと、彼女は例の共同経営に関する話を持ち出して、自分はあまり気が乗らない、本当は断わってほしいくらいだと打ち明けた。家族がベイチング・ファーム内の家屋に移らなければならないのは気が重いし、「とくに借家には」引っ越したくないというのが本音らしい。それにもし引っ越してしまったら、家畜の世話に手を貸さざるをえないような状況に自分で自分を追い込みそうな気がすると言う。そうなれば、はじまったばかりの看護師としての人生も棒に振ることになるだろう。

だが彼女が一番心配していたのは子どもたちのことだった。

「私はピーターと違って牧場で育った人間よ。自分の子どもに牧場暮らしは望んでないわ。ここにいてでさえコリンとビリーはトラクターに乗り込んで遊んでいるのに、もし牧場なんかに引っ越したらあの子たちは完全に酪農仕事に巻き込まれてしまう。私にはそれがわかるのよ」

「でも誤解しないで」彼女はつづけた。「牧場には楽しい思い出もたくさんあるわ。干し草置き場や牛舎にもぐり込んで遊ぶのはおもしろかったし、祖父のそばにいられるのもうれしかった」

「それでも農家の生活はバラ色じゃない。大変な毎日なのよ。牛が逃げ出せば必死になって追いかける。そう、ちょうどロープがゆるんであなたの子牛が逃げ出した時のようにね。吹雪の時は家から牛舎まで綱を渡して道に迷わないようにしなければならないし、雪がやんだらやんだで雪の中から牛舎のドアを掘り起こさなければならないわ。そして死にもの狂いで働いたあげく、大怪我を負ってしまうのよ」かぎ爪の手と義足をつけたシェリーの祖父のことを私は思い出した。
「農夫には学歴も知識も必要ない。けれど億万長者にもなれないのよ」

・・・

私の子牛たちはヴォングリス家の私道わきの空き地、木蔭の下に立っている。雄子牛ナンバー8が尻尾でハエを追い払おうとすると背中の筋肉が震え、その反動で下腹の肉が激しく揺れた。ナンバー8は自分の顔を姉のナンバー7の首にこすりつけている。群れには二十数頭の牛がいるが、この二頭は折にふれ互いに寄りそう。

ナンバー8に近づくと、両目に涙があふれ、まぶたが半開きになっているのが見えた。振り返り、後ろ足に顔を近づけ顔面を掻こうとするがしょせん足にはとどかない。ナンバー7の顔をのぞくとやはり両目に涙があふれ少し曇っていた。

子牛たちの目は結膜炎だとシェリーが教えてくれた。細菌性の結膜炎〔牛伝染性角結膜炎〕は畜牛がよくかかる病気の一つで、とくに夏に若い牛のあいだで広がりやすいとされている。感染牛の目から出る分泌物にたかるハエがおもな媒介で、放置しておくと失明することにもなりかねない。

ピーターは通常、パウダー状の抗生物質を牛の目に直接吹きかけて治療しているという。ピーターが帰宅したら見てもらおうとシェリーは言い、「治療のためには子牛を牛舎にもどさなければならないでしょうね。でも結膜炎にかかっているなら、日光に当たらない方が過ごしやすいはずよ」と私をなぐさめた。

・・・

木曜日にローネル・ファームをたずねると、月曜の晩一頭の牛がミルキングパーラーで「頭がイカれた」と聞かされた。その牛、ナンバー４４８２は夜中の三時頃パーラー左列の搾乳位置についたのだが、左後ろ脚をピット内に落っことしてしまったのだ。夜間搾乳係はこの牛をどうすることもできず、自宅にいたスーとアンドリューに連絡した。牧場に着いたアンドリューが板を使ってなんとか４４８２を押し上げたが、その拍子に〝股開き〟して、脚を脱臼してしまったのだ。「革ひもで引き上げようとしたけど相手がバカでかすぎたわ。でも優秀な牛だからなんとか良くなってほしいんだけど」とスーは心配げだ。

〝ダウナー〟〔起立不全の牛〕は、酪農場ではつきものだ。起立不全を引き起こすおもな原因には、難産による神経損傷や虚弱化、乳房炎などとの合併症、そして今回のケースのような骨盤や後ろ脚の脱臼・骨折があげられる。なぜ立てなくなったかはともかく、大切なのはできるだけ早く牛を起き上がらせることだという。もし牛が一定時間以上後ろ脚を下に敷いたままでいると、その脚の神経や筋肉が巨体によってさらに傷つけられることになるからだ。

起立不全になった牛を起こすのは容易なことではない。そこで登場するのが民間企業で、彼らはさまざまな解決法を開発し牧場に提示している。「あなたの牛を起こしてみせます、すぐその場で！」とうたう家畜用吊り縄メーカーもある。ほかにも持ち運びできる小型の浴槽で浮かび上がらせる方法、空気袋の力で持ち上げる方法などがある。

ついこの前も、ローネル・ファームで年かさの牛が起き上がれなくなった。従業員は牛の突き出た腰角のあたりにブラケットを装着し、フォークリフトで牛を前のめりの格好で高さ一メートル半ぐらいまで持ち上げ、運び出していった。フォークリフトのとおった箇所には牛の垂れ下がった顔と前蹄でつけた跡が残った。

ストールから立ち上がろうとしない牛にスーが手を焼いているのも見たことがある。はじめはやさしい言葉でなだめすかしていたスーだったが、やがて短い尻尾をねじり上げると「ほら立ちなさい！」と叫んで牛のわき腹を膝でこづいた。そして口を牛の耳につっ込み、軍隊の鬼教官さながら叱りとばす。「立つのよ！　立てと言ったら立て！」だが牛は言うことをきかない。耳をひねろうと、電気突き棒であばらを五、六回つつこうと牛はてこでも動かなかった。

ピットに落ちた牛は今ホスピタルエリアにいる。この牛舎内の一角には、起立不全の牛をはじめ病気にかかった牛たちが入れられていて、回復するまで、あるいはと畜の順番が来るまで生活している。今朝ホスピタルエリアには一一頭の牛がいるが、どの牛も藁が厚く敷かれた牛床で静かに横になっている。ナンバー４４８２の隣りには一二番目の牛、４４９０がいる。しかし今はもう息絶え、開いたまま動かない瞳が真横を向いていた。

スーは正しい。ナンバー４４８２はたしかに巨大だ。おそらく普通の牛より三割方は大きい。前脚を折りたたむようにして胸の下にしまい、頭を起こして休んでいる。目は大きく開いているが、その周囲がかすかに腫れている。

牛舎の外に一台のコンテナ車がとまり、中から大柄な男が降りてきた。四十代後半ぐらいのその男は二重あごをしていて、たぶん二日はひげを剃っていない風だった。

「どの牛だい？」彼はホスピタルエリアを見わたしながらたずねた。

彼、ビル・メストは以前小さな牧場のオーナーだったが、今はメスト兄弟商会というダウナーの牛専門の、と畜請負会社を経営している。この職業に合わせてか、彼は全身黒づくめだ。身につけているのは、黒い長靴、黒いジーパン、黒いトレーナー、黒い帽子。

「何を使ったら起きるかな、棒じゃだめか？」と彼はまわりの人間に声をかけた。

「起きないだろうな」どこからともなく牛舎にあらわれたアンドリューが答える。アンドリューは今まで整備室で作業していたのだが、ビル・メストの車を見かけ手伝いにきたにちがいない。ビルが４４８２の右の前蹄に吊り革を巻いているあいだに、アンドリューが小さなトラクターを運転しバックで牛舎の中に乗り入れた。吊り革の端がトラクターに結びつけられると、アンドリューは４４８２を一〇メートルばかり前方向に引きずった。役に立たなくなった後ろ脚は大きく広がり、左の前蹄だけが車の動きに合わせて床を蹴る。

「何てでかいんだ！」トラクターの横を歩きながらビルが言う。「何をどれくらい食わせてるんだ？」

「うちには六〇ヘクタールのコーン畑があるからな」とアンドリューが答え、「それに八〇ヘクタールの……」と言ったところで、彼の声はトラクターのエンジン音でかき消された。

４４８２の体が泥や糞、藁の転がる床をすべっていく。声一つ上げていない。変化した点といえば、目が前より腫れたということくらいだ。

４４８２が牛舎横の通用口を通過すると、ビルは蹄から吊り革をはずした。するとホスピタルエリアの牛が五、六頭扉付近までやってきて、汚れた姿で寝転ぶ４４８２に目をやった。

「コンテナ車をこっちにまわすよ」ビルがアンドリューに言うと、

「あっちは気にしなくていいからな」そう言ってアンドリューは死んだ牛の方を指さした。

「用済みか。さあて、七〇〇キロ以上あろうかというこっちの牛をトラックに載せるにはどうしたらいい？」とビルがたずねる。

「それにピットから出すには、だろ」とアンドリューが茶化した。「月曜の晩にこいつが落っこちてたんで、脚の下にツーバイフォーのでかい板を敷いて押し上げたんだが、二時間かかったぞ」

「なんてこった」

アンドリューは整備室へもどり、ビルはコンテナの高さ二メートル近くあるドアを引き下ろす。コンテナには起立不全の牛がもう一頭入っていた。まだ生きている。重たいコンテナのドアを開けて地面に下ろすと、搬入用の急坂になる。ビルは丈夫な布紐二本を手錠のようにして４４８２の前蹄に縛りつけ、それをウィンチに取りつけた。次にトラックに乗り込んでスイッチを入れ、ウィンチを回してゆっくり４４８２をコンテナへと引きずり上げていく。収容された４４８２の鼻が、もう一頭の尻にくっつく。

ビルが出発の準備をしているあいだにナンバー４４８２は排尿した。尿は４４８２が横たわるコンテナの床一面に広がると、下ろしたドアをつたって流れ落ちた。

ビルはこれから、西へ車で四〇分離れたストライカーズヴィルの町へと向かう。この町で４４８２は今日中に処分されることになるだろう。と畜場に運ばれた起立不全の牛は、解体作業の前に安楽死させるということだ。また、ビルが連れてくる牛の三分の一は、政府から派遣された検査官によって病気やけがを理由に食肉には不適と判断されるため、それらの肉が食用にまわることはないという。

起立不全の牛を牧場で安楽死させようとしたことはないかスーにたずねると、実は一度試みたことがあるが、費用が高くつくためやめたという。「どっちみち、自分ではできないわ。見るのも耐えられない」と彼女は言った。

ビル・メストはこうして唐突にあらわれ、唐突に出ていった。様子をながめていたホスピタルエリアの牛たちも、ふだんの場所でいつもの姿にもどっている。ナンバー4482が今までそこにいたという痕跡は、牛舎の真ん中から通用口まで約十数メートルにわたってつづく糞尿の染みと泥だけだ。

・・・

その日私は結膜炎にかかった子牛たちの様子を見るため、ローネル・ファームを出たあとヴォングリス家まで足を伸ばした。風がありそれほど暑くない一日だったはずなのに、牛舎の中は蒸し暑く空気がよどんでいた。ナンバー8の左目は半開きになったまま、右目には濁点があらわれていた。やせたようだし、だるそうに見える。姉牛の左目にも涙がたまっている。ピーターが帰ってきたらまた抗生物質をつけてもらえないか聞いてみよう。不思議なことに、この二頭と牛舎をともにする去勢牛五頭の方には結膜炎がうつっていないようだ。

それにしても、これらの牛はなぜみんな牛舎に閉じこめられ、ベイチング・ファームの未経産牛たちといっしょに放牧されていないのだろう？

小さな糞の塊の中に黄色いコーンの粒が見える。ピーターは子牛の餌を「仕上げ飼料」に切りかえたのだろう。

ナンバー8は依然私になつこうとせず、手から物を食べようともしない。だが今日、少なくとも私から逃げ出さなかったところをみると、互いの距離が少しだけ縮んだように思えた。ナンバー8についていろいろ知るためには、その警戒心を解きほぐしもっと近づく必要がある。

ナンバー8がじっとしているのを利用して私は写真撮影にとりかかった。額の白い模様のクローズアップとわき腹に点在する模様を撮るのがおもな目的だ。レンズをとおすと雄子牛は牛舎や他の仲間といった背景から切り離され、単独で私の視界に入ってくる。やがてナンバー8の体表が私の注意を引いた。この子牛が死んだ時、皮は私のものになる――オフィスの壁に飾るのか、車の運転席の背もたれに垂らすのか、室内用のラグに仕立てるのか、私はそれをどうするだろう。

七ヵ月前に子牛が誕生して以来私はその成長を追いかけることに夢中になり、自分が〝所有者〟であるということ、そして、と畜解体後その体をどうするかについてもまったく考えていなかったのだ。

もし私が本来の計画――牧場経営という観点からごく一般的な方法で牛が育てられるのを観察すること――に従うのなら、今から六ヵ月後にはナンバー8はと畜解体されることになるだろう。だがそんなことを考えているうち、私の頭は混乱してきた。あの牛たちはどう考えても私のペットではない。名前もつけていないし、かわいがってやったこともない。家にいて牧場のことを考えたりはするものの、ナンバー8のことはつかのま思い出すだけだ。頭に浮かんでくるのはむしろ、ローネル・ファームの足の不自由な牛たちであり、毎朝四時半に起床するアンドリューやスーのこと、看護師をめざし一所懸命勉強するシェリーのことだ。

だがしかし、まだ産毛も乾かないその額にオレンジ色のマーカーをこすりつけ、と畜業者にゆだねるため子牛をローネル・ファームから引きずり出したのは、事実上この私にほかならない。計画どおりここまで観察してきたのに、今になって私は自分の真意がわからなくなっていた。この先、口を出さず傍観者でいつづけることができるだろうか、そして最終的に自分は子牛をどうしたいと思っているのか。

家の向こうでは看護学校から帰ったばかりのシェリーが花壇の手入れをはじめている。コリンとブリジットが彼女にまとわりつく。すぐに夜勤のためロチェスターの病院に向かわなければならないことを知っていたので、私は子守りを引き受け、子どもたちを遊ばせることにした。ブランコに乗ったブリジットを押し、滑り台から飛び降りるコリンを受けとめ、私はしばらく子どもの相手に熱中した。ちょうどそこへピーターの小型トラックが私道を下ってやってきた。彼は今日、早朝からベイチング・ファームで働いていた。

働かない人間は嫌いだと言うピーターは、帰宅するなり、ブランコで彼の子どもと戯れ、彼の妻とおしゃべりする男を目にしたというわけだ。もちろん私も働いている。だが彼の目には絶対そんなふうには映っていないだろう。ピーターはむっとしたはずだが、私はあえて弁解しようとはしなかった。

そのかわり私が持ち出したのは、旱魃による作物被害の話だった。連邦政府はリビングストン郡ほかニューヨーク州の三三の郡を、農業災害地域に指定したばかりだ。

作物のことが話題になると、ピーターは、家の裏手にある一五ヘクタールほどのコーン畑を見に行かないかと私を誘った。畑に着くと彼は一本コーンをもぎ取り、「いつもの半分の大きさしかない」と吐き捨てるように言った。そして、噂だがローネル・ファームは最近コーンをよそから買っているらしいと私に告げた。ローネル自身の作物の出来が悪く、自家栽培では家畜を養いきれていないという意味だろう。

コーン畑のそばの牧草地では、十数頭の未経産牛が頭を垂れ、乾いた地面から草をむしり取るように食べている。夕焼け空によく映えた美しい光景だ。旱魃のせいで豊かな牧草地とは言いがたいが、広々とした大地をあちこち散策する牛の姿はやはりすばらしい。自分の子牛にもこの解放感を味わわせてやりたいと思い、私はピーターにナンバー7と8も放牧にもどせないものかたずねてみた。

「だめだ」と彼は答え、「全粒コーンと固形飼料に切りかえたばかりで、ここで肥らせなきゃならない。これが肉牛の育て方さ。もし今放牧に出したら体重が増えないし、いらないところに筋肉がついてしまう。肉が固くなるんだよ」と、その理由を説明した。

「もし放牧させたらどれくらい体重が落ちるんだい？」

「牛をさばくまでどれくらい生かしておくかによるな。どのくらいだい？」ピーターが逆にたずねた。

「あと六ヵ月ほどかな」と、自分に迷いが生じていることなどおくびにも出さず私は答えた。

「そうか、六ヵ月放牧させるとなると、運動量と食べ物で、まあ五〇キロから七〇キロは増加分が減るだろうな」

では、天気のいいときに一、二週間放牧し、それからあと牛舎にもどしてはどうだろうと私は提案した。

そう言いつつ、私は自分が最初の計画からそれてしまっていることに気づいていた。観察はするが介入しないはずだったではないか。だがそうとわかっていても、私は子牛たちに自然の大地と空気を満喫してほしいと願ってしまった。ほかに何を与えてやれるだろう？　牛舎は暗くぬかるんでいる。囲いより広いとはいえ、七頭の大型動物がいっしょに暮らすにはどう見ても狭すぎる。

「ぜひそうしよう、放してやろう」願いは絶対かなうとばかりに、私はピーターに呼びかけた。

「とにかく数週間やってみよう。いつでも牛舎にもどせるんだから」

では明日、放牧の準備をしようと彼が言ってくれたので、子牛たちが明日にはまた外の自然を味わえるのだと思い、私は安心してヴォングリス家を引きあげたのだった。

・　・　・

リビングストン郡の酪農場で栽培されるおもな作物はアルファルファとコーンだが、中にはローネル・ファームのように小麦を栽培するところもある。そうした農場では穀粒《こくりゅう》は市場用作物として売りに出し、藁は牛床用として手もとに残す。時価で換算すると、小麦栽培にかかるコストの方が売上より高くなるのだが、藁の購入費を考え合わせれば安くつくことになる。

今日アンドリューはコンバインで小麦を刈り取ることになっている。私も同乗するのだが、運転台に席が一つしかないため、〝危険・この上にすわらないでください〟と注意書きのついた、ドア横の鉄の乗降台に腰かけることになった。背後には赤い消火器が置かれている。運転中に落ちたりしたら私まで刈り込まれてしまうだろう。

「揺れるんだろう?」と私はたずねた。

乗り心地は意外にいいよとアンドリューは答えた。

私たちはドア越しに話をした。

コンバインは全長約八メートル弱、前輪の直径は私の身長ほどで、後輪も一メートル以上ある。エンジンの振動は離陸時の旅客機を思わせる。時速一〇キロほどしか出ていないのに、ピーターのチョッパー同様、強力なエンジンの上にすわってはるか下を見おろしていると、かなり速く感じるものだ。

コンバインも大きいがアンドリューも立派な体格で、運転台にすわっていても違和感なく車体になじむ。高校時代レスリングで鍛え上げた体のままなのだろう、厚くて広い胸、筋肉質の体はいまだ健在。黒いTシャツとジーパンがよく似合い、赤らんだ丸顔の上のサングラス、伸びたあご鬚、ぼさぼさの茶色い髪がトレードマークだ。

私は落ちないように気をつけながら、これまで誰かをコンバインに乗せたことがあるのかアンドリューに質問した。

小さい頃子どもたちを乗せたと彼は言った。

「エイモスとカースティーはよく俺といっしょに運転台に乗って算数や国語の勉強をしたもんさ。エイモスはそこのクラッチのそばに腰かけ、カースティーはギアのそばにすわってたな」

この畑で栽培される小麦はケーキやクッキーに用いられる軟質小麦粉になる。いっぽうパン粉は硬質小麦からつくられる。

小麦の収穫期になってもアンドリューの生活パターンはほとんど変わらない。昨日は朝の四時半に刈り取りをはじめ、夜の一〇時までつづけた。それからアイスクリームバーを一本食べて床についた。電話で起こされたのはそれから約一時間後の一一時半。夜間搾乳係がゲートを閉め忘れ牛が逃げ出したと知らせてきたのだ。アンドリューは牛舎裏の畑にいた牛を寄せ集め、またベッドに入った。そして四時半にはもう起床して、今日は一日中小麦を刈っている。

コンバインという名称は、文字どおりその機械にさまざまな機能が搭載されているところからきている。これ一台で、高さ約九〇センチの小麦をまるごと刈り取り、脱穀し、茎やもみがらを、円筒状の山（ウィンドロー）にして、地面に置いていくことができる。脱穀した実の部分は自動的に運転台の後ろの収納庫に移され、あとからシュートでトラックの荷台に吹き上げられる。いっぽうウィンドローの方は乾燥させたあと、別の機械で巨大な丸いベール〔梱《こり》〕に固められる。

舌を使って草をむしり、下の前歯でそれを切り刻む腹をすかせた放牧牛さながら、コンバインは小麦を約五メートルごとに刈り取っては機械で茎を押さえ込み、一二五枚のかみそり状の刈刃がついたカッティングバーで穀粒の部分を打ち落とす。

「君のご近所の人たちは、俺たちがここで何してるか知ってると思うかい？」とアンドリューが私に聞いた。「程度の差こそあれ、自分たちの食糧がどこから来てるかなんてふつうの人間は知らないのさ。関心もない。一般の人間にとって、農業は暮らしの一部じゃないんだよ」

アンドリューは一息置いた。

「食べ物を生産するのにどれくらい膨大な労力が費やされているかもわかっちゃいない。かかっている時間や、必要な知識に関しても同じだ。農家の人間はいろんなことを勉強して知識もたくわえる。なのに集まりに出席しても馬鹿扱いされるのさ」

どんな種類の集まりで？

「子どもの学校関係の会合とかだよ。みんな農家の人間をそう思ってる」

こんな農業地帯でも？

「ああそうさ、ほとんどの人間が今じゃ町で別の仕事についていて、農業なんてやってない」

構造の変化だな、と私。

「俺は変わらない」そして、「だが不愉快なんだ」彼はそう言った。

午後五時をまわった頃、アンドリューはハンドルの下からラップで包んだサンドイッチを取り出し、エンジン音に負けない大声でその中身を説明しはじめた。「白パンにジャーマンボローニャソーセージのスライス、ミュンスターチーズ、ハラペーニョ〔メキシコの唐辛子〕入りだ」

彼の手は油汚れで真っ黒だ。

「手は洗わないのかい?」

「どこで洗えって言うんだい? それにちゃんとラップの上からつかんでるよ」

アンドリューが一口つまむ。

「ああそうだ、このサンドイッチはコーシャ〔ユダヤ教の戒律に従って料理された食物〕とはいえないんじゃないのかい?」と彼が言い出した。「ボローニャソーセージのサンドイッチもチーズのサンドイッチも食べられるが、両方がはさまったサンドイッチは食べられないんだろう?」

「そのとおり。でもたとえ別々のサンドイッチにしたとしても、一回の食事で両方は食べられないんだ」と私は教えた。

私はアンドリューが食物に関するユダヤ教の戒律を知っていたので驚いた。あとで聞いたのだが、コーネル大学時代の彼のルームメイトがユダヤ教徒だったらしい。

「その理由は何だい?」肉とチーズを分けることの意味について彼がたずねた。「どうせ同じ場所におさまるのに」

返事をするには、エンジンの轟音以上の声を張り上げなければならないのだが、ややこしいこともこの方がかえって簡単明瞭に説明できる。

「規則に従って物を食べるのは、食事という行為が神聖で特別なものであることを示すためだよ!」

「そうか」と彼は言い、「その戒律をあんたは守ってるのかい？」とたずねた。

ふだんはあまり守っていない、だが戒律によって禁じられている食物もあるので、それはまったく食べない。たとえば豚肉だ、と私は答えた。

そこへ運転台の電話が鳴った。スーからだ。数分したらここに立ち寄り、夕食のためアンドリューを家まで送ると告げていた。

アンドリューが精神的な話題をもちだしたので、私は彼にこう質問した。小麦の収穫、つきつめて言えば〝食物を作る〟という行為は、彼にとって重要で特別なことなのか、たとえ来る日も来る日もただ同じ作業を繰り返すだけでも？

「ああ、そうだ。重要だし特別だ。もちろんいつもそのことばかり考えているわけじゃないが、おそらく生活時間の二割方は小麦のことが頭に浮かんでいる」

今私たちはジェネシー川に背を向けて西に向きをとっている。小麦畑の上空は真っ青だ。夕方の五時をまわったが太陽はまだ地平線の上にとどまっている。

・・・

自家用車に乗ったスーが見え、アンドリューはコンバインをとめた。彼女は畑の真ん中まで迎えに来たが、もう作業服は脱いでいた。アンドリューがもみ殻や藁のついたつなぎを着ていなければ、二人は郊外に住む帰宅途中のふつうの勤め人夫婦にしか見えないだろう。

二人を見送り小麦畑に一人残った私は、藁の束ねられた丸いベール〔梱《こり》〕へと近づいていった。黒くて細いナイロン製のネットでくくられている。高さはほぼ一メートル半、重さにして数百キロといったところだろう。私はベールに寄りかかり肩で押してみた。するとベールはぎしぎし音を立てながら地面の上を一〇センチほど移動した。まるで雪上を転がる巨大な雪だるまのようだった。

以前私は、郊外にある自宅の裏庭で小麦を育てたことがある。妻と私は子どもたちに食べ物がどうやってできるのかを見せたくて、庭の芝生を少し抜き小麦の種をまいたのだ。そんなことが地方紙の目にとまり、当時五歳と八歳の娘たちの写真とともにわが家が、「裏庭の小さな小麦畑」という題で新聞に紹介されたことがある。夏の終わり、私たちは鎌で一メートル近くになった麦を刈り取った。数日間地面の上で乾燥させ、ある日の午後、茎を束ねて真ん中あたりをタコ紐で縛った。全部で六束できた。

脱穀前にさらに乾燥させるため、屋根のついた子ども用の箱型ブランコを、小麦を干すための小さなスペースに使った。この中ならリスや鳥に食べられる心配がない。

最初の一束を持ち上げようと腰を曲げた時私は、あろうはずもないのに、前にも同じことを経験したという強い感覚にとらわれた。そして気づいた。腰をかがめ束を持ち上げるという動作は、ユダヤ教の聖典トーラーの巻物を持ち上げる時の動きと同じなのだと。トーラーの巻物と小麦の束は形や大きさがよく似ているし、中央が結ばれている点も同じなのだ。

両者のつながりは私にとって天啓のように感じられたが、その時それが何を意味するのかはわからなかった。今になって思うのだが、大部分が農夫であった古代イスラエル人にとって、小麦の束とは天の恵みの象徴であり、聖なる巻物に向かう時と同様に畏敬の対象だったのではないだろうか。あるいは経典そのもののように、小麦の束には何か根源的な真理がひそんでいるのかもしれない。

・・・

戦争で中断されたこともあるが、リビングストン郡では一七九三年以来毎年夏になると農業祭が開催され、町は数日祭りでにぎわう。この数十年間、農業祭はヨークの北にあるカレドニアで開かれている。カレドニアという地名はスコットランドのラテン名であり、この地域最初の入植者がどこから来たのかをよく物語っている。

〝異国の生き物の店〟八月の祭りの当日、私が最初に出会った展示小屋だ。檻に入れられたエミュー〔ダチョウに似た飛ぶ能力をもたない大鳥〕、ミニチュアロバ、ベトナム産の太鼓腹の豚が店先に並んでいる。出品者らしき白髪の女性が、私のかぶっている帽子についてたずねてきた。

「ベン・アンド・ジェリー」声に出して読み上げる。「どこの牧場だい?」

上の娘がこの夏となりのバーモント州までサイクリングした時、私に買ってきたおみやげの帽子だ。

「牧場ではなくバーモントのアイスクリーム屋の名前ですよ」私は彼女に教えた。

「あらまあ、アイスクリーム屋なの?」と彼女。「二人とも知らない名ねえ」

〝ウイメンズ・バーン〟という看板の立った建物には、祭の品評会で優秀賞をもらった野菜や缶詰のフルーツ、ジャム、キルト製品をはじめとするさまざまな手工芸品がほのかな照明の下に陳列されている。

各家畜用の小屋には何十個もの檻がもうけられ、牛、豚、山羊が入れられている。牛は驚くほど清潔で被毛が輝いている。よく見ると被毛はみな短く切りそろえられていた。

一人の男が自分の檻で牛の耳掃除をしている。

折りたたみ椅子と簡易ベッドを檻に持ち込み、夜になると自分の出品した家畜といっしょになって眠っている若者たちもいる。動物の番もできるし、祭が開かれる四、五日間会場と家とを往復しなくてもすむことになる。

催し物会場では、一回二ドルの体重あてゲームコーナー、観覧車、ビニール製の風船式客船〝タイタニック号〟が設置されている。タイタニック号は海に沈みかけているためデッキが急勾配になっており、子ども用の滑り台になっている。

今夜は〝牛乗りロデオ〟が、メイン広場にある特別観覧席の前で開催される。しかし今のところそれを予告するものは、檻の中で静かに横たわる一二頭のベージュのブラーマン牛だけである。その大半が目を閉じている。カウボーイハットをかぶって柵に腰かける若い男が、牛をじろじろながめる私に気づき、「その中に入っちゃだめだよ。おとなしい奴らじゃないからね」と忠告した。トレーラーでは男がダチョウ肉のハンバーガーを売り、窓の上に〝上質な赤身の肉〟と貼り出してある。

そのそばにはニューヨーク州ファーム・ビューロー（九〇ページ参照）が出店するアイスクリームスタンドがあり、「私たちの食べ物はみな農業の恵みです」という看板が立っている。ファーム・ビューローの会員は農業祭の期間中は無料奉仕、交代でアイスクリームをすくっている。今日の午後の当番はアンドリューとスー夫妻そして一六歳になった息子のエイモスだ。

スーが女性客と話すあいだ、ローネルの白い作業帽とサングラスを身につけたアンドリューは店番の別の男と旱魃について話し合い、いっぽうエイモスはバニラアイスを大きなカップによそってはミルクを注ぎ、それをミキサーに入れシェイクを作っている。

ここに来る前、私はローネル・ファームの事務室のカウンターにコーンが四本並んでいるのを目にしてきた。しわの寄った鞘《さや》の先に見えるコーンの粒はほんの少しだった。

旱魃による牧場の被害を一から一〇の数字であらわすとしたらどれくらいになるか、私はアンドリューにたずねてみた。

「七ぐらいかな」と彼は答えた。すでに四万ドル分の飼料をよそから買うことになったというが、「でもその費用はミルクの売上でまかなえそうだ」とも言った。最近のミルクの取引価格〔乳価〕は一〇〇ポンド（約四四リットル）につき一二～一三ドルが相場だったが、いまに一七～一八ドルに値上がりするのではないかと彼はふんでいた。「それでチャラだ」と彼は言う。

私が牧場で知っている管理者スーは、七〇〇キロ近くもある牛たちを追いかけまわし、三交代制で働く十数名の従業員を監督し、削蹄《さくてい》師や業者にあれこれ指示を出す、男顔負けのたくましい女性である。そんな彼女が、ミルクシェイクはどうやって作るのか、カップのサイズに合わせてどれくらいアイスをすくったらいいのか、夫や息子に教えてもらいその指示に従っている。その姿はなんとも奇妙に感じられた。しかし店のカウンターに寄りかかり客とおしゃべりするスーはまんざらでもない様子だった。

しばらくして彼女を休憩に誘い、二人で家畜用の小屋を見物することにした。

私たちは豚と牛の小屋をのぞいたが、鶏小屋はやめにした。幼い頃友だちの鶏の世話を手伝って以来、彼女は鶏に興味がなくなったと言う。

山羊の小屋に来ると、彼女は売りに出された赤ん坊山羊の檻の前で立ちどまり、「まあ、なんてかわいいの！」と声を上げた。「この子の目を見て！　ああ、飼えたらいいのに。家の外に置いてペットにしたいわ」スーは山羊の持ち主にたずねた。「家の中でも飼える?」持ち主の女性はできると答えた。「でもきっと主人が許してくれないわ」小屋を離れる時スーは彼女に自分の名字と電話番号を教え、山羊が年をとって売り物にならなくなったら電話をくれと伝えた。「主人がだめだって言うのはわかってるんだけど」と繰り返しながら。

今晩のロデオは見物しないと思う、そう彼女は言った。「好きじゃないのよ」少し渋い顔をしている。そして「牛をあんなところに押し込めるなんて、興奮するに決まってるわ」と言った。

アイスクリームスタンドの後ろでは、頭に銀のティアラ、青いドレスの上に白のたすきといったいでたちのほっそりとした少女が、〝ミルク飲んだ?〟のステッカーを通行人に手渡している。彼女の名はケイト・クリモ、リビングストン郡の今年の酪農クイーンだ。合衆国のたいていの地方郡には彼女のような酪農クイーンがいる。ケイトは毎年行なわれる選考会で選ばれたのだが、酪農製品の購買促進に一役買うため、商店のオープン時や学校の遠足、催事や祭りなどのイベントに参加している。高校一年生のケイトのGPA〔grade-point average アメリカ方式の成績評価平均点〕は九七・八パーセント、満点に近い数字だ。将来は医者になるのが夢だという。

私は急に自分の子どもを呼び寄せたくなってきた。祭りを見せてやりたい。ここにあるすべて――アイスクリームスタンド、山羊に牛、受賞リボンをつけた野菜の山――は、『シャーロットのおくりもの』(邦訳、あすなろ書房)の世界そのものだ。この本は三人の子どもたちに読み聞かせてやった、私のお気に入りの一冊だ。娘たちは今一五歳と一二歳。田舎の暮らしの簡素さと豊かさを彼女たちに体験させてやりたい。六歳の息子もきっと動物やアトラクションの乗り物を見てよろこぶはずだ。檻の中に簡易ベッドをこしらえて、展示のため連れてきた家畜たちと寝起きをともにする若者たちを見て、彼らは何を感じるだろう?

電話といったらただ一つ、催し物会場の向かいにとめられた、農業祭事務局を兼ねるトレーラーハウスの中にしかない。私は電話に飛びついた。事務局のデスクにいた女性に家族を呼び寄せたいので電話を貸してほしいとたのみこむと、彼女はロチェスターまでの長距離電話を許してくれた。午後四時半、夏の終わりの美しい夕暮れ時に一大イベントが繰り広げられている。今すぐ家を出ればいっしょに夕食が食べられるはずだ。

電話に出たのは妻だった。私はこの祭の魅力を夢中であれこれ話し、ライトバンに子どもを乗せてここに来ることはできないか彼女にたずねた。会場でいっしょに食事をとろう。ああそれに、スミス夫妻もここにいる。それに息子のエイモスも! 君もやっと、僕が本に書いている人たちと会うことができるんだ。いつも話しているだろう?

事務局の女性が話を聞いているのはわかっていた。なぜ私が血相を変えているのか知りたがっているのだろう。

ところが——今、息子は約束した友達と遊んでいるし、私も夕食は友人と予定がある。娘たちはレンタルビデオを観ているようだし、今日は一日忙しかったので少し体を休ませてやりたい。でも、明日かあさってならだいじょうぶ、みんな行けると思う——そんな内容の返事が返ってきた。

だが明日になればスミス夫妻はここにはいない。

もっと早く農業祭のことを教えてくれればよかったのに、と彼女が言った。

私もできればそうしたかった。だが、リビングストン郡の農業祭に連れてこられるなんて、私だって想像していなかったのだ。

がっかりして私は来た道をもどり牛の品評会会場へと向かっていった。その時間、品評会では子牛の部が開かれていた。

会場には小さなテントが張られ、ホルスタインの子牛を連れた五、六歳の男の子が立っている。子牛の短い尻尾の先にはかわいらしい白い房がついていて、白いシャツに白い半ズボンの男の子は引き綱をしっかり握り、おが屑が敷かれた小さなリングをゆっくり子牛とともにまわりはじめた。

白黒のホルスタイン柄の洋服を着た少女たちも自分たちの子牛を引いて、リングの中を行進しはじめた。

子どもの洋服にはすべて、〝ミルク飲んだ？〟のステッカーがついている。

審査員は二十歳そこそこの若い女性で、彼女は〝たくましさ、スタイル、バランス〟の三つのポイントから牛を審査しなければならない。〝スタイル〟とは子牛の全体的な体格をさす。

二歳の未経産牛が登場すると彼女は、「腰の鋭角性は評価すべきです。それに背線《はいせん》もまっすぐでしっかりしてます」と寸評した。

次は少し年のいった子牛の番だ。「肩が締まっており、キ甲のあたりも強そうです」

〝キ甲〟とは肩甲骨の一番高い部分をさす。やがて第三位が決定し、判定内容が発表された。「もっとも鋭角性に富んでいましたが、今日のところは三位でした」

ベンチの最前列にすわっていても、娯楽施設のアトラクションがすぐそばにあるせいで彼女の声をすべて聞きとることはできなかった。一番近くのアトラクション、スクランブラーはくるくるまわる巨大なコーヒーカップだ。機械音がすさまじい。だがスクランブラーが子牛のショーを邪魔するように、このショーがコーヒーカップのアトラクションに水を差しているかもしれない。カップに乗ってまわる人々あるいは順番待ちする人々の目に子牛の姿が映ると、心は日々の生活にもどってしまうのではないか。

審査結果の発表はまだつづいている。ナンバー8、ヴォングリス家にいる私の雄子牛ならどれくらいの順位に入るだろう？　コンテストに出るならば、被毛をそろえ、目をきれいに治してやらなければならないだろう。その時私は、自分がこれまでナンバー8の外貌にあまり注意を払ってこなかったことに気がついた。あの子は「鋭角的」なのだろうか、「キ甲は強健」なのだろうか？　体型はどうなのだろう？

「あら、あなたが来てるなんて知らなかったわ！」

ベンチ越しに目をやると、シェリーの姿がそこにあった。

「おじちゃん！」ブリジットが声を上げて私に抱きついてきた。

ヴォングリス家の人々がここに来るとは思ってもみなかった。だがこれは郡の祭なのだから彼らがいても不思議ではない。シェリーにピーター、子どもたち、それにシェリーの兄と三人の姉妹、両親もいっしょだった。

ここにきてまた、私は自分の家族がいないのが寂しくなってきた。

シェリーと私は黙って審査発表のつづきに耳を傾けた。「肩の締まり」……「後乳房の高さと広さ」……「体型とバランスにすぐれ、その完璧な鋭角性は賞賛に価します……」

と、次の瞬間観客は息をのみ、一人の少女のもとにどっと駆け寄った。少女は一三歳。リングから降りようとした時、連れていた牛に足を踏まれたのだ。救命士が駆けつけ彼女を手当てした。

あとでこのことをスーに話すと、彼女はすでに酪農クイーンから聞いて知っていた。けがをした少女のためにクイーンがアイスを買いに来たのだった。

今度は乳牛がリングを行進している。「乾いていますが最高の乳房……この種としては一級の前乳房と乳頭です」そう審査員は評価していた。

後半の品評部門の一つに〝母娘〟の部があり、生後六週間ほどの子牛の横に母牛が並んで立っていた。母娘ペアが何組か入場するのをながめるうち、親子は通常、出産直後のわずかな時間しかいっしょにいられないことを思い出し、自然なはずの二頭の姿がどこか異質に見えてきた。

品評会が終わると、私はこのままシェリーたちヴォングリス一家といっしょにいるべきか、スーたちスミス一家のつどうアイスクリームスタンドにもどるべきか迷いはじめた。シェリーが数年前にローネル・ファームを辞めて以来――正確には解雇しようとしていたスーに先んじて彼女が辞表を出した――二人は言葉をかわしたことがない。シェリーは、スーが苦しむ動物を見殺しにしたと主張し、スーはシェリーが無能で頼りにならなかったと言う。これまで私は両者の矢面に立ってきた。シェリーは私がスーのもとをおとずれているのを知っているし、スーも私がシェリーの家を訪問しているのを知っている。そして互いに相手のことを時々たずねる。だが二人が顔を合わせて話をすることは決してない。

その二人が今同じ場所にいる。まるでふたまたかけて女性をデートに誘い、その二人がデートコースの映画館ではち合わせしてしまったような心境だ。

私は長年、人間関係の調停役のプロとして働いてきた。おそらく二人が和解する手伝いくらいはできるはずだ。

スーとアンドリューがアイスクリームスタンドにいる、いっしょに様子を見に行かないか、私はシェリーをそう言って誘った。

「いいえ、けっこうよ」彼女は断わった。

そしてスーもシェリーに会いたがらなかった。以前彼女に、ローネルにいた頃のシェリーとの関係についてたずねたことがある。「あの頃は本当につらかったわ。シェリーとの闘いの日々だった。でも許そうとしているの、それに忘れようともしているわ。そんなに簡単にはいかないけどね」と彼女は答えた。

「どっちの方がむずかしい?」と私。

「両方よ」と彼女。

・　・　・

〝ローハイド・ロデオ大作戦〟なる催しは夜の八時にはじまった。司会者はカウボーイハットの上にワイヤレスマイク、房飾りのついたベストをまとい、少々迫力にかけた馬の背にまたがって中央アリーナの観客数百人に向かって挨拶している。

「わが部隊の面々です」彼の口上を合図にして、大きな星条旗を手にしたブロンド女性が馬に乗って登場し場内を一周した。つづいて双子らしき幼い二人の少年が登場すると私たちは立ち上がって帽子をとり、彼らが歌う国歌に合わせて斉唱した。次に司会者が祈りを捧げる。「神はわれわれを天国にふさわしいものとしてお創りになり、また、神の定めに従って生きるようお導きになる。天国の門に近づく時、われわれはすでにその代価を払ってあることに気づくであろう、アーメン」

私はスー、アンドリュー、エイモスとともに特別観覧席にすわっている。ショーがはじまった直後、シェリーとピーターが子どもたちを連れ私たちの前をとおり過ぎた。彼らがスミス一家に気づいたかどうか、そして私に気づいたかどうかはわからない。

スーが本物のロデオを観るのはこれがはじめてだった。三〇年ほど前アンドリューとよく出かけていたヨークのバーで、アンドリューが友人たちとロデオ・マシンで夢中になって遊ぶのをながめたことしかないという。

ブラーマン牛の背中のコブが何のためにあるのか、スーには不思議に思えてならないようだ。ラクダのように水分をたくわえるため？　それとも獰猛《どうもう》そうに見せるため？　そばにすわっている人にたずねてみるが、誰にもわからない。

乗り手を背負ったロデオの雄牛はアリーナに出される前にいったい何をされているのだろう。革の鞍帯《くらおび》で性器を締めつけられているのだろうか？　電気棒でつつかれているのだろうか？　いずれにせよ明らかに何かの刺激で、眠いはずの動物がむりやり興奮させられているにちがいない。アリーナへ放たれた時、乗り手を振り落とさんばかりに荒々しく走りまわってくれるように。

最初の乗り手一〇人のうち二人だけが規定の八秒間をクリアできた。だが不思議なことに雄牛は、自分の用がすんでしまうとまっすぐ出口ゲートへ引きあげていく。まるで自分たちの役目とは何で、いつになったらこの馬鹿騒ぎが終わるのか、すべてを心得ているかのようだ。

雄牛は年をとっている、おそらく一五歳は超えていそうだ、そうスーは指摘した。ほとんどの酪農牛が五歳前には牧場を出ていくため、私はせいぜい八、九歳までの牛しか見たことがない。これらロデオ用の雄牛がたどったかもしれないほかの道——多くの雄牛が若くしてたどると畜場への道——とくらべてみると、今の生活はそれほど捨てたものじゃないはずだ。アリーナで八秒我慢すればいいだけだ。うたた寝しながら次の出番を待つ。そしてまた八秒間の我慢。それにロデオの雄牛たちは見栄えをよくするため充分餌をもらっていそうだ。どれも肉づきがよく、「肩が締まって」いて、「キ甲が強く」、「完璧な鋭角性」をもっている。そのバランスとスタイルは「賞賛に価する」ものだった。

私はショーがだんだん楽しくなってきた。

次の雄牛が飛び出してきて、アリーナの側面に向かって突進する。すると乗り手が柵にふっ飛ばされ、雄牛が倒れた乗り手を後蹄で踏みつけようとした。スーが私の腕を引っ張り肩の後ろに頭をかくす。誰もがはっとしたその瞬間、一人のピエロが登場し、柵のそばに駆け寄って、腕を振り雄牛の注意を自分の方へと引きつけた。そのすきに負傷した男性は柵の下の開口部から場外へと這って出た。まもなく救急車のサイレンが近づいてきた。

その次の乗り手を見て、それが高校時代レスリングの試合で戦ったことのある人間だとアンドリューは気がついた。「俺よりとしに見えないか?」とアンドリューがスーにたずねている。実際、乗り手はアンドリューよりずいぶん老けて見える。

「人生の荒波は乗りこなせてきたのかな」とアンドリューがつぶやいた。

スミス一家はもと夜間搾乳係のB・Jの番が来るまでここに残ると話している。B・Jは少し前に退職届を出してローネル・ファームから出ていったという。私たちは拍手し、彼に声援を送った。

ロデオが終わったのは一〇時過ぎだった。席を立ちはじめた観客の中にシェリーやヴォングリス家の人々がいないか探してみたが、彼らの姿はどこにも見えない。先に帰ってしまったのだろう、明日も仕事で朝が早い。

牛、羊、山羊の小屋の前をとおって催事会場を抜けていく。動物の隣りであの若者たちももう眠りについているだろう。

・・・

農業祭が終わり数週間がたったある日の午後、私はヴォングリス家の牛舎の中ですわり込んでいた。牛舎のすぐそばを走る三六号線からトラックの地響きが聞こえてくる。窓から荷台にコーンを積んだトラックが見える。鞘つきのスイートコーン、人間のためのコーンである。カヌーを車上に乗せ、小さなトレーラーを引いて走る車も見える。今日は九月一日、夏休みを終え家路に向かう人々にちがいない。

なぜ私の子牛がまだ牛舎にいるのだろう。ピーターは放牧にもどすと約束してくれたのに。だが今、家にはたずねる相手がいない。ピーターはベイチング・ファームで作業中、シェリーは看護学校に行っている。

ナンバー8の左眼にはまだ少し涙がたまっている。それに今度は右の頬に白癬《はくせん》らしき灰色の斑点ができていた。牛の白癬はカビなどの菌類によって引き起こされ、人間にもうつるとされている。

私はこの数ヵ月、ナンバー8に気に入ってもらえそうな食べ物を探してきた。撫でられるくらい近くに寄ってほしいものだ。りんご、カリフラワー、ブロッコリーを試してきたがだめだった。そこで私は今日、人工授精師ケン・シェイファーのアドバイスで、ロールドオートとグラノーラといったシリアル類と糖蜜を混ぜ合わせた「おやつ食」の餌を持ってここにやってきていた。

ナンバー8は餌の入ったプラスチック容器のにおいを嗅ごうと、私の手まであと数フィートのところに近づいてきた。だがあまり興味がないのか、フタを空けて近づけても後ずさりしてしまう。まあ、そんなものか。

築百年という牛舎の中は暑くて暗い。屋根の垂木にかけられた除角器には蜘蛛の巣が張り、四ヵ月前に子牛たちの角根を焼いた時のままぶら下がっている。

金属製の折りたたみ椅子を広げると、私はそれを小さなグラウンドへとつづくドアのそばに置いた。ここなら少しは明るい。のんびり子牛たちをながめていられそうだ。

牛たちはほとんど何もしないで過ごしている。私に背を向け、庭用ホースが引き込まれた水飲み用の水槽がある牛舎の一角で体を寄せ合っているだけだ。今、牛舎にいるのは全部で七頭、私の二頭のホルスタインと黒い五頭の去勢牛だ。

二〇分ほどたった頃だろうか、牛たちはグラウンドへと移動していった。ナンバー8は群れの後ろを歩いている。たぶん一番臆病なのだろう。この小さなグラウンドには牧草がまるで生えていない。雨がほとんど降らなかったせいで新芽もできないのだろう。それでも牛たちは太陽の光を浴びながら無心に何かの雑草をはんでいる。

ナンバー8の腹と背中の白黒模様は以前とくらべだいぶはっきりしてきたようだ。今日は模様がよくわかる。胴の右には白地に黒で、男の子と飛び跳ねる犬のシルエット。左側には黒地に白で、帽子をかぶった男のシルエットだ。

二〇分後、ふたたび牛たちは水槽のある場所にもどってきた。七頭みんなが水槽の前に並び、同じ方向を向いて体を寄せ合っている。蹄はどれも泥だらけだ。黒い去勢牛の一頭がほんの一瞬前足をホースにからめ、足を解くとまた急いで水を飲んだ。ちらちらと私の方を振り返りながら。

私がすわる折りたたみ椅子のまわりには牧草や雑草、糞、消化されていないコーンの粒が散らばっていて、鳥の羽も数枚落ちている。ハエが一匹糞の小山を乗り越えていくのが見える。その一五センチほど上をオレンジ色の蝶がひらひら舞ってよぎっていった。

ドア横の基礎用ブロックの後ろから小さな茶色いネズミがあらわれて、藁をかりかり噛み出した。

私が牛舎から出ていくと雄子牛は折りたたみ椅子に近寄った。鼻で軽く椅子をつつくと首をすり寄せ、椅子の背もたれ、脚、座面を舐めはじめた。

・・・

まとまった雨が降り、ここにきてようやく渇水が緩和されるのではないかと思われた。このところピーターは毎日ベイチング・ファームでコーンの収穫作業にあたっているが、生産量は充分とはいえないまでも許容の範囲内だと言っている。

またいっしょにチョッパーに乗らないかとピーターが私を誘った。

今回チョッパーにはコーン用に違った種類の切刃が取りつけられ、六列のコーンを前から同時に刈り取り細断していく。ピーターは細断長をアルファルファの幅より狭くして一三ミリにセットしている。高さ二メートル近くあるコーンから自動的に粒が除かれ、残りの茎や葉が細裁され緑の奔流となり、並走するトラックの荷台に落ちていく。この緑の奔流を見ていると、コーンという植物は子実《しじつ》の部分が本当に少ないのだなと実感する。

今日ピーターはラジオをつけて、ソニー&シェールの『ビート・ゴーズ・オン』を聞きながら作業をしている。

リビングストン郡では約二五〇〇〇〇ヘクタールもの土地がコーン栽培に用いられているが、そのうちの二二〇〇〇〇ヘクタールが飼料用コーンを栽培している。ほとんどが牛用となるが、豚や他の家畜の餌になるものもある。人間が食べるスイートコーンを栽培しているのは、わずか三〇〇〇ヘクタールにすぎない。ピーターが二つのコーンの見分け方を教えてくれた。飼料用コーンの方が房の色が濃いという。しかも彼は、時速一〇〇キロ近くで三六号線を走っていても車窓から見える畑のコーンがどちらであるかすぐにわかると言う。私も試してみたが、むだだった。

「シェリーの看護学校の調子はどうだい？」

「うまくいってるようだ。第二週目に入ったよ」とピーター。

私は数日前シェリーを見かけた。忙しそうだが生き生きしていた。二、三ヵ月前とは大きな違いだ。

「スコットとの共同経営の話はすすんでいるのかい？」

「収穫がすむまでどうにもならないさ。一二月まではおあずけだな」

雑談していてもらちがあかない。私は意を決してたずねた。

「ところで、どうして私の牛を放牧にもどさなかったんだ？」

「そう決めたんだ」と彼はぶっきらぼうに答えた。「あの時あんたが帰ったすぐあとで、俺はシェリーに聞いたんだ。放牧にもどすよう俺にたのむといいって、おまえが言ったのかって。だがシェリーは知らないと言っていた」

「そう、私の考えだ」私は断言した。「シェリーとは何の関係もない。だがなぜもどしてくれなかったんだい?」

「だってあんたは俺に最初言ったじゃないか、〝特別扱いはいらない〟って。それに口出しもしないって」と彼は言った。「前にも話したが、あの牛たちを放牧したら運動するせいで体重が落ちてしまう。いいかい、もしあんたが肉牛用の牛の本を書いてるんなら、その牛は今、牛舎にいなければならないんだ。有機農法やらなにやらで育てたいなら、本の中身が違ってくるよ」

強い口調だが、彼は怒っているわけではない。

「俺は今、子牛たちに全粒コーンと固形飼料をやってきた」彼は話をつづける。「それが早く肥らせられる、一番いい仕上げ飼料なんだ。だからあんたがあの牛たちを食べるにせよ何にせよどう処分するか決める時まで、俺はコーンと固形飼料を与えつづける。あんたは牛をどうするつもりなんだい?」ピーターがたずねる。

「今から六ヵ月後に食肉処理場に送る予定だ」まだ自分の迷いを口にしてはならないと私は感じた。チョッパーがコーンの列をつぎつぎ刈り取る中、ピーターと私は黙って畑をながめていた。

「人が動物に愛着をもつのはよくわかる」ピーターが突然そう言い出した。「だがあんたが俺にたのんだのはこういうことなんだよ」

私は顔に出やすい人間のようだ。

「家畜に愛着を感じたことはないのかい?」私はピーターにたずねた。

「ないね」彼は即座に答えた。だがこんな話を聞かせてくれた。

「一頭の雄の子牛がいたんだ。名前はミッキー。兄のマイケルが死んだ二、三日後に生まれたんで、兄貴にちなんでそう名づけたのさ。なんだかまるでペットみたいになってたよ。ブリジットはそいつを馬がわりにして背中にまたがって遊んでいた。だがいよいよミッキーを手放す時がやってきた。自分の牧場の未経産牛に種付けさせるのにほしがってた男に売ることになったのさ」

「もし君がまだミッキーを飼っていたら、その肉を食べることができるかい?」

「ああもちろん。問題ないね。なぜミッキーがここにいるのか俺にはその理由がわかってるから」

私たちは畑の端、折り返し地点に到達した。チョッパーの向きを変え反対方向にすすみはじめると、ピーターはシュートを旋回させて位置を定め、隣りにぴたりとつけたトラックの荷台めがけ緑の小片を吹き出させる。

ピーターは牛舎にいる五頭の去勢牛をどうするのだろう?

「あれはみなベイチング・ファームから来たもので、副業として俺がスコットのかわりに育てているんだ。毎年ベイチング・ファームでは従業員に牛のばら肉を配るんだ。まあ、ホリデーギフトみたいなもんだね」彼はそう言った。「準備が整うと俺は牛をと畜場に連れていく。と畜業者の仕事がすむと、俺たち従業員はばら肉にありつけるってわけさ」

突然、自動停止装置が働きチョッパーが停止した。チョッパーの切刃はコーンの次の並びから一〇センチあまり手前でとまったままだ。ピーターは運転室から降りて何が起きたか調べに向かう。どうやらチョッパーの刃が土に深くもぐり込み、先端が曲がってしまったようだ。

私も破損具合を確かめるためチョッパーから降り立った。話をしていてピーターの気が散ったのかもしれない。もしそうなら私のせいだ。今や彼は収穫作業を中止して納屋に引き返さざるをえず、その日の午後をチョッパーの修理にあてなければならなかった。事実はどうあれ私には罪の意識が芽生え、ピーターが故障の程度を調べるあいだ、二人のあいだに気まずい空気が漂った。

「私と話していたせいかな？」

「いや、あんたのせいじゃないよ」

ピーターはベイチング・ファームの整備室にチョッパーを乗りつけ、異常箇所を調整することになるだろう。コーンの収穫を終えるのは明日になる。

・・・

一つは青、もう二つは銀色をした三つのサイロがローネル・ファームの牛舎の上にそそり立つ。九月の第二週、日の出時刻に牧場の真ん中で東の空を見上げていると太陽が銀のサイロのあいだから顔を出す。するとまるでこれらサイロが、ストーンヘンジのように、ニューヨーク西部の収穫期を割り出すため古代天文学者が建てたものではないかと思えてくる。

実は、このサイロの中に飼料はそれほど入っていない。今や市民にとってサイロとは農村生活の象徴としてだけの存在だ。ローネル・ファームにしても三つのサイロに入っている飼料は一種類だけ——全粒コーンだけである。

・・・

サイロの向かいには、車二台が入るほどの飼料用倉庫が立っている。前後から出入りできるこの倉庫は中が三つに仕切られていて、それぞれに違った種類の飼料がおさめられている。プロテイン、コーンミール、それにベーグルだ。

私が飼料用ベーグルをはじめて見たのは、人工授精師のケン・シェイファーとローネル・ファームをおとずれた時だった。飼料にパン類があると知ったケンはこう言った。「おい、今度ハンバーガーを注文する時はパンはいらないと言いなよ。もう肉の中に入ってるからってね！」

これらのベーグルのほとんどはつぶされて平らな形に加工し直されているうえ、表面に黄色や緑のカビが生えているため、原型をとどめたものも少しはあるが、ふつう私たちが知っているベーグルにはとても見えない。白い粉や緑の丸い斑点が付着してまるでスライスしたドライフルーツのように平らなもの、黄ばんでふくれたものもある。

今日のように涼しくて翳《かげ》った日でもハエがいっぱい飛んで来てはベーグルの上にたかる。ネズミが飼料の大きな塊の陰から私の顔をじっと見つめ、干し草の中に姿を消した。

ベーグル用の仕切りがいっぱいになるとミニバンくらいの山ができあがる。

「牛はベーグルが好物なんだ」と、ローネルの飼料係ラリー・ウィルキンソンは言う。「ベーグルのあとをついてまわるんだよ」

デンプン質の供給源となるベーグルには、パン屋の売れ残りではなく、工場で出る廃棄分を利用しているという。「釜に生地を入れすぎて形がおかしくなったのとか、焼き加減のよくないものが出るのさ」とラリーが教えてくれた。

前回この倉庫に入った時、ベーグルの包装紙が床に転がっていた。その包装紙には内容物に関する記載があり、〝プレーン味、コーシャ用〔ユダヤ教信者用〕スライスベーグル、ペンシルベニア州サドバリー、ワイス市場より入荷〟とあった。今日目にした包装紙の断片にはベーグルの老舗レンダーズの文字があった。

・・・

サイロ同様この飼料用倉庫にも、餌のほんの一部が保管されているにすぎない。牛の主食はサイレージとして、倉庫の裏手、四つの大きな山となってたくわえられている。その景色はさしずめ牧場にそびえ立つ巨大な埋立用土砂の山といったところだ。

四つの山はそれぞれ高さ七メートル半、奥行き九〇メートル、幅二二メートル半もあり、少量の飼料を垂直に保存するサイロとは対照的に、膨大な量の飼料を水平方向に保存している。四つのうち二つがアルファルファ、もう二つがコーンの山だ。サイレージの底の地面にはコンクリートが打ってあり、各々の山はやはりコンクリートの壁で仕切られている。

山の上に積まれてから数時間、この段階でサイレージと呼ばれるようになったアルファルファとコーンはさらに呼吸をつづけ、ときには山の温度が四〇度近くにまで達することもある。酸素が底をつくと微生物による乳酸発酵がはじまる。約二週間で発酵が終わり、サイレージの状態が安定してくると、山には作業用部分だけを残して上から一面にビニールの防水シートがかぶせられ、古タイヤで重石がされる。

作業のためむき出しになった部分を見上げていると、身長の四倍はある山に囲まれた渓谷の底に自分が立っているような気がしてくる。この山を形づくるのは岩盤ではなく刈り取られたコーンの層だ。各層の色は収穫された時期によって異なっていて、一番下の古い層は茶色や黄褐色、上に向かうにつれ層は緑を帯びてゆき、最近収穫されたばかりの頂上付近の層は、新鮮なサラダのような明るい緑色をしている。シートから露出し灰色に変色した表面部分は、空気にさらされサイレージが腐りかけたところである。

コーンのやわらかい鞘や茎、それに粒が多少混ざってあらわれるのではないかと思いながら、私はサイレージの山に触れてみた。だがサイレージは「鎮圧」されていてその表面は固かった。ハンマーで叩いてみてもおそらく粉が散る程度で、山を崩すことはできそうにない。

私の目の前を、従業員が運転する黄色いフロントローダーがとおり過ぎていった。彼は午後の餌に混ぜるための原料を集めている。ひと昔前まで酪農場では朝に穀類、夕に干し草（順序は逆になる場合もある）を牛に与えてきたが、今日ではたいていの牧場で〝TMR（Total Mix Ration）〟と呼ばれる混合飼料が用いられている。餌の原料を単体で牛に与えるこれまでの給餌法とは異なり、混合飼料方式では、牧草やサイレージなどの粗《そ》飼料、コーンや大豆などの濃厚飼料、ミネラルやビタミンなどの添加物を同じ比率で混ぜ合わせ、牛に与えることになる。

食パンの塊をスライスするようにフロントローダーがサイレージの山の表面を切り崩すと小さなだれが起き、縦横一五センチほどのサイレージの塊が床に転がり落ちた。

私は新たにあらわれた山の表面にさわってみた。温かい。まるで熱のある額に触れたような感触だが、すぐに表面は冷めてしまった。

フロントローダーはサイレージをすくいあげると旋回して飼料用トラックの後部に積み込んだ。荷台にある大きな金属製のスクリュー（オーガー）がゆっくり回転し、すでに積み込んだ他の原料とサイレージを混ぜ合わせる。これからトラックの運転手は各牛舎の中央へと乗りつけ、飼槽《しそう》に餌を盛るのだろう。ミルキングパーラーからもどってくる牛たちを、次の食事が待っている。

・　・　・

私は九月後半のその日、新しい餌、ビートを持ってヴォングリス家をたずねていた。酪農牛に関するある参考資料に「ビートの葉と根頭《ねがしら》〔根が茎に移行する部分〕を好んで食べる」とあったので、これなら私の手から直接食べてくれるのではないかと心ひそかに期待していた。

紫がかった緑の葉がついた新鮮なビートの束二つを手に、私は七頭の子牛がいる牛舎の中へ入っていった。ナンバー8が数頭の子牛とともに柵のそばまで近づいてくる。柵のあいだから私はビートを茎の方から一本さし出した。ナンバー8は首を伸ばして葉のにおいを嗅ぐと顔をさらに近づけ、茎を舌で巻き上げると私の手からむしり取った。もう一本、そしてもう一本私はビートをさし出した。固い茎を噛むたび、ポリポリという小さな音が口もとから聞こえてくる。

さらにもう数本食べ終えると、ナンバー8は私に頭を撫でさせてくれた。白癬のない方の頬を私は撫でてやる。約一年前ローネル・ファームで誕生して以来、これがはじめて私がナンバー8をかわいがった瞬間だ。

ナンバー8の頭や首は頑丈で温かく、そしてなめらかだった。レザーとは違う、そう、毛皮のような感触だ。黒い毛には汚れや藁がこびりついているものの、顔はなかなかのハンサムだ。目をのぞきこむと黒い瞳にまだいくつか曇った箇所が残っている。それに両目とも涙目だ。結膜炎がナンバー8の視力に決定的なダメージを与えているかどうか、私には永遠にわからないままなのだろう。

ビートを五本たいらげるとナンバー8は私のジーパンの裾と長靴を少しだけ舐め、ゆっくり牛舎の中へもどっていった。

・・・

子牛たちは牛舎の外の小さなグラウンドへと移動し、道路に面したフェンスのそばで身を寄せ合っている。三六号線はラッシュアワー。グラウンドから見えるのは激しく行きかう車の流れだけだ。地面には一本の草も生えていない。二頭がフェンスの破れ目から首を突き出し、外側の牧草や雑草をなんとか口に運ぼうと舌を伸ばしている。

子牛はグラウンドの中を群れ単位で動いている。他の五頭の黒い牛が、ベイチング・ファームの従業員の冷蔵庫に向かってまっすぐ歩く、ギフト用の生きたばら肉のように見えてくる。

子牛の群れは私に一瞥《いちべつ》もくれずに水槽へと向かっていく。双子の姉ナンバー7の左頬、鼻の上、右目の周囲にも丸い白癬ができているのがわかる。

子牛の尻尾はつねに動いている。もし私にも尾があるとしたらやはり同じように使うだろう。しつこくつきまとうハエを追い払うために。

飼槽は空だった。今ピーターは一日に一度、夕方帰宅した時に牛に餌を与えている。全粒コーンを食べているせいでナンバー8は毎日約三ポンド（約一キロ半）ずつ体重が増えているはずだ。これなら春先には、肉にする基準の体重一二〇〇ポンド（約五五〇キロ）に達するだろう。

ナンバー8のわき腹には私が思い描いた模様がまだあった。右わき腹には白毛をバックに少年と犬の黒い模様、そして左わき腹には黒地に白の帽子をかぶった男の模様だ。ナンバー8が大きくなるにつれ、風船に描いた絵のように、これらの模様もしだいにふくらんでいくのだろうか。

・・・

前回牛舎をたずねたさい撮影したフィルムを現像し、妻に見せるため家に持ち帰った。正面から写したナンバー8のクローズアップの写真を一枚取り出し、額から鼻にかけて広がる白い毛の模様を彼女に示した。私はいつもこの部分を二つの三角がつながった形だと思っていた。額の逆三角形の一端が伸びて鼻の部分の三角につながった模様だと。私は自分の観察力の鋭さを自慢して、誇らしげに彼女にそう説明した。

ところが妻は写真を見てこう言った。「あら、私には三角形には見えないわ。ワイングラスの形に似ていない？」

私はもう一度写真をながめてみた。すると私の焦点がにわかにずれはじめ、三角形のイメージが消え去った。かわってあらわれたのは、顔正面の黒毛に広がる白いゴブレット、白い杯の形だった。

千年前、十字軍が聖地を侵略したさい、探し求めたとされるあの杯。最後の晩餐でイエスがワインを飲んだといわれ、中世の伝説で「聖杯」と呼ばれた杯だ。

近頃、時々考える。私がこの子牛をこれほどまでに追いつづけるのは、どんな聖杯を探し求めてのことなのかと。

ナンバー8と著者、ヴォングリス家の牛舎の前庭で

第6章

牛舎の前庭で

朝日を背にしてアンドリューが壊れたトラクターを洗っている。がっしりした彼の姿が霧の中に浮かんで見えた。壊れた小型トラクターは、半分に切り落とした直径一メートル半のトラックタイヤを引っ張って、牛舎の通路にたまった糞をかき出すのが仕事である。

「昨日の夜、誰かがこのトラクターを壁にぶつけたんだ」トラクターの後部タイヤがパンクしている。「どいつがやったか誰も口を割らないだろうな」

洗浄をすませたトラクターは整備室へと向かい、ミルキング・パーラーに通う不具の牛のようによろよろしながらドアをくぐっていった。整備室に入るとアンドリューはクリーパー〔ころのついた寝板〕の上に横になりトラクター後部から車体の下へもぐり込む。

しばらくしてアンドリューが姿をあらわした。彼の青いつなぎはさっきの洗車で濡れたうえ、今度は油汚れで染みだらけだ。

「先週、本を読んだ」彼は寝転んだまま私を見上げて話しかけた。「大学を出てから本を読んだのはこれが四度目だ」

たしかにアンドリューと本の話をしたのはこれがはじめてだ。

「『豚の死なない日』（邦訳、白水社）って本さ。誰が書いたか思い出せないが」

アンドリューは本のタイトルをゆっくりと、そしていささか誇張ぎみに発音した。彼がこんな話し方をする時は、うれしい時か怒っている時かのいずれかだ。たとえば子どもの自慢話をする時も、従業員への文句を口にする時も、彼は決まってこの口調になる。おそらく喜怒哀楽といった感情を素直に表現するのが苦手なのだろう。だからいつも少し言葉に皮肉っぽいところがある。でも今回アンドリューは本を読んだことを内心よろこび、誇らしくさえ思っている、私にはそう感じられた。

スーが息子のエイモスに読ませるため買ってきたのだという。「だが俺にはエイモスが読むとは思えない。だからかわりに読んだのさ」

私は彼に本について話してくれないかとたのんだ。

「ニューイングランドのバーモント州、いやニューハンプシャー州だったかな、とにかくそのあたりの農村で育ったシェイカー教徒の少年がいた。その子の父親は豚のと畜を仕事にしていた。村の豚はすべて父親がさばきそれで生計を立てていたんだが、ある日近所の者が何かのことで少年の世話になり、お礼に豚を一匹プレゼントした。その子は豚をかわいがり大事に育てた。餌をやりいっしょに遊び、そうまるでペットみたいにね。それから何が起きたか正確には覚えてないが、とにかく少年はその豚を殺さねばならなくなる。やがて父親が死に少年は家業を継ぐんだ」

私はその話に釘づけになった。

本の説明はつづく。「自分のしたいことだけじゃない、世の中にはしなければならないこともあるとわかった時少年は大人になると、この本は言いたかったんだろう」

アンドリューがこんな話をもちだしたのは、私が子牛のことで悩んでいるのを知っているからだろうか？

「おもしろそうな本だ」と私は言った。

「ラチェットレンチを取ってくれないか？」アンドリューが作業台に目をやりながら私に言った。私には何がラチェットレンチなのかわからない。彼が指さしたので、やっと私にもそれが何であるかが飲みこめた。

私はアンドリューにマージョリー・キンナン・ローリングズの『小鹿物語』を知っているかと聞いてみた。私が一五の時に読んだ本だが、フロリダの田園を舞台にした少年とペットの鹿の物語だ。家の農作物を食べるようになった鹿を殺すよう命じられた主人公をとおし、少年が子ども時代に別れを告げ大人になっていく過程が象徴的に描かれている。

「いや、聞いたこともない」膝を床につき、スクレーパーの接合部にできた傷を撫でながらアンドリューが答えた。「だがあの豚の本はとてもいい。あんたも気に入ると思うよ」

・・・

一一月最初の一日は気温一八度、ニューヨーク西部ではすがすがしい小春日和の朝を迎えていた。ヨーク内の芝生そして歩道一面が、落ち葉で埋めつくされている。

「いいサングラスじゃないか」緑のコンバインに乗り込みながら、私は運転席のピーターに声をかけた。ピーターは私の言葉を受け流し、一二の時に溶接トーチで眼球を傷つけて以来、こんな日はサングラスが手放せないと説明した。

「日差しが強いと目が痛むんだ」

目の前に広がるベイチング・ファームの畑には、今シーズン最後の収穫をひかえたコーンの列が並んでいる。全体がすっかり乾きしなびているため畑の見通しがよく、乾燥したコーンの鞘は茶色や灰色に変色している。穂の中の固くなった子実の部分が牛の飼料になる。

コンバインは六列同時にコーンの茎を刈り取ると雌穂《しほ》の部分を打ち落とし、エンジン下の収納庫内に押し込んでいく。次に雌穂にできたオレンジ色の粒が脱穀され運転席後部の貯蔵部分に送り込まれ、それと同時進行で茎と鞘は後方に送られて畑に排出される。

私はピーターに夏の旱魃による影響をたずねてみた。「雌穂はいい出来だ」と彼は言い、「コーンの丈は去年ほどじゃないし収穫量も多いとはいえないが、これぐらいなら良しとするさ」そう今シーズンを振り返った。

出来のいい年には、コーンの頭がコンバインの運転台、高さ四メートル近くまでとどくという。今日のコーンはその半分だ。

看護学校に通うシェリーについてたずねてみた。

うまくやってるよ、とピーターは答えた。クラスでもトップの成績だという。

「彼女は天職を見つけたようだね」

「そうだといいな」と彼は言った。

「ベイチング・ファームの方はどんなだい？」

農業金融のコンサルタントと面会し、スコットに年末か年明けに株を譲渡することに同意してもらったという。ピーターとシェリーは家を売ってベイチング・ファームのそばに引っ越すことになる。「今の家から一六キロしか離れてないんだが、やはり近いとはいえないよ」と彼は言う。道の向こうに見える彼らの家はもうすぐ売りに出されるのだろう。

コンバインがうなり声を上げると、大きな茶色いウサギが私たちの前を飛び跳ねていった。

「あきらめてはいるようだが、シェリーは引っ越しをいやがっている。俺はブリジットが学校に上がる前になんとか片づけたいんだよ」

ビリーやコリンもいつか農業をやると思うかい？

「二人とも農業が好きだ。あんたがこの仕事をどう思っているかは別として、俺は二人に牛の世話を押しつけているつもりはない」

コーンの収穫がつづく中、そこで会話がいったん途切れた。言葉を継いだのはピーターだ。「ところでだ。子牛をどうするか決まったかい？」そして、「市場に出すのか？　それとも自分で畜場に連れていくかい？」と聞いてきた。

ピーターがたずねているのは、子牛をパビリオンという町にある家畜市場に連れていきそこでどこかの大きな国営食肉処理場に買い取らせるのか、あるいは私が直接、ヨークの小さな民間食肉処理場に連れていきそこで肉をさばかせるのか、という意味だ。ヨークの食肉処理場では家畜を家庭用、販売用、贈答用に解体し、肉を持ち主に渡してくれる。

だが三番目の選択肢がある。子牛をと畜場に連れていかないという選択肢だ。

いっさい口出しせず家畜が通常の商業ベースで肉になる様子を観察すること、私はこれまでピーターに自分の計画をそう話してきた。だが子牛が所定の体重に近づくにつれ、私の決意が揺らいできた。子牛を肉にする心の準備もできていないのに、そのルートなど考えつかない。幸い私の子牛は生後一一ヵ月になったばかりで、たいていの牛が基準の体重に達する一六ヵ月にはまだ間がある。子牛をどうするか決めるまで、まだ時間が残されている。

「民間のところでは家畜を運びこんだ時、その持ち主に何かさせるのかい?」私はたずねた。「たとえば銃の引き金を引かせるとか」

ピーターは知らなかった。

「これまで家畜を肉にするため、自分で何か手をくだしたことがあるかい?」

「ない」と彼は答え、「だが銃で撃ち殺したことはある。死にかかった牧場の牛とかな」と言った。そして、「子どもの頃、俺はウサギをつかまえては殺し、人に売っていた。たぶん一〇〇〜一五〇羽、多い時にはいっぺんに二〇〇羽は殺したな。自分の飼うヘビの餌用にウサギを買っていく男がいたが、ほかにも何かの理由でウサギを買う人間がけっこういたのさ。俺は毎年一羽ずつウサギを祖母にやっていた。大よろこびしていたよ」と言った。

「ウサギはどうやって殺すんだ?」

「首の後ろを棒で殴るんだ。皮を剥《は》いだあと肉をさばく」

ヴォングリス家の牛舎の垂木《たるき》にライフルが掛けてある。私はいつもあの銃が気になっていた。

「ああ、あれはBB銃〔大口径のエアガン〕だ。ランニング・シェッドに入ってくる鳩を撃つのに何回か使ったよ」

「おっと、そこのレバーを引いてくれ。あんたのシートのすぐ下だ」ピーターが私に指示した。

「ゆっくりな」

私はシートの下に手を伸ばし金属製のハンドルをつかんだ。ちょうど車のサイドブレーキのような手ごたえだ。レバーをゆっくり引き上げると、運転席後部の貯蔵器から穀粒がすごい勢いで飛び出して、コンバインに並走するトラックの荷台めがけて流れ込んだ。穀粒の乾いてもろくなった外皮――〝ハチの羽〟とピーターは形容する――が無数に舞い上がり、コンバインの後ろで黄金色の雲のようにたなびいている。

・・・

私が次にヴォングリス家をおとずれたのは、寒くて湿った復員軍人の日、一一月一一日のことだった。前日の雨のせいで牛舎前庭はすっかりぬかるんでいた。ランニング・シェッドのナンバー8は姉の隣りで横になり、ほかの黒の五頭も同じようにして休んでいた。今日の気温は氷点下、夜にはマイナス五度をさらに下まわりそうだ。

私はヴォングリス家の私道の坂に車をとめ、いつものようにトランクから長靴を取り出して靴の上に重ね履きした。するとナンバー8ただ一頭が起き上がり、私の方に向かってやってきた。ゲートを開けて牛舎前庭に入る前、しばらくのあいだ私は柵から身を乗り出し、ナンバー8の相手をした。ナンバー8は私の手袋、上着の袖、その隙間からのぞく手首の皮膚をつぎつぎ舐める。

ナンバー8の結膜炎は炎症がひき、頬や頭にできた白癬もきれいに姿を消していた。健康そうだし体が以前より一まわり大きくなった感じがする。体高は私の胸の位置、首をもたげれば私よりはるかに背が高くなる。年齢は子どもだが体は大人になったのだろう。去年の春ピーターが焼いた左の角根にはピンク色の丸い傷跡が残っているが、右の方は黒毛に覆われあとかたもない。ナンバー8の被毛の艶はなかなか見事だ。コーン飼料によるものだと何かの本で読んだことがある。足とわき腹以外は汚れていないし、夏の頃より輝いている。

今日はビートの葉を忘れてきてしまったが、放牧に出されずほとんど乾燥したコーンばかり食べているのだから、ほんのちょっとの緑の草にも充分魅力を感じるはずだ。私は足もとから長さが十数センチほどの草の葉を少しむしり、ナンバー8にさし出した。ナンバー8は柵越しに首を伸ばし、厚い舌で私の手から葉をもぎ取り急いで飲み込んだ。次に与えた草もむさぼるようにして食べる。三回目、四回目――ビートの葉は必要ないようだ。ナンバー8は緑の餌に飢えている。

五回目の草を食べる頃にはナンバー8がすっかり腰を落ち着けたので、私は片方の手で首の下を撫でることができた。じっと立ったまま私に体をあずけるのは、これがはじめてだ。表面にはずっしりとした質感があって温かく、不思議と毛がやわらかい。手で束ねて前後に揺らすこともできる。

他の六頭も私のそばに近づいてきた。

ナンバー8は咳をすると舌を伸ばし、左右の小鼻を順に舐めた。

私はゲートを開けて牛舎の前庭へ入っていった。ランニング・シェッドの前には大きさが小型キャンピングカーほどのオレンジ色の積荷用ワゴンがあり、銀色の防水シートがかけられている。前回来た時ここにはなかった。私はぬかるみを渡ってワゴンに近づき、側面についたはしごをのぼって中をのぞいた。コーンの粒がびっしりつまっている。冬のあいだ子牛に与える仕上げ飼料にちがいない。

前庭の隅にある平たい岩に腰かけて牛をながめているとナンバー8がやってきた。もっと草がほしいのだろう。私ももう一度撫でてみたかったので、草を取るため電気牧柵に向かった。注意しながらしゃがみ込み、柵の下から数本草を引き抜くと手袋をはずし、素手でその草を与えてみた。草を食べ終えてもナンバー8が素手の右手を舐めつづけるので、そのあいだ私は首の下を撫でたりくすぐったりすることができた。草はもうなくなったのに、ナンバー8はずっと体をあずけたままだ。左腕が疲れてきたので、右手で支えなければならなかった。

やがてナンバー8が二、三歩離れたので、私は電気牧柵に近寄ってもう少し草を取り、今度は茎の部分をしっかり握って与えてみた。これなら舌と下の歯を使って私の手からむしり取らなければならないだろう。そう、ちょうど地面に生えた牧草を食べるときのように。私は子牛が草を引っ張りもぎ取る時の、音と力強さが好きなのだ。確かめようもないことだが、子牛の方もそうだろう。

これまで牛の黒い瞳には何の感情もあらわれていないと思っていた。だが今は違う。残りの牛たちも庭の真ん中に集まってきた。ナンバー8が私に撫でられる様子をながめている。ナンバー8は私から離れ、群れの仲間に加わった。

私は岩から立ち上がり、少し離れたところで子牛たちを観察した。どろどろになった地面の上で、蹄が乾いたことなどあるのだろうか？

冷たい風が庭を吹き抜ける。日は照っているものの、暖かくはない。

ナンバー8や他の子牛がこちらにやってくるのを待ち、私は身動き一つせず立ちつづけた。一〇分ほどたった頃ナンバー8が近づいてきて、手帳の背のコイル状の針金を舐めはじめた。ナンバー8の尻を後ろからながめると、白毛のあいだにピンクの乳首が二つ見える。それぞれ一センチ半ほどの長さをしている。おそらくあとの二つも毛のあいだに隠れているのだろう。私は手帳でナンバー8の尾をわきに寄せ、手でそっとつかんでみた。子牛の尾をつかんだのはこれがはじめてだ。少女のポニーテールのようだが、固い芯がとおった感じだ。

体の奥まで冷えてきた。

牛舎の庭の真ん中で牛をながめるというただそれだけの目的で、まるで牛そのもののようにじっと立ちつくす人間など私はこれまで見たことがない。ピーターやシェリーはもちろん、ヴォングリス家の子どもたちでさえこんなことをするとは思えない。牛のそばにいる人々はいつも動きまわっている。柵のゲートを開け閉めし、桶に餌を盛り、牛床の藁をとりかえ、牛を移動させ、耳標を装着し、角を焼き、予防接種をし、去勢する。

二〇分、二五分、私は立ちつづけた。寒いがなんとか耐えられそうだ。

数メートル向こうではナンバー8が振り返り、背中を五、六箇所舐めている。毛並みに逆らって舐めるため黒毛が立つ。まさしく逆毛（cow-lick）だ。

不毛な庭の真ん中では雄子牛にやる草一つない。どうすれば草にたよらずナンバー8を私の方におびき寄せることができるだろう。

畜牛は、身をかがめて自分より小さくなった人間にはあまり恐怖心を抱かない、何かの本でそう読んだのを思い出した。

牛をながめて何十分も立ちつくす男の話も聞いたことがないが、こんなところで牛に好いてもらうためうずくまる男の話だって聞いたことがない。

だが私は膝をついて小さくなった。ぬかるんだ冷たい泥が濃紺のつなぎをとおして膝にしみ込む。すると私に気づいたナンバー8が向きを変え、ゆっくりこちらに近づいてきた。歩みをすすめるたび蹄の割れ目から泥がしみ出る。私のもとまで来ると頭を垂れ、ジーパンの裾、上着の袖をつぎつぎ舐めた。

そして自分の顔を私の顔に寄せ、あごの下を舐めはじめた。舌は温かくざらついている。三つの頃触れた父の頬のようだ。当時父はよく私をおんぶして二階のベッドまで運んでくれたのだが、階段をのぼるたび、背中に覆いかぶさる私の頬に父の頬が当たったものだ。朝剃ったひげがもう伸びてざらざらしていた。

私の部屋は木の床で、長い木の支柱がついたベッドがあった。ほかにも家具はいろいろあったはずなのに、私はそのベッド以外、ナイトスタンド一つ思い出せない。部屋の中は寒かった、いや寒々していた。父は私をベッドに寝かすと子守唄を歌い、やがて母や当時高校生だった兄、一〇歳の姉たちがつどう階下のリビングへと引きあげていった。子ども部屋に一人でいるのは怖くはないが寂しかった——下にいる家族たちは私抜きでも充分満ち足りているように思えたから。私は父をふたたび呼び寄せることもあったが、そんな時、父は二階にもどってきてもう一度子守唄を歌ってくれることもあった。いつだったか父が小さなプレイヤーを私の部屋の隅に置き、七八回転のレコードをかけてくれた。プレイヤーから流れる歌は父がいつも歌う子守唄と同じだった。レコードをかけると父は部屋を出ていったが、レコードは数分で終わってしまった。

昨年の冬、ヴォングリス家のハッチにつながれた生後数週間の子牛を見るたび、私は部屋に一人残された当時の自分を思い出していた。寒くて暗いハッチの中で子牛たちもあの時の自分のように心細い思いをしているにちがいない、私はそう感じとって、いや想像していたのである。

朝、父が仕事に出かけるのを部屋の窓辺で見送ることも何度かあった。車が出ていこうとすると、私は窓を蹴ったり叩いたりして、泣きながら「もどってきてよ」と叫んだものだ。振り返って思うに、あの時私が訴えていたのは「僕を選んで！」ということだったのだろう。もちろん父は仕事に向かっていったのだが。

私が四歳の時、郊外に家を建てることになった。引っ越し先の町では多くの家庭で犬が飼われていたので、私も犬に慣れていた方がいいと両親は考え、わが家でも子犬を飼うことになった。ある日曜の朝、両親は私だけ車に乗せて前の座席の二人のあいだにすわらせた。どこに行くのかたずねると、二人は笑って話をはぐらかせた。「ロリーポップ、ロリーポップ、オー、ロリー、ロリー……」車のラジオから当時の流行歌が流れ、この歌がヒントだと教えてくれた。私にはぴんと来た。いま向かっているのは、「ロリーポップ・ファーム」と呼ばれる地元の動物保護施設で、犬を手に入れるためにちがいない。しかしその日、私たちは犬をながめるだけで選ぶことはできなかった。とはいえ私はその日をはっきり覚えている。幼い頃、両親が私一人のために何かをしてくれた貴重な一日だったからだ。

次の日曜だったと思う。私たちは家族全員で町はずれまで出かけ、コリー犬のブリーダー夫婦の家をおとずれた。子どもが生まれたのだ。子犬はどれも鼻とつま先が茶色で、体全体が白と黒だった。両親は私に好きな子犬を選ばせた。そして私が選んだのは一番恥ずかしがり屋に見えた雄の子犬だった。

子犬が帰宅途中車の中で吐いたため、父が車を掃除したのを覚えている。その晩父は子犬を地下室に入れ、心細くないよう、コチコチ鳴る時計をそばに置いてやった。いっぽう私は、母犬やきょうだいから引き離され、あの子はさぞつらいだろうと思いながら眠りについた。

両親にお前が名前をつけなさいと言われ、私は子犬にフェラと名づけた。その年の終わりに引っ越す頃には子犬は私と同じくらいの大きさになり、私とフェラは親友になっていた。

私が八歳の時、動物愛護協会から派遣された男性が学校主催の行事にやってきた。彼は連れてきた鶏たちをケージから放ち、講堂の中を跳ねまわらせた。すると、座席のあたりをばたつく鶏の足や翼をつかもうとして、多くの子どもたちが歓声を上げ追いかけまわした。鶏が子どもたちの手を逃れ扉の上の非常灯にたどり着くまで、私は生きた心地がしなかった。次にその男性は、彼がこれまで取り扱った動物虐待の事例をいくつか話しはじめた。犬に鞭打つ人間、生きたまま猫を焼いた人間、馬を飢え死にさせた人間の話だ。私はその日泣きながら帰宅し、自分が見たこと聞いたことを母に話した。母はすぐ学校に抗議の電話を入れたのだが、校長の話によると、数百人いる二年生のうち動揺したのは私一人だったらしい。

・・・

ナンバー8に舐められたあごが乾かぬまま、私は自分の両腕をその大きな頭の下に入れ、重さを計ってみた。

つなぎから染みとおっていた泥水はジーパンにまで達している。あいかわらず寒く、もう帰らなければならない時間だ。立ち上がると、ナンバー8も他の牛たちも牛舎に向かってそれぞれ散っていった。

牛舎の板壁には半円筒型のプラスチックの飼槽が釘で打ちつけられている。飼槽のけばけばしい青色は、牛床の汚れた藁や壁板の色の中にあってひときわ目立つ存在だ。飼槽に入っているのは、乾燥した黄色のコーンと茶色い固形飼料だ。一〇〇対一がコーンと固形飼料の比率である。

皿からドライフードを食べる犬のように子牛は飼槽に首をつっ込んで、固くなったコーンを口いっぱいほおばっている。子牛が餌を食べるたびコーンの山が形を変え、粒はあられが窓を叩くようなカタカタという音を立てて飼槽の中で踊る。

その音を聞いて私ははじめて気づいた。今、牛が食べているのはきわめて不自然な食餌ではないだろうか？ 子牛たちにコーンを与えているとピーターは言う。だが本来牛が食べていたのはコーンだけではなかったはずだ。そして反対に、ミネラル、ビタミン、成長促進を目的とした抗生物質が添加された固型飼料などは本来食べるべきものでもなかったはずだ。おまけにこの飼槽には、干し草やアルファルファといった粗飼料や牧草などの植物類は何一つ入っていない。

これがいわゆる〝コーン育ちの肉牛〟を生むのだろう。しかしこれが本当に健康的な食餌といえるのだろうか？ もし私の牛がコーンだけしか食べていないなら、第一胃にはどんな影響が出ているのだろう？ 繊維質の多い粗飼料を消化するための反芻機能だったはずだ。しかしこのことをピーターに聞いてみようとは思わなかった。

・・・

「たしかに反芻動物にとって健康的な食餌とはいえないな」と獣医師のデイヴ・ヘイルは私の質問に答えてそう言った。「少なくとも動物を長生きさせるための食餌ではないよ」

デイヴとは、春に行なった牛舎の建設に関するミーティングでも顔を合わせたが、ローネル・ファームに彼が来るたび回診にお供してきたので、今では互いに気心も知れ、私は彼にならば何でも相談できるようになっていた。

ヘイル医師は次のように説明した。コーンのみの飼料では代謝異常が引き起こされ、牛にアシドーシス（第一胃内の乳酸が増大し血液のpHが過度に酸性に傾いた状態。不具の原因となる）が生じてしまう。さらに第一胃にガスがたまって鼓脹症《こちょう》になったり、最悪の場合、細菌感染により肝臓が冒され肝膿瘍《かんのうよう》を引き起こすこともあるという。

次に彼は牛たちがどれくらいの期間コーンだけ食べてきたのか私にたずねた。ピーターは八月にこの食餌法をはじめたので、すでに三ヵ月たつと私は答えた。それならコーンを今すぐやめれば牛たちを「ふたたび反芻動物にもどす」ことができる、そう彼は教えてくれた。

放牧してみてはどうかとヘイル医師に提案したが、もう放牧に出す季節ではないと言う。だが代案として子牛に少量の干し草と、TMR飼料を与えてはどうかと彼は言った。粗飼料、濃厚飼料、ミネラル等の混合飼料で、酪農牛にとってもっとも一般的な食餌である。

「去勢牛もTMRで育てることができる。コーンよりちょっと時間がかかる程度で、同じような仕上げ方ができるんだ」いっぽう、従来用いられてきた粗飼料で去勢牛の仕上げに入った場合、出荷体重に達するまでに一年半から二年かかるという。「ところがコーンなどの濃厚飼料で仕上げに入ると、わずか一三ヵ月でその体重になるんだよ」とヘイル医師は教えてくれた。

だが彼によると、すでに子牛の肝臓には障害が生じているかもしれないとのことだった。「肝膿瘍が破裂すると命取りになる。もしすでに膿瘍ができているとしたら――コーン飼料であればそれは数ヵ月目でありうることだが――機能障害は避けられない」膿瘍の有無はおそらく超音波診断でなければわからないだろうという。

「障害は免れないし、いつ死んでもおかしくない。食肉処理場に行く前日に肝臓が破裂して死ぬことだってありうるわけだ。こうした仕上げ方は人間にキャンディーだけ食べさせるようなものだ。

一、二ヵ月間は変わりがなくても、けっきょくは病気になる」

私は彼に打ち明けた。実は自分の牛をどうしたらいいのかわからない、肉にすべきかどうか迷っている、と。

「そうであれば、微量ミネラル入りのソルトブロック〔家畜用の塩〕を干した牧草といっしょに与えるといい。牛をどうするか決めかねているのなら、時間稼ぎができるだろう」そう彼は言った。

・・・

子牛は突然肝膿瘍で死ぬかもしれない――ヘイル医師と別れたあと、私の中で彼の言葉が波紋のように広がった。そして、と畜の問題は今や考える意味を失った。すでに手遅れになっているのかもしれないのだ。ピーターがどうやって子牛を仕上げているかなぜもっと注意して見なかったのだろう。私は自分に怒りを覚えた。子牛にコーン飼料を与えていると彼はずっと前から言っていたのに、私はそのことを深く考えようともせず、何の害もないものと思っていた。コーンはなぜそんなダメージを牛の体に負わせるのだろう？

飼料に対する認識が甘かったのは、〝読む教科書をまちがえて〟いたからだ。私がいつも参考にしていたM・E・エンスミンガーの『酪農牛の科学』（*Dairy Cattle Science*）には仕上げ飼料については何も触れられていなかった。それもそのはず、酪農牛は肉用牛のように仕上げられたりはしないからだ。その日のうちに私はこの本の姉妹編、M・E・エンスミンガーとR・C・ペリーによる、一一〇〇ドルもする図解入りの解説書『肉用牛の科学』（*Beef Cattle Science*）を電話注文で取り寄せた。一一〇〇ページもあるこの本では仕上げ飼料を説明するため一章がさかれ、次のように述べられていた。「飼養場の牛にみられる何らかの代謝異常や病気はその原因の大半が食餌にある。

このような場合、以下の症状があらわれる。アシドーシス、腹部膨満、肝膿瘍、尿結石（腎臓結石）」――ヘイル医師は腎臓結石については触れていなかったが、去勢牛にみられるきわめて一般的な症例だという。

昨日私のあごを舐めるナンバー8の姿を見て、漠然と、この子を生きのびさせることになるだろうと感じていた。だが今日、それを決めるのは私ではないと告げられた。たとえ私がと畜場に連れていかなくても、ナンバー8は病気で死ぬかもしれないのだ。私に病気の家畜を救うことができるだろうか？　どうやってピーターに食餌を粗飼料に変えてくれとたのめばいい？　彼の手をわずらわせるのは確かだし、特別扱いはいらないという最初の約束を破ることにもなる。それに、よしんばピーターが私のたのみを聞き入れてくれたとしても、実際にそれができるとは思えない。私の二頭を、牛舎や庭を共有する他の五頭から隔離して別の餌を与えるのは不可能に近いはずだ。

ピーターに相談するにはもっと情報が必要だ。しかしそう猶予はない。遅くなればなるほど子牛の病気が進行する。

・・・

次の晩、私は自宅にいるシェリーに電話した。彼女は看護学校の中間テストで好成績をあげ、近くの病院で交代制の看護の仕事についていた。「もういっぱしのことが言えるわよ」彼女はちょっと気取ってそう言った。

コーン飼料で子牛を育てて過去に何かトラブルはなかったか、シェリーに聞いた。肝膿瘍や他の病気で子牛が死んだりしたことは？　するとシェリーは、ピーターは何度も肉用の去勢牛を育てきたが、実際のところコーン飼料で仕上げをするのはこれがはじめてだと言う。コーンを用いた仕上げ法は、彼の父ジョン・ヴォングリスが長いこと行なってきた方法だという。もしこの方法について何か質問があるのならジョンにたずねてみるといい、そうシェリーは教えてくれた。

「でも、」とシェリー。「子牛たちは元気そうよ。被毛にも艶があるしふさふさしてるわ。実はこの前ピーターと話したの。もしあなたがあの牛の肉をどうするか決めてないのなら、私たちが買い取って自宅用に保存しようかって。肉の由来がわかっているから安心して食べられるもの」

考えておくよ、と私は答えた。

・・・

ジョン・ヴォングリスに電話をかけると、話の内容はすでにシェリーから聞いていると彼は言った。

「それでは、コーンによる仕上げについて教えてください」私は切り出した。「ピーターがこの方法で仕上げるのははじめてだと聞きました。でもあなたにはたくさん経験があると」

二五年前ある企業が、肉用去勢牛の仕上げ法として〝テンダー・リーン〔柔らかい赤身肉〕・プログラム〟を開発したと彼は言った。

「私はすぐに興味をもった。なにしろその方法を用いれば一歳で体重が一〇〇〇ポンド〔約四五〇キロ〕になるんだからな。しかも粗飼料もいらないし干し草もいらない。ただ全粒コーンさえあればいいんだ。いいかい、通常のホルスタインの去勢牛は夏には牧草、冬には干し草の餌を与える。それだと一〇〇〇ポンドに達するのに二年はかかる。だがテンダー・リーン法ならたった一年。それがこの仕上げ法の目的だ。この方法をとりいれた時、牛は短期間で目を疑うほど大きくなった。一年に四頭はさばけたな。肉の質は格付けでいえばプライム〔最上質〕のすぐ次ってところだ。とにかく脂肪が少ないのさ」

テンダー・リーン・プログラムを開発した会社は倒産したが、ジョンはこの仕上げ法が気に入ったのでその後もつづけ、現在もこの方法で三一頭の去勢牛を育てているという話だ。

全粒コーンに鍵がある、とジョンは言う。ほとんどの飼養場が給餌の前にコーンを挽《ひ》いてすりつぶすのだが、テンダー・リーンで用いるコーンは完全な粒状のものである。

「だからといってコーンの粒が糞の中に出てくることはない。牛が歯で噛み砕いてぜんぶ消化されるんだ。だが大事なことがただ一つ。一日たりとも餌を切らしちゃならないってことさ。翌日牛ががばか食いして腹にガスがたまるんだ」

これまで肝膿瘍があらわれたことはないのかジョンにたずねた。

「時たま見たな。肝臓にちっちゃな膿ができるやつだろう?」彼はそう答え、「そうなっちゃ肝臓は食えないよ」と言った。

しかし一年未満で去勢牛が死んだケースを彼は思い出せないようだった。

私はジョンに、ヘイル医師の話を聞き自分がどんな不安を抱いたか説明し、子牛の飼料に干し草や粗飼料を少量混ぜることをどう思うかたずねてみた。

「干し草はだめだな」と申し訳なさそうに彼は答え、「干し草は今までの苦労をふいにする。粗飼料と干し草はコーンを腹から押し出しちまうからだ。それじゃあ体重が増やせない。肉とポテトを食わせつづけた男にレタスしかやらないようなものだ。狂ったようにレタスを食うだろうが、飢え死にするよ」と言った。

クレイグ通りを一キロほど南に下り三六号線と交わると、海外戦争復員兵協会（VFW）ヨーク記念支部が見えてくる。在郷軍人のためのこのクラブハウスはその施設建物をヨーク・スポーツマンクラブと共有している。ローネル・ファームが所有する小麦畑と未経産牛用の飼養場との中間あたりに位置する場所だ。

・・・

この会館の敷地内に建てられた仮設の会場で今日、復員軍人の日の式典が行なわれることになっており、大勢の人々が新しい記念碑の除幕の時を待っている。仮設会場の三方向には青い防水シートが張りめぐらされ、風の侵入を防いでいる。内部には一〇〇組の折りたたみ椅子が用意されたが、式のはじまり一五分前に到着してみると、大部分の席がすでに埋まっていた。立ったままの人も多く、その周りには年配の人たちが車椅子に腰かけて式の開始を待っている。冬物のコートを着た人もいるが、上着だけで震えている人がほとんどだ。

私はこの式典にぜひとも出席したかった。なぜならこのところ、とりつかれたように子牛の行く末のことばかり考えていたからだった。命と引き換えに自由を守ってきた人間の長い歴史に照らしてみれば、二頭のホルスタインの運命などとるに足りない問題であるはずだ、戦死者を悼む人々に囲まれれば子牛の問題をもっと秩序立てて考えることができるようになるかもしれない、そう思って私はここにやってきた。

ヨーク内の一箇所にこんなに多くの人が集まるのを私はこれまで見たことがない。

ヨーク・ハイスクールのブラスバンド部が楽器の音合わせをはじめている。

私たち出席者は全員起立して、米国民の〝忠誠の誓い〟と国歌を唱和し、VFW付きの牧師とともに祈りを捧げ、席についた。次にシャーリー・シュライファーと名のる喪服を着た白髪まじりの女性が立ち上がり、除幕を待つ記念碑の前に歩み寄った。彼女は最近亡くなった復員兵の母親である。掲揚台のロープが風にあおられ竿にあたって大きな音を立てている。ミセス・シュライファーが記念碑にかけられた緑の布を引っ張ると、下から高さ一メートル半の黒い金属製モニュメントがあらわれた。特大の墓石のような姿をしている。

最初にスピーチしたのはヨーク・スポーツマンクラブの会長ジョン・ジェネローだ。彼自身は復員兵ではないが、一八一二年の米英戦争以来、一族の中に誰かしら兵士がいたという。二六年教師をつづける彼の目には、「若者の愛国心が消えつつある」ように映ると述べ、涙をこらえて「今の若者が戦争や自己犠牲について何も知らず平和な暮らしが送れるのは、わが国の兵士たちが自分の職務を忠実にまっとうしたからなのです」と話を結んだ。

次の話し手は、「一七七五年の独立戦争以来六九回の戦争・戦闘で、男女合わせて延べ二八〇〇万人の軍人が、命を落とした」ことに言及した。

そして最後の一人が「神は今日ここに集ったすべての人を祝福されるでしょう。神はこの地の兵士らを祝福され、アメリカ合衆国を祝福され賜うのです」と述べて、スピーチの部はしめくくられた。

トランペットが〝永別《えいべつ》のラッパ〟を奏ではじめる。伴奏の小太鼓のもと澄んだ高音が鳴り響き、ラッパの音は、ジェネシー渓谷のそばの牛舎、そして裸になった小麦畑を越え町の向こうに流れてゆく。トランペットの演奏が終わるとしばらくのあいだ沈黙がつづき、やがてバグパイプを手にタータンキルトを身につけた一人の男性が仮設会場の裏からあらわれ、〝アメージング・グレイス〟を演奏しはじめた。

式典が終わると会館内で食事がふるまわれた。塩ゆでポテト、ローストビーフ、ソーダ水が並んでいる。室内の壁には在郷軍人らやスポーツマンクラブのメンバーを称える記念の盾や写真が飾られている。在郷軍人の武勲章が、「狩猟成績・鹿の数八四頭——銃七二頭、弓一二頭」と刻まれた記念の盾と同じ壁に飾られているという具合である。また折りたたみテーブルの上には第二次大戦で使用された迫撃砲の砲弾が鹿の頭の剥製とともに並べられ、そのまわりを飾るのは、獲物をしとめカメラに向かってポーズをとるハンターたちの写真である。

式のあいだじゅう私の思いは今の自由——ものを書くことの自由も含め——を与えてくれた、亡き者たちに向けられていたのだが、鹿の剥製や狩りの写真に触れたことで、心はふたたび未決の問題に引きもどされた。ここから六キロ離れた牛舎にいる二頭の子牛をいったいどうしたらいいのだろう?

・・・

次の土曜の晩、妻と出席したパーティーの会場、ロチェスターホテルのロビーから私はピーター・ヴォングリスに電話をかけた。子牛の食餌の問題を解決するため、明日彼の家を訪問しようと決めたのだ。

「もしもし、ローベンハイムだ」

「やあ今晩は!」電話に出たのは彼だった。

背後ではバンドの音が鳴り響き、パーティー会場から電話している自分が突然後ろめたくなってきた。ピーターが電話に出たところをみると、どうやらシェリーは仕事に出かけ彼が子どもの面倒をみているようだ。

気を取り直し、私は何か変わったことはないかと彼にたずねた。するとピーターは、毎年秋出かけるニュージャージー州アトランティック・シティーへの旅行から昨夜スコットとともに帰ってきたばかりだと私に告げた。わずかだが賭けで勝ったし、とても楽しい旅だったと言う。

私にはもうバンドの音は気にならなくなっていた。

「ピーター、」私は切り出した。「実はこのところ全粒コーンの飼料について調べていたんだ」

ピーターは私が彼の父親と話したのを知っていた。

「ローネル・ファームに出入りしている獣医師のデイヴ・ヘイルとも話をした。そうしたら、粗飼料を食べない牛は肝膿瘍や他の障害を引き起こし、いつ死んでもおかしくないと言われたんだ。それで少し気になっている」

父親はこの方法で長年牛を育ててきたが特に問題はない、とピーターは言う。

「それでだ、子牛の餌に干し草か粗飼料をいくらか混ぜてはどうだろう？　家畜が少しでも病気にならないようにするためさ」

「いつ頃牛をと畜場に送るつもりだい？」と彼はたずねた。「俺が聞きたいのは、いつまで生かすのかってことだよ」

私はまだ自分の迷いをピーターに打ち明けていない。

この場で答えるより直接会って話す方がいいだろうと私は言い、彼とシェリーの明日の予定を聞いてみた。

明日の昼家族そろってシェリーの実家をたずねるが、一一時頃なら話ができると彼は答えた。

「これだけは言っておくが」とピーター。「この仕上げ飼料に干し草は禁物だ。コーンが排泄されて体重が増えなくなる。まあ、くわしいことはまた明日」そう言って電話は切れた。

・・・

「ピーターに会ったら干し草の一件は忘れて彼の望むやり方で牛を育ててくれと言うつもりだ。それが最初の約束だし、僕はそれに従うべきだと思うんだ」日曜の朝、牧場に向かう身支度を整えながら私は妻に向かって話しかけた。ジーパンをはき、町のショッピングセンターで買った青いウェスタンシャツのボタンをかけた。「子牛たちはたぶんもう病気にかかっている。だからたとえ僕が食肉処理場から救ったところで、たいして結果が変わるわけじゃない」

妻は私の話に興味をもったようだが、息子のベンが朝食をせかし、二人の娘サラとヴァルが今日の自分たちの用事には誰が車を出してくれるのかしつこくたずねる今、子牛の件でこれ以上つき合わせるのは無理なようだ。

ヨークに着くまでの四〇分、私は運転しながら頭の中で何度も問題をむし返していた。子牛を特別扱いしないという最初の約束を私は守るべきである。それにもしピーターが同意してくれたとしても、他の牛から二頭を分けて飼育するのは現実問題、不可能だ……。

ピーターとシェリーはキッチンにいた。ピーターはあごひげを生やしている。

「先週から伸ばしはじめたんだが、ずいぶんはやく伸びるもんだな」

シェリーには疲れがたまっているようだ。昨日は午後の三時から夜の一一時まで病院勤務、今日も午後一時には病院にもどらなければならないと言う。そして今は、実家に連れていくためブリジットとコリンに着替えさせようと悪戦苦闘中だ。

ダイニングの椅子に腰かけると、ブリジットが自分の描いた絵を見てよと私のもとに走ってきた。鼻水を垂らしたコリンはシェリーの膝の上にいる。

ピーターは、昨日私から電話があったこと、私が牛の食餌について心配していること、すべてをシェリーに話してあるようだった。部屋を漂う緊張感でそれがわかる。私はこの問題を早く解決したかった。

「昨日電話で話したあと、私も牛の食餌についていろいろ考えてみた。君はよくやってくれているよ、ピーター。そのままつづけてくれ。粗飼料の件は忘れてほしい」

「そうか、よかった。干し草はやりたくなかったんだよ」と彼は言った。

「わかってくれたのね」私の言葉にシェリーの顔がほころぶ。「ほっとしたわ」

ピーターは身を乗り出した。「テンダー・リーンは牛を短期間で肉にするための仕上げ法だ。長生きさせることが目的じゃない。それはわかってくれるね」

わかっていると私は言った。

「とにかく今子牛に粗飼料を与えたら体重が減ってしまう」

「そんなことしたら死んでしまうわ！」とシェリーが声を上げた。「冬が越せなくて死んじゃうわよ」

「いや、死にはしないよ、シェル。だが体重は減る」

そしてピーターは彼の父親が先日電話で私に告げたのと同じせりふを繰り返した。いったん全粒コーンを食べはじめた牛に粗飼料を与えたら、「腹からコーンが押し出されてしまい」栄養がとれないのだと。

「牛床の藁をとりかえた時を見ればわかるよ。牛はその新しい藁を食べはじめるが、次の日必ず糞の中にコーンの粒が混ざってる。消化しなかったのさ。牛はその日ぜんぜん栄養がとれなかったってことなんだ」

私はもう一度ピーターとシェリーにヘイル医師の話について説明した。コーン飼料を与えられた子牛は肝膿瘍を引き起こしいつ死んでもおかしくない、私は彼からそう聞いた、と。

意外にも二人はヘイル医師のことを知っていた。彼はピーターの働くベイチング・ファームの担当獣医師でもあるらしい。テンダー・リーン・プログラムをつづけてもらおうと決めはしたが、一度いっしょにヘイル医師の話を聞いてくれないかと私はピーターにたのんでみた。ピーターは承知し、ヘイル医師の回診予定に合わせて次の火曜の朝七時、ベイチング・ファームで私たちは落ち合うことになった。

シェリーが私に話しかけた。「あの牛を肉にしたあと、あなたがどうするかまだ聞いてないんだけど、このことはたしか前に話したわよね？　私もピーターもぜひ肉を買い取りたいと思っているのよ」

私は何と言っていいのかわからなかった。

「どうするかもう決めたの？」

「いや、正直言って今頃になってやっと、あの二頭を本当に殺すんだって実感しはじめた始末なんだ。肉をどうするか決めるにはまだ時間がかかりそうだ。それでもいいかい？」

それでいいと二人は言った。よくわかったと。

私もほっとした。

「明日は鹿狩りの解禁日だね」私は帰りがけピーターに声をかけた。

今年はまだライセンスを手に入れていないので狩りに出るかわからないと彼は言った。

「俺は牧場で働いてるよ。ほかの人間はみな一週間休みをとるが、誰か残らなくちゃならないだろ?」

「まるでもうオーナーになったみたいだね」

「やめてよ」とシェリーが私に言う。

家を出るまぎわ、私はピーターに子牛に餌をやるところを見せてほしいとたのみこんだ。いつも夜帰宅した時に餌をやるのだが、今日はちょっと余計にあげることにしようと彼は言った。

牛舎の前庭には餌の入ったあのワゴンが見える。飼料のコーンはベイチング・ファームでとれたものだとピーターは言う。九月に収穫を見学した、あの時のコーンかもしれない。

ピーターがワゴンの上にのぼりバケツでコーンをひと山すくうと、ナンバー8以外の牛たちはみな、ランニング・シェッドの後ろから牛舎前庭の中央へと集まった。だがナンバー8だけがまっすぐ私の方にやってきた。例の平たい岩の上に腰を下ろした私のもとへ。草や干し草がもらえると思っているのだろう。しかし今日の私には何もない。私は素手をナンバー8にさし出した。するとナンバー8は数歩私に近づいた。私は頭に手を伸ばし、聖杯のマークを撫で、鼻をさすった。ナンバー8は私の指を舐めている。ランニング・シェッドの方を振り向くと、ピーターがこちらを見ていた。

「見たかい?」私はピーターに言った。だが自分が何を言いたかったのかわからない。子牛に手を舐められるところを見られ少し気が引けたのは事実であるが――これまで何度かピーターの留守中ここに来て、ナンバー8を手なづけていたのだから。

ピーターはほほえんだ。だがやはり彼の笑みが何を意味しているのかわからない。「ああ、よかったな。まっすぐあんたの方に来て手を舐めるなんて、ずいぶん仲良くなったじゃないか」ということか、あるいは「俺は毎日こののろまな牛たちに餌と水をやってるんだ。のん気なあんたはこいつを手なづけ自分のペットにしたのかい?」という意味なのか。

ピーターはコーンをプラスチックの細長い飼槽に入れると、茶色の固形飼料の袋を破ってそこに加える。

私はナンバー8から離れ、ピーターのあとについて牛舎へ向かった。

屋外の給水槽にはホースから自動的に水が供給されるのだが、冬場には凍結のおそれがあるため手でくんで水を補給しなければならない。

牛舎の床には薄く藁が敷かれている。いつもは週一回の藁の交換も、牛が舎内にいる時間が長い冬のあいだは週二回になる。

夜間子牛が眠る様子を観察したいと思い、夜は何時頃牛が寝るのかとピーターにたずねた。「牛が夜寝るのか、昼間寝るのか俺にはわからないよ」彼は素っ気なく答えた。

畜牛は夜間平均約四時間睡眠をとり、日中約六時間居眠りすると、ある動物行動学の本に書かれていた。夜の眠りは、深い睡眠(ノンレム睡眠)と、急速眼球運動をともなうレム睡眠の間隔を含め、おおむね人間の睡眠と同じである。深い睡眠のあいだ牛はふつう頭を地面に横たえるが、耳や顔面の筋肉を時々痙攣させるのは睡眠の深さにかかわらずみられる反応らしい。さらに、囲いで暮らす畜牛は毎晩同じ場所を選んで眠ることがわかっている。

牛舎を出る時私はピーターに向かって、子牛が仕上げの最終段階に到達するまでどうか我慢して私につき合ってほしいともう一度たのんだ。それまでに私は自分の中で、二頭に関する問題に決着をつけなければならない。

「ああ、いいとも」とピーターは言った。「ただ俺は、子牛を牛舎から出しトラックに載せる時あんたがどうなるかが心配なんだ。泣き出すんじゃないかってね」

・・・

そして火曜の朝、私は日の出前にベイチング・ファームに到着した。一一月末の感謝祭を二日後にひかえた、霧の深い寒い朝だ。まだ満月が裸の畑の上にかかっている。牧場につづく狭い砂利道で私はオレンジ色のベストを着た犬連れの老人とすれ違い、鹿狩りが解禁になったことを思い出した。

数分してピーターが到着し、私たちはいくらか古ぼけた小さな事務室に入っていった。そこには四、五人の男性がいた。スコット・ベイチング、家畜担当責任者、従業員たちだ。彼らは発泡スチロールのカップでコーヒーをすすりながら、昨日誰が狩りに出かけ何をとったか話し合っている。ピーターは昨日の午後ウォルマートでライセンスを買って出かけたが、何もしとめられなかったと言っている。ベイチング・ファームはローネル・ファームよりずいぶん荒くれた感じのする、〝男くさい〟場所だった。

ヘイル医師が事務室に姿をあらわすと、私は自分がここに来たいきさつを説明し、回診の邪魔はしないからピーターといっしょに話をさせてほしいとたのんだ。

「親父は二五年間この方法で牛を育ててきたんだ」とピーターが切り出し、テンダー・リーン・プログラムの背景についてヘイル医師に話しはじめた。

妊娠徴候を調べるため牛を触診しながら、ヘイル医師は話に耳を傾けた。

「君のお父さんはその方法でこれまで何頭の牛を仕上げたんだい?」ヘイル医師がたずねた。

「成果は大したものさ」具体的な数字をあげないままピーターが答える。

「そうか、それでもおそらくある程度は死んでいるかもしれないな」とヘイル医師。

そして彼は以前のコメントを繰り返した。アシドーシスと肝膿瘍の可能性についてだ。

この食餌で牛はいったい反芻できるのか、今度は私がヘイルにたずねた。

「牛の反芻機能はきわめて低いレベルになっているはずだ。通常の一割くらいしか働いていないだろう」そして、「食物繊維や飼草をほしがっている微生物はまだ体内にうようよいるが、それらに餌が与えられないためどんどん単胃動物に近づいている状態だ。しかし幸いなことに、固形飼料にラサロシドという抗生物質が入っているせいで牛の反芻性そのものが衰えている。それで多少バランスがとれているんだ」そう答えが返ってきた。

反芻できないことで牛はストレスを感じないのか、私はその点に関心をもったがヘイル医師はそんなことはないだろうと言った。

「それより気になるのはクロストリジウム感染症だ」と彼は言った。クロストリジウム感染症とは、濃厚飼料で繁殖した微生物が胃腸管を占拠する一種の〝過食〟病だと彼は説明した。「これに感染すると八時間から一〇時間で家畜は死んでしまう。赤ん坊の羊や牛によくみられる病気だよ」

子牛にクロストリジウムのワクチンを接種したかという問いに、ピーターは「いや」と答えた。では来週ワクチンを持ってこようと彼が言うので、代金は私が払うと申し出たが、費用は一頭につきわずか四五セントとのことだった。

次の牛の診察が終わると、ヘイル医師は牛舎内の通路にいる私たちのところに来てこう言った。

「ピーターがやっているのは肉用牛を育てるための標準的な飼育法だ。飼養場の肉用牛はこんなふうに仕上げられているんだよ。仕上げの前に家畜が死んでしまうこともあるが、彼の話を聞くかぎり、お父さんの牧場におけるその割合も妥当な範囲内におさまっていると思うね」

そして、「だが子牛を長く生かせば生かすほど突然死の確率は高くなる。だから君の子牛も五月よりは四月で仕上げる方がリスクは減るんだ。子牛を四月に仕上げていいのかい?」と聞いた。

まさに正念場だ。

ピーターが私を見る。

「ああ」私は答えた。

「これは短期間の仕上げ法なんだ。牛は一定の期間しか生きられない」とヘイル医師が念押しする。

「問題は、」とピーター。「彼が牛に愛着をもちはじめてるってことなんだ」

・・・

一一月下旬のとある日、朝のうちは寒くて薄暗かったが、午後には太陽が顔をのぞかせ、驚くほど暖かい一日となった。昨日は最高気温が二一・五度で一一月の歴代記録と並ぶ暖かさ、今日も昨日と同じくらいになるだろう。レストラン「ヨーク・ランディング」ではハンターたちが昼食をとりながら、鹿肉を腐らせないためにするにはどうしたらいいか話し合っていた。

ヴォングリス家につづく坂道のふもと、いつもの場所に車をとめ、私はトランクから長靴を取り出し牛舎に向かった。七頭みな横になっている。ナンバー8だけが私を見つけると起き上がり、前庭を渡ってまっすぐこちらにやってきた。するとほかの牛もナンバー8のあとについてきた。ナンバー8はいつもの干し草を探しているが今日はトランクに入れていた在庫を切らし、私は手ぶらだ。

屋根にとまった十数羽の鳩の中に、真っ白な鳩が一羽いる。今いっせいにランニング・シェッドから飛び立った。

子牛たちは前庭を歩きながら、柵の柱や岩のまわりに生えたわずかばかりの草をはんでいる。数週間後にはこんなちっぽけな草の上にも雪が降り積もってしまうのだろう。

先週私は畜産業者とともにここをおとずれ、子牛の状態を調べてもらった。ナンバー8の体重は約六五〇ポンド（約二九五キロ）、四月には一一〇〇ポンド（約五〇〇キロ）になると彼は言った。今からおよそ四ヵ月後だから、ナンバー8はコーン飼料で一日に約四ポンド（約一・八キロ）体重を増やすことになる。週を追うごとにナンバー8が大きくなっていくのが私にもわかる。

庭のいつもの岩に腰かけるとナンバー8がやってきて、長靴やジーパン、シャツ、首、あご、頬、髪を舐めはじめた。私はナンバー8に体をあずけ、じっとしたまま動かなかった。

やがてナンバー8はランニング・シェッドに歩いていき、飼槽のコーンを食べはじめた。この子を殺すのはつらいのだが、もしと畜をとりやめればスミス家やヴォングリス家の人々、そしてこれまで出会った、食べ物をつくるために働いている多くの関係者を裏切ることになるだろう。

そもそも私の望みは、誕生からと畜解体まで——受胎から消費まで——一頭の牛を追いかけることだった。そして今、私はそれを忠実に実行している。私はたしかに牛を飼い、その暮らしや牛の世話にあたるすべての人々を観察してきた。牛を救えなかったとしても、それでいいではないか。

私はまるで、以前アンドリューが話してくれた、ペットの豚を殺さねばならなかったシェイカー教徒の少年のようだ。私も子牛が殺されるのを見とどけよう。少年がそうであったように、経験は私をきっと成長させてくれる。

コーン畑の先の森から狩りの銃声が響く。

首についたナンバー8の唾液が乾いていく。

午後の日差しは心地いいが、そろそろ家に帰る時間だ。私は岩から立ち上がり、前庭を出て、ゲートを閉めた。車のトランクを開けて長靴を脱ぎ後ろを振り返ると、なんということだろう、私の目に飛び込んできたのは、ただ一頭ランニング・シェッドを抜け出して柵の前に立って私を見つめるナンバー8の姿だった。私はゲートに引き返した。ナンバー8は頭を垂れて、もどってきた私の靴を舐めはじめた。革靴だ。長靴以外の靴でナンバー8の前に立つのはこれがはじめてだった。

森から銃声がもう二発聞こえてきた。そしてもう一発、また一発。次に五発つづけて、パン、パン、パン、パン、パン。三頭の小さな鹿がコーン畑から飛び出して森の中へ消えていく。

はじめての革靴はいったいどんな味がしたのだろう?

ナンバー8と著者

第7章

淘汰

どんよりとした金曜の午後、ローネル・ファームの家畜事務室の窓にはクリスマスの飾りがついていた。スーはパソコンの前で印刷したデータをながめている。このデータには今朝の搾乳結果にもとづいて、一日の泌乳量が一四リットルに満たない牛の番号がリストアップされている。この数字は彼女がはじき出した損益分岐点である。

「このリストには自分の食いぶちを稼いでいない牛が並んでいるのよ」と彼女は言う。

採算性のない牛を淘汰し、若くて生産性の高い牛ととりかえるのがこのリストの目的だ。

今朝のリストには六七頭の牛が挙がっているが、そのすべてが淘汰されるわけではない。スーはそれぞれの牛をよく吟味してから決断を下す。最終的に選《え》り退《の》けられた牛はその週いっぱい搾乳され、月曜の朝、家畜運搬業者ジョー・ホッパーによって牧場から運び出され、パビリオンの家畜市場を経由して食肉処理場へとまわされる。

淘汰された牛が食肉処理場に向かうまでのプロセスを、今回私は見学しようと思う。楽しい仕

事とはいえないが、自分の牛を送り出すことになった時、これが一種の予行演習になるはずだ。

・・・

「リストに挙がった牛についてもう一度検討してみるの。泌乳量が少ないのは病気のせいか、乾乳期に入ったせいか、それとも本当に役に立たなくなったせいなのかって」とスーは説明した。

その時リストの中に私はある番号を発見した。４９２３、私のあの二頭の母牛だ。４９２３は一日五リットルあまりしか泌乳していない。

ローネル・ファームの年間淘汰率は三五～四〇パーセント。毎年約三〇〇頭の牛がと畜場に送られていることになる。言いかえれば、二年前はじめてここをおとずれた時私が目にした牛の約八〇パーセントがすでに死に、違う牛に入れかわっているということだ。スーはこの淘汰率をなるべく低くしたいと思っている。ちなみに二五～三〇パーセントという数字が、酪農協会が各牧場に推奨している年間淘汰率である。

重い病気、不具、けがなどは淘汰のための完璧な判断材料となるのだが、淘汰するかどうかがミルク産出量そのものより、牛の余力に対するスーの直感的な判断にかかっている場合がある。そのさい重要なのはタイミングである。わずかだが収益を生む牛をもう六ヵ月間搾乳し体調を悪化させてから安値で売る方が得なのか、あるいは、早いうちに淘汰して市場で高値をつけさせる方が得なのか、その判断が微妙であり、思案のしどころなのである。こうした問題は最近の酪農雑誌でもとりあげられていて、「状態としては最悪となった牛（全体の五パーセント）でもゴールデン・アーチ〔マクドナルドの別称〕に買い取られれば、多少なりとももとが取れる」と書かれていた。

妊娠し出産が近づいたためミルク産出量が減る牛もいる。こうした牛はエネルギーをたくわえようとするため泌乳量が減り、自然に〝乾乳〟状態に入る。

そのいっぽう、妊娠が困難な牛もいる。こうした牛は当然泌乳量が少ないのだが、牛成長ホルモンBSTの投与により通常三〇五日の泌乳期間がときには四〇〇日にまで延長される。しかし子どもを産まない乳牛は最終的にほとんどミルクを産出しなくなり、牧場にとどまることができなくなる。

牛の健康状態あるいは妊娠の有無が不確かな場合、スーはリストの番号に〝要・獣医師チェック〟と印をつけて、デイヴ・ヘイルの回診時に相談することに決めている。

長年つき合ってきた牛を間引く時どう感じるか、私はスーに聞いてみた。

「もう慣れっこよ」と彼女は答えた。「ビジネスだもの、資本の回収だと思わなくちゃ。見返りのない牛にお金をつぎこむわけにはいかないでしょ？」

つづいて彼女はワートという名の牛の話をしてくれた。ワートはとても人なつこい牛で、生まれた時目の横に大きなイボ（wart）があったので彼女がそう名づけたという。何年かのちワートはウイルス感染で消化器系の病気をわずらい、ミルク産出量が激減した。「淘汰しなければならないのに私にはできなかった」とスーは言う。「市場に出すことがどうしてもできなかったの。やっぱり牛に執着しちゃだめよね。ワートは四、五日牧場に置いたけど、死んでしまったわ」

「でもね、」とスーはふたたび話しはじめた。「すすんでと畜場行きのリストに載せようと思う牛もいるわよ。生まれつき障害があっていつも苦しんでる牛とかね」

スーは一つずつ番号を確かめながら、牛のリストに目を通す。

「このリストにあるすべての牛がどんな牛だかわかるわよ」

すべての牛が？　番号を見ただけで？

「ええ。姿かたちが浮かんでくるわ。三回も四回もこの牛たちがお産するところを見てきたんだから、わかるわよ」

数百頭もの牛を番号を見ただけで言い当てられるとは驚きだ。

「一種の特殊能力ね」と彼女は笑う。「本物の牛飼いにならなくちゃ、こんな能力身につかないわよ。人生をこの仕事に捧げてきたんだもの」

彼女は四桁の番号を一つ指さし、「この牛はつい最近流産したわ。流産は本当に牛の体を狂わせるの。もう一度授精してどうなるか確かめてみる必要がある」と言った。

次にその下の番号を指さして、「この牛はそろそろと畜場行きだわ。これが四回目の泌乳期だし、乳房もひどい状態よ。もう授精はしたくない。この牛は早晩おしまいね」

リストの中の四頭は発情期にあるという。「発情期にある牛は搾乳しても一、二回泌乳しないことがあるの。だからそれは大目に見るけど、発情期が過ぎればまたミルクを出してもらわなくちゃね。それが経営ってものだもの」

今度は４９２３の番だ。

「これはあなたの知ってる牛よね。この牛は妊娠しているわ。二、三回人工授精を繰り返してやっと妊娠したの。ヘイルに診《み》てもらったからまちがいない」

今のところ４９２３は安全そうだ。もうすぐバレービュー・ファームに移され、出産までそこで過ごすことになるという。

「この牛は健康だしミルクも出るわ。乳房炎とか何か問題でも生じないかぎり当分淘汰されることはないでしょう」

リストに載った六七頭の牛すべてに目をとおした結果、二八頭に〝乾乳〟、一五頭に〝要・獣医師チェック〟、一四頭に〝保留〟、四頭に〝発情期〟、一頭に〝流産〟そして五頭に〝と畜〟の印が入れられた。

淘汰牛となった最初の牛はナンバー８２１。今回のミルク産出量は一三リットル、ボーダーラインの一四リットルを下まわっていた。「黒くて大きい、顔立ちのいい牛よ。健康だし泌乳量もつねに平均以上だった。だけど四月に流産して以来、種付けしても妊娠することができないの。これが五回目の泌乳期よ。もうじき八歳、いい年だわ、自分の責任は果たしたでしょう。この牛は一度見ておく方がいいわ。性格がはっきりしてるから。神経質なところがあって、自分のまわりで何が起こっているか全部わかってるのよ」

次の淘汰牛は産出量一一リットルのナンバー４９２７だ。「この牛はまるで豚よ」とスー。「ドブネズミという名もふさわしいわね。なぜってストールに入るより通路にたまった糞の上で寝そべる方が好きなんだから。ベッドまで行くのが面倒だからソファで眠るようなものよ。とにかく怠け者」現在三回目の泌乳期に入っているがまだ妊娠していない。泌乳量は減少の一途をたどっている。

ミルク産出量最下位のナンバー５６５７は産出量わずか二リットルあまり。三歳半でこれが二回目の泌乳期だという。「この牛には人工授精を五回もためし、ＢＳＴも投与したわ。だけどミルクはこの程度。原因不明よ」

産出量一二・三リットルのナンバー5772の番だ。「この牛は前足がずっと悪かったわ。左右の足を交差させて歩くのよ」彼女はこの牛に〝金属障害〟が生じていると考えていた。何かの金属物質を飲み込んで、それが胃に到達して引き起こされるトラブルではないかという。「どうしてかわからないけど、時々こんな症状を見せるのよ」

最後はナンバー5983という一番若い牛で、これが最初の泌乳期だった。BSTを投与したことで四〇二日間泌乳してきたが、人工授精をほどこしても雄牛に種付けさせてもどうしても妊娠することができなかったという。「ごくふつうの健康な牛なのに、どうして身ごもれないのかわからない。でもどこかがおかしいのね」

これら五頭の牛のうち判断が微妙なものはなかったか？

「ないわ。どれも明快よ」そして「ここから出ていくのは当然ね」と言った。

月曜の早朝、スーは淘汰が決まった五頭の牛をメイン・ファームの集合場所に移動させる。

「間引くため牛舎に入っていくと、その時が来たって牛の方もわかるみたい。群れから引き離そうとするといやがることがあるの。とくに年のいった牛がそうなるわ。災難が降りかかっていると気づくんでしょう、牛は決してばかじゃないわ」

私はもう一つ質問した――おかしなことを尋ねると思われるのはわかっていたが、私はどうしても彼女に聞いてみたかった。

「淘汰用の牛を集める時、牧場のため家族のため、これまでミルクをありがとう、そんな感謝を捧げることはあるのかい？」

「いいえ、そんなふうに牛を称えたりはしないわ」彼女は毅然として答えた。

・・・

二日後の日曜の午後、五頭の淘汰牛は最後の搾乳を迎えようとしていた。ミルキング・パーラーで作業にあたっているのはスミス家の長女カースティーと、パートタイマーの中年女性エレインである。

五頭の搾乳開始は一時間ほど遅れそうだとエレインが言う。時間があるので私は牛舎に入り込み、〝ドブネズミ〟とスーが呼ぶナンバー4927はどれだろうと見まわした。彼女の言うとおりだ。尻とわき腹が泥にまみれたその牛は、前脚を胸の下に折りたたみ牛舎の通路で寝そべっていた。

別の牛舎をのぞいてみると、ナンバー821もすぐにわかった。たしかに体が大きく、ナイキのシンボルロゴ〝スウォッシュ〟のような額の白い模様を除いて、全身が真っ黒だ。

そしてまた違う牛舎でナンバー5772を私は見つけた。通路で前脚を交差させて立っている。左脚はまっすぐ下ろしているのだが、右脚が斜めになって×印を描いていた。しかも右前蹄はグロテスクに細長い。落ちくぼんだ尻に突き出た腰骨、肋骨は七本浮き出ているし、乳房は浅くてしぼんでいる。この牛はストールにばかりいて餌を食べに出てこない、そうスーが言っていたのを思い出した。

足の不自由な従業員、ジョー・クレンザーが牛をパーラーに誘導している。

待機場の牛に向かってエレインは「出ておいで！」と声をかけ、牛をパーラーに追い込むためのクラウドゲートを操作する。ギーと音を立てゲートが前にすすむと、牛の一群がパーラー内に押し出されていく。

カースティーは歌と口笛で牛をストールに呼び寄せる。やり方が母親によく似ている。

「こっちよ、ここに入るのよ！」

例のドブネズミがパーラーに入ってきた。

「おいでブタさん！」カースティーが手招きする。

この大きな牛は頭を垂れ、右列のストールで搾乳の位置についた。コンクリートの上では足が痛むのか、左の蹄を床につけようとしない。体の内側全体、乳房にも、泥と糞がこびりついている。

ピットの中にいるエレインが乳首についた汚れをふき取る。

カースティーとともにピットに入った私は、日曜の午後パーラーで働くのは楽しいかいと彼女にたずねた。

「楽しいわけじゃないわ。でも手伝えばお金がもらえるし、いい勉強にもなる。それにこれは自分の役目だから」と彼女は答えた。

カースティーはふだん毎週末ここで八時間働き、他のアルバイトの人間と同じく一時間七ドルもらっている。

今日、ここに来る少し前までは家でテレビを観たり宿題を片づけたりして過ごしていたという。

彼女はヨーク・セントラル・ハイスクールの二年生、ほぼ毎年成績優秀者に名を連ね、バレーボールとスイミングのクラブに所属している。

ジーパンに黒のTシャツ、搾乳の時も私と話をする時もガムを噛んでいる。

アンドリューと同じ青い瞳、短くカットしたブロンドの髪はスーと同じだ。カースティーの強さは父親ゆずり、苦もなくそして優雅に牛を扱うさまは母親を髣髴《ほうふつ》させる。

「私はパパよりママと仲がいいの」と彼女は言う。「みんなはお父さん子って言うけどぜんぜん違うわ。ママになら何でも話せるけどパパにはちょっとね。でもパパともうまくやってるわよ」

「この牛は明日出荷されるんだよ」搾乳ストールにいる〝ドブネズミ〟を見上げて私はカースティーに告げた。

「え、そうなの？」彼女は通路を歩きながら、次の群れを迎える準備をしている。

そして「もう終わりよ！」と、口笛を吹いて牛を出口に追い立てた。

カースティーはそろそろ進学について考えている。大型動物専門の獣医師になりたいのだが、PSAT〔大学進学適性試験の模試〕の成績が思わしくなかったらしい。

「こういう共通テストではなかなかいい点数が取れないのよ。でも学校では、ちゃんと勉強もしてるし、常識だって身につけてるわ」

カースティーは次の搾乳群をストールへと呼び寄せる。

私は彼女がいつも何を食べているのか興味があった。同じ年頃の私の娘サラはベジタリアンだし、娘の友人の中にも何人か野菜しか食べない者がいる。

「ハンバーガーは食べるわ。でもここにいるような乳牛は食べたくないわね」そう言って彼女はドブネズミや他の搾乳中の牛を指さした。

「どうして？」

「だって小さい頃から知ってるもの」

彼女は子牛肉《ヴィール》も食べない。その理由は「まだ幼いから」だという。ヴィールとは生後四ヵ月前に解体される雄子牛の肉である。

エレインが新しく連れてきた左列の牛の中に、ナンバー８２１がいた。額に白い〝スウォッシュ〟のマークがついた肉づきのいい黒牛だ。両前蹄の先が白いだけで脚はすべて黒いため、ちょうどスパッツをはいているように見える。耳標の文字が手書きのところをみると、正式な札はもうはずされてしまったようだ。

撫でようとすると、８２１は急に巨大な頭をもたげ、私から顔をそむけてしまった。

そういえばスーが言っていた。年のいったこの牛は「自分の責任を果たした」と。もしこの牛が年間平均三〇五日、毎日三回の搾乳を五年つづけていたとしたら、ミルキング・パーラーへの訪問も四五〇〇回を超えることになる。と、突然けたたましい音とともに出口ゲートが開き、ストールの牛たちは解放された。８２１はまばたき一つしなかった。

私はカースティーに声をかけた、「君のママは三桁あるいは四桁の数字ですべての牛のことを頭に入れてるんだね」

「ええ。すぐには思い出せなくてもちょっと考えればわかるみたい」と彼女も認める。「ママはここにいるすべての牛を知ってるわ。すごい才能だと思う」

「どうしてそんな能力を身につけたんだろう?」と、私は聞いた。

「毎日一七時間も牛といっしょにいるからでしょ」

牛たちが搾乳を終え牛舎へもどっていくとカースティーは柄つきのゴムべらを持ち出し、待機場の糞尿を掃除しはじめた。もうすぐホスピタルエリアの牛がやってくる。

乳牛になってみたいと思うか、彼女にたずねた。

「いやよ。つらそうだもの。ずっと立ちっ放しだし、一日三回も搾乳のために連れてこられて一時間も拘束されるなんてごめんだわ。でも妊娠牛ならいいかも。怠けていられるでしょ? 食べて、飲んで、そのへんで横になっていればいいんだから」彼女は手を動かしながらそう言った。

学校の友だちはほとんどが牧場の子ではないのだが、彼らは酪農という仕事を正しく認識していないとカースティーは憤る。「どれほど大変な仕事かわかってないわ。牛乳はお店で作られると思ってるのよ」

搾乳ユニットの先の真空ポンプは毎秒二回振動する。倍の速さで時を刻む時計のようだ。パーラー内で聞こえるのはこの振動音だけ。ラジオはあるがカースティーはつけていない。エレインがラジオの音を好まないからだと言う。

友だちの中には大きな牧場を所有する彼女の家庭をうらやむ者もいる、カースティーはそう小声で言った。「その子たちは私が何不自由ないと思ってるようだけど、自分の物は自分のお金で買ってるわ。けっこう働いてるのよ」

それは事実だ。この三時間私が見るかぎり、彼女は休みなく働いている。

カースティーとエレインは三〇〇頭の乳を搾ると今度はパーラーの清掃にとりかかった。しかし次の搾乳係と交替するには、まだホスピタルエリアの牛が残っている。

「搾乳作業はベビーシッターをやるよりずっとキツいわ」仕事を終えた彼女はそうもらし、もう帰る時間だと言ってパーラーから出ていった。

二週間後のクリスマスの朝も、カースティーはスーやアンドリューそして弟のエイモスとともに朝の五時から牧場の仕事につくという。家族以外の従業員が全員休みになるからだ。「毎年こうよ。仕事が終わって家に帰るのは昼の一時。それからシャワーを浴びてプレゼントを開けるってわけ。でもそれでかまわない。ちゃんとお金ももらえるし」

・・・

カースティーとエレインが引きあげて数時間後の午後七時、ミルキング・パーラーには別の搾乳群が入ってきた。ハロゲンライトが牛舎内部やパーラーにつづく通路を照らし出す。脚を交差させたナンバー5772は壁ぎわを歩いている。まず左足をゆっくり前に出し、次に蹄の細長い右足を斜め前にすすませる。注意深くその動作を繰り返す姿は、結婚式で祭壇に向かう花嫁のようだ。

「レディーたちこっちだよ。こっちにおいで」と夜間搾乳係の若い男が呼んでいる。「ここまでおいで」

パーラーに入った5772は左列の前から五番目のストールにおさまった。

小さな乳房についた乳首は三つがピンクで一つは黒、触れると温かくてやわらかい。スポンジでできた親指のような感触だ。

ささやかながらミルクがほとばしり出るものの、二分もたたないうちに搾乳ユニットは乳房から離れていった。

すると、出ていこうとでもするかのように5772は力いっぱい頭を上げた。

「そんなに急ぐなよ。まだ用事が残ってるよ」夜間搾乳係の一人、茶色いつなぎ服姿のジャックが言う。彼の太い首筋には派手なキスマークがついている。ジャックは5772の乳首にヨード液をスプレーし清拭《せいしき》したが、手を抜いたため乳房には茶色い染みが残された。

もう一頭の消毒が終わると出口ゲートが開けられて、5772はふたたびゆっくり歩きはじめた。パーラーを出て、待機場を通過し、牛舎にもどる。ローネル・ファームで最後の夜を迎えるために。

・・・

月曜の朝私は五時半に起床した。市場に向かうローネル・ファームの牛たちに同行できるか気になって、私はその晩二時間ぐらいしか眠れなかった。

淘汰された牛たちはパビリオンの家畜市場で競りにかけられるのだが、落札する食肉加工処理業者はもっぱら四、五社にかぎられている。それらのうちの二つ、モイヤー・パッキング社とテイラー・パッキング社は、ニューヨークの隣りの州ペンシルベニアに工場をかまえる大手企業だ。モイヤー社はウェンディーズ用、テイラー社はマクドナルド用のハンバーガーの肉（パテ）をそれぞれ作っている。

本当に家畜の解体現場を見学できるかどうかは不安だが、もしチャンスがあるのなら、私はテイラー社の工場をたずねたいと思っている。ことの発端となったのはほかならぬ、ビーニー・ベイビーの景品を求めて娘と入ったマクドナルドだったからだ。

だがそのためにはまずテイラー・パッキング社が競りでローネル・ファームの肉を買い付けるかどうかを確かめなければならない。そしてもし買い付けたなら、今度は工場への立ち入りが認めてもらえるかどうか問い合わせてみなければ。食肉処理場がジャーナリストを――いや部外者は誰であっても――歓迎するとは思えない。

どしゃ降りと濃霧のせいで、ヨークまでの道のりはさんざんだった。七時にローネル・ファームにたどり着くと、エレインはすでに交代を終えミルキング・パーラーに入っていた。

「スーはもうここにいる?」

いたことはいたが、明け方まで働いたので休憩のためいったん帰宅した。でもすぐもどってくるだろうとエレインが言う。なぜスーが夜間ここにいたのだろう?

「夜間搾乳係がゆうべ、突然辞めると言い出したのよ。それでスーが夜中にここにやってきて、朝の五時まで搾乳してたの」とエレインが説明した。

ということは、私がベッドの中で食肉処理場のことで悶々としていたのと同じ頃、彼女もやはり割りきれぬ思いのままミルキング・パーラーで働いていたことになる。

昨夜九時に搾乳係の一人がスーの自宅に電話をよこし、辞めると言って仕事を投げ出し帰っていったという。「スーが言ってたけどその男おかしなことを口走っていたみたい。ドラッグでもやってたんじゃないかしら」

・・・

パーラーの外では一四輪のステンレス製タンクローリー車がすでに集乳の位置についている。

「今日の予定は?」と運転手が私に声をかける。

「淘汰された牛を追ってパビリオンまで行ってくる」

「マクドナルド? それともバーガーキング?」

「そんなところだ」私は答えた。

・・・

アンドリューが牧場に来たのは八時だった。アンドリューによると昨夜九時四五分にあのジャックから電話があり、彼は今から相棒のボブと二人でここを出ていくと告げたという。

「やつらは頭がいかれてる」とアンドリュー。彼とスーはベッドから起き出して搾乳のため牧場に向かい、夜中の三時まで働いた。

「ヤクが切れかかったんで急いで打ちに行ったんじゃないか？　それとも女でも待たせてたかな」

ジャックの首にキスマークがついていたことを教えると、アンドリューは、

「え、キスマークだって？　そりゃ名誉の印だな」とふざけて言った。

あとになってスーはその時の様子を話してくれた。彼女はベッドであの『豚の死なない日』を読んでいたという。「ちょうど読み終えたところで、一息ついて終わりの部分をぼんやり思い返してたの。少年はなぜ自分の豚を殺す手伝いをしなければならなかったのかって。——その時電話が鳴ったのよ」

スーは八時半すぎに牧場へもどり、すぐにと畜リストに載った五頭の牛を集めはじめた。

彼女は今、脚の交差したナンバー５７７２を探して牛舎の中を歩いている。

「出ておいで５７７２。こっちよ、こっちにいらっしゃい。ロックンロールの準備はできた？」

ようやく５７７２の姿を見つけそばまで近寄るが、すんでのところで向きを変えられ、とらえることができなかった。５７７２は反対方向に逃げていく。足の不自由な牛にはとても見えない。

「ほらほら、そんなまねしないのよ」そう言いながらスーは５７７２を追いまわす。「それじゃあこっちから行くからね！」

するとまわりの牛も走って彼女から逃げていく。

「こういう時はほかの牛も勘づくのね。何かが起きるぞ、だれかが連れていかれる、って。日常生

活が乱されるのを牛は好まないのよ」

5772をしばらく追いかけたあとスーはゲートをいくつか開閉し、5772の逃げ道を一つにしぼった。脚の交差した牛の行き場はもう彼女のもとへとつづく一本の道しかない。そして五分もしないうちにナンバー5772はとらえられた。

最後の搾乳を終えた五頭の牛は今、他の牛から隔てられ、牧場で一番大きな牛舎の一角、たっぷり藁の敷かれた牛床の上にいる。前後に行ったり来たりを繰り返す年長の黒牛821をはじめ、ほとんどの牛が立ちつづけるなか、例の〝ドブネズミ〟だけはわき腹や乳房に泥をつけたまま藁の上で寝そべっている。脚の交差した牛は飼槽から餌を食べている。体の白い若めの牛が一番興奮しているようだ。鼻から蒸気が、そして背中から湯気が立っている。暑いのは、牛舎でさんざんスーから逃げまわったせいだろう。私の前で体の大きな黒牛に軽く頭をすり寄せた。

雨がブリキの屋根を激しく打ちつける。

スーは私からペンを借り、淘汰される五頭の番号を紙に書き込むと、それを牛舎のドアにテープで貼った。

・淘汰牛五頭——5772、4927、821、5657、5983
・雄子牛九頭

家畜運搬業者ジョー・ホッパーが一時間もするとやってきて、これら五頭と雄の新生牛九頭をパビリオンまで連れていく。

牛たちは市場でも餌をもらうのか、牛舎を出る時スーにたずねた。

すると彼女は「さあ、どうでしょう。くわしいことは知らないのよ」と言った。

自分の牛が競りにかけられるところなど一度も見たことがないという。

だが子どもの頃は家のそばにある小さな市場をよくのぞいたものだと、以前私に話したことがある。「あそこのにおいが好きだったのよ。澄んだ空気とおが屑のにおいがたまらなかった……上の席に腰かけていろんな動物をながめたり、競売の風景をながめたりするのも好きだったわ。何か、どきどきするような感じね」彼女はその時そんなふうに言っていた。

「いっしょに市場に行かないかい？」私はたずねた。

「いやよ」とスーは即答した。「気が滅入るもの、行きたくないわ」

「興味がないから？　それとも見たくないから？」

「憂うつになるってわかってるから。それにとにかく見たくないから」と彼女は言った。

・・・

それから数分後、ジョー・ホッパーの家畜運搬車がガタガタ車体を揺らしてローネル・ファームにやってきた。ジョーはバックでトラックをつけ、運転席から降り立った。腕にバターボール社の冷凍された七面鳥の包みを二つ抱えている。スミス家へのクリスマス・プレゼントだ。一羽はスーとアンドリュー用、そしてもう一羽はアンドリューの両親ラリー夫妻用である。ジョーは七面鳥をとどけるため、事務室に向かっていった。

彼がローネル・ファームの家畜を運搬するようになって一〇年になる。

「この家のことを悪く言うやつに俺は今まで会ったことがないね」とジョーは言う。「とくにスーザンだ。スーの悪口は一度も聞いたことがない、ただの一度もだ。馬鹿みたいに働きどおしで気の毒だよなあ。夏なんか汗だくさ。なぜあんなに働けるか俺にはわからないけどね。まあ、スーみたいな人間は百万人に一人いるかいないかだ」

ジョーは五〇歳。泥のついた茶色のつなぎの上にフードつきの黒のトレーナーをはおり、頭に濃紺の農夫帽、手に茶色の手袋をはめている。丸顔でやさしい表情、笑顔に温か味のある男だ。

スーは牛舎の五頭を集め終わり、トレーラーの傾斜台に上げようとして声を荒らげている。

「そら、そら、そら、こっちに来るのよ。ほら立って!」

全身がおおむね白いナンバー5657が最初にトレーラーに乗り込んだ。脚の交差した5772が次の番だが、傾斜台の下で尻込みしている。

「じゃあいい? 先にあなたたちよ。ここに入って」残りの三頭に向かってスーが声をかける。

三頭がトレーラーにおさまり、脚の不自由な5772もなんとか中に入ったのだが、今度は最初に乗り込んだ5657が向きを変え傾斜台を降りようとしはじめた。

トレーラーにいるジョーがスーに向かって叫ぶ。「とんまなやつをつかまえたぞ!」

彼には助けが必要だ。数年前、倒れた木の下敷きになり椎間板《ついかんばん》を痛めて以来、少し前かがみになってしか歩けないため、背中に負担をかける行為は禁物なのだ。

スーはジョーを助けるためトレーラーにもどると、傾斜台のナンバー5657を押し上げた。ようやくトレーラーの扉が閉められる。扉が閉まるまさに最後の瞬間、隙間から見えたのは奇妙に長い蹄だった。細長く変形した5772の蹄が扉の奥に引っこんだ。

次に向かったのは、雄子牛がいるスーパーハッチだ。雄の新生牛九頭はすでに出発の準備が整っていた。

「こいつら胸くそ悪いだろうな」とジョーが言う。悪天候のせいで子牛たちが泥まみれになっているのを指しているのか、ハッチの後方にいる三頭が文字どおり自分の糞にうもれているのを指しているのか、定かでない。

「おいで、おいで、もう行くぞ」

どの子牛も幼なすぎて自分一人で歩けないため、ジョーが首と尻の下を支えてトレーラーまで連れていく。「前みたいに背中にかつぐことができなくてな」

子牛がどうしても立とうとしない時には〝ホットショット〟と呼ばれる長さ一メートル弱の電気棒で二、三回軽く子牛をつつく。

「電気棒を使うのは牛をぶん殴らないですむからさ。傷つけないですむんだよ」

かくて我々は五頭の淘汰牛と九頭の雄子牛を荷台に載せて、一五キロほど先のパビリオンの町に向け出発した。

ジョーのトレーラーは内部が二つに仕切られていて、前方部分が成牛用、後方が子牛用になっている。床にはうっすらとおが屑が敷かれ、側面には空気穴があいているが、何を運んでいるか外からは見えないようになっている。

彼が運転するシボレーのトラックの走行距離計は一四万六〇〇〇マイル（約二三万五〇〇〇キロ）を指したまま動かない。「二年乗ったら故障した」とジョー。「それから八年このまんまさ。四〇万マイル（約六四万四〇〇〇キロ）は超えたような気がするが、きっとそこまでいっちゃいないな」

バックミラーには紐でつるした眼鏡、座席の上にはコーヒーの入った魔法瓶が置かれている。

「犬はどこだ?」ローネル・ファームの私道を出てクレイグ通りに向かうあたりでジョーがきょろきょろ見まわした。

「犬だって?」

「俺は犬に好かれるんだぜ!」笑顔で答え、彼は犬について説明した。ローネル・ファームから一〇〇メートルほど離れた牧場で一匹の犬が飼われている。数年前のある日、その犬がトラックのあとを追いかけてきたためジョーは骨を投げたという。それ以来トラックでとおり過ぎようとするたび犬が追いかけてくるので、彼は毎回ビスケットを放り投げているのである。

「まあ、これが俺なりの動物とのつきあい方だな」と彼は言った。

そう話している矢先、クレイグ通りに面したある牧場を時速六〇キロほどでとおり過ぎようとしたその時に、茶色いシェパードが農家の裏から飛び出して私たちのあとを追いかけてきた。ジョーは窓を開けるとビスケットを一枚放り投げた。

「今日は走るのがのろいな。あとで見つけて食うだろう」

しばらくすると、あんたの本はどんな人間が読むと思う? と、私の本の読者についてジョーがたずねてきた。都会の人間で、食べ物がどこから来るのか、どんな人たちがそれを生産しているのかに興味のある人かな、と私は答えた。

すると、「みんななんにも知らねえもんな」とジョーは言った。「何年か前に観たテレビのワイドショーのことが今でも忘れられないね。あるご婦人がこう言ったのさ。『なぜ農家が必要なんでしょう? 肉は店で売っていますよ』だとよ。まったく、食い物は空から降ってくるとでも思ってるのか?」

ジョーは成牛一頭につき一〇ドル、子牛一頭につき二、三ドルで運搬を引き受けている。

「タイヤ交換にガソリン代、諸経費をさっぴいたらたいしてもうかりゃしない。なのに仕事をやめないのは俺の性に合ってるからだよ。外に出ていろんな人といろんな話をする、この仕事が好きなのさ」

ジョーはニューヨーク州ペリーで生まれ、今もそこに住んでいる。「俺と兄貴は学校をやめて家の牧場で親父といっしょに働きはじめた。それが当時はあたりまえさ。商売をやってる家じゃ、外から人を雇うなんてことはしなかった。大学に行くやつらも見てきたが、あいつらはなかなか仕事にありつけなかった。終わりよければなんとやらさ」

二車線道路の裏道経由で、私たちはパビリオンに半分まで近づいた。

その大半がすぐに殺されるとわかっていて、動物を市場に連れていくのはどんな感じがするのか、今度は私が彼にたずねた。

「幼い牛の命が奪われるのはやっぱりつらいね。生まれて一週間で死んじまうなんてさ。物心ついた頃、うちの牧場には牛が一〇〇頭いたんだが、俺にとっちゃペットみたいなもんだった。牛だって犬や猫のように思えてくるんだぜ。愛情がわいてくるのさ。市場に連れてかなきゃならない時は泣いたもんさ。だがスーのとこみたいな大きな牧場じゃ話が違う。あまりに多くの家畜がいすぎて、愛情がわくなんていう暇がない」

「俺は絶対に家畜を痛めつけたりしない」彼の話はつづいた。「電気棒もそのためだ。市場に行けばわかると思うが、あそこの連中は牛の頭を殴るんだ。傷もできるさ。だが電気棒さえあればちょっと牛にさわるだけでことがすむ」

フロントシートの私のそばには、望遠スコープがついたライフル銃が置かれている。これは鹿狩り用?

「ああ、だが今年は一頭しかとれなかった。しかも弓でな。若い時にはよく出かけたが、今ではあまり狩りはしないよ」

家族はいるのかジョーにたずねた。成人した子どもが二人いるが、妻とは別れたという。二十代後半で結婚生活は破綻したそうだ。

「ある日仕事から帰ってみると家の中が空っぽだった」彼は当時を振り返る。「女房は子どもを連れてアラスカまで男と逃げたんだ。息子が六歳、娘が三歳の時だった。女房も子どもも愛してたのに――あの時はまるで両手両脚をもがれたようだった。次の朝は牧場に行って乳を搾ることもできなかったんで、親父が家まで様子を見に来た。俺は横になったままずっと目を見開いていたらしい。親父に起こされた時、狂ったように暴れまくったのを覚えてる。医者が呼ばれて注射に来たが、俺を押さえつけるには男二人が必要だった。それから病院に運ばれ、神経衰弱だと言われたよ。だがある日俺は起き上がって自分にたずねた、『ここでいったい俺は何をしてるんだ?』ってね」

一一日後にジョーは退院した。そして六ヵ月後、二番目の妻となる女性と出会う。別れた二人の子どもたちは大きくなると彼のもとにもどり、いっしょに暮らすようになったという。

「俺はあいつを恨んでなんかいない」彼はそう断言する。「人生は一度きりだ。結婚してもうまくいかないなら誰かほかのやつを探した方がいい。絶対幸せになれるってもんだ。もしあんたが自分の女房を愛してないなら、かみさんには、いっしょにいて幸せになれそうな男を見つけさせてやるんだな」

気がつかないうちにトラックはすでにパビリオンの町に到着し、私たちは市場内の畜舎前に着いていた。荷下ろし場の駐車場が満車だったためジョーは車を敷地内の路肩にとめた。ジョーの話に聞き入っていた私は振動でトラックがかすかに揺れるまで、荷台にいる牛たちのことすら忘れていた。

・・・

パビリオンはヨークより面積は広いものの地方の小さな共同体であることに変わりはなく、庁舎も月曜と火曜しか開いていない。町の中央にはここで唯一の信号つき交差点があり、そのわきの小さな緑地には、戦死した地元住民の名を刻んだ戦没者記念碑が立っている。一人は朝鮮、一人はベトナムで死亡していた。

小さな町ではあるが、パビリオンはこの地域一帯の畜産業の中心地であり、年間五万頭にのぼる牛がこの町に集まり、持ち主を変え、トレーラーを乗りかえて市場を出ていくのである。ここ〝エンパイア家畜市場〟では、毎週月曜と水曜に家畜の競りが行なわれている。

二階建ての畜舎の両サイドには平屋がつながり、軽量コンクリートブロックで建てた箇所、木とスチールを組み合わせて建てた箇所など、増改築を繰り返したことが見てとれる。

荷下ろし場の駐車場に空きができたためジョーはトラックを移動させると運転席から降り立って、トレーラーの扉を開けた。五頭の牛は電気棒で二、三度つつかれながら傾斜台をくだり、畜舎に向かって歩き出した。

畜舎の前では赤い農夫帽をかぶった男が「メスどもこっちに来い！」と怒鳴り声を上げ、彼の前をとおるほぼすべての牛の頭をステッキでぶっていた。

畜舎内の誘導路には別の男が仁王立ちになり、牛が入場するたびその耳標を読み上げ、競り用の新しい番号を割り振ってゆく。ローネルの牛にはナンバー615から619が与えられそうだ。「５６５７にナンバー６１５！」彼はそう叫ぶと、大きな黒い数字が記された丸い白札を牛の左わき腹に貼りつけた。

ポーラというブロンドの小柄な女性職員が、クリップボードに新旧両方のナンバーを記入する。「８２１に６１７！」額に〝スウォッシュ〟をつけたあの黒い牛が入ってくると、ポーラに向かって男が叫んだ。

重そうなステッキを振りまわし、荒くれ男に混ざって冗談や皮肉を飛ばすポーラの姿を見ていると、『怒りの葡萄』に出てくる主人公の母親を思い出す。笑顔が底抜けに明るくてほがらかだ。そしておそらくいつも牛には——とくに子牛には——やさしく接しているような感じがする。

「今日はすごい量の糞だわね」とポーラが私に話しかけた。その日は特別たくさんの牛が集まったということだ。「クリスマス前には職員総出で掃除しなくちゃならないわ」

ポーラたち職員は健康状態によって牛を三つのグループに分けていく。健康な牛は〝上〟あるいは〝良〟のグループだ。たとえば最初にここを通過したローネルの二頭の牛は、誘導路に立つ男に「ともに上！」と判定された。足の不具など明らかに体の不自由な牛は〝下〟あるいは〝不良〟と判別され別のエリアに連れていかれる。衰弱した牛は〝不可〟、もしくは〝瀕死〟という露骨な名称のグループに種分けされる。またこれら不可の牛たちは〝壁向こう《ウォール》〟と呼ばれることもある。なぜなら畜舎に着くやいなや、入場することなく荷下ろし場の先にある壁の向こうに移されてしまうからだ。

市場では病気やけがを負った牛に目を光らせているらしく、荷下ろし場わきの看板には「障害をもった家畜は受けつけられません」と記されていた。

しかしローネル・ファームの五頭はすべて、脚を交差させたあの牛でさえ〝良〟に種分けされ、荷下ろし場のそばの囲い場へと集められた。

ジョー・ホッパーは運搬料のレシートを受け取り帰っていった。私はまだここにとどまるつもりだ。前もって自分の車をパビリオンに運び、市場の駐車場にとめてある。

・・・

広々とした出荷待機場は屋根と支柱だけの構造で、屋外にいるのと同じ感覚だ。今日の気温はマイナス七度、寒さが身にしみる。

私は木の階段をのぼって天井近くに渡された作業用通路に立ち、待機エリアの七〇箇所を超える囲い場を見わたした。そのうちの一つ、狭い囲いの中では茶色の去勢牛が巨体を揺らして鳴いている。鼻から出る真っ白な蒸気が、漫画に出てくる空っぽの吹き出しのように頭のあたりに浮かんでいる。

畜牛が鳴くのにはさまざまな理由があるが、断続的あるいは激しい声は一般に不快感、空腹感、恐怖感のあらわれだという。ローネルのように管理の行きとどいた牧場では、牛はつねに一定の人間に一定の場所で世話されているため環境の変化が少なく、だいたいいつも静かにしている。ところが市場の畜舎や畜場のような慣れない場所に移された時はやかましいほど声を上げる。

ある広い囲い場には、三角のラック内に並べたビリヤードの球のように、ホルスタイン牛が目いっぱいつめ込まれていた。びっしりつまっていて動くこともできないから、頭数を数えるのも簡単だ。柵の縦横に押しつけられている白黒の背中の数をそれぞれ数え、両方を掛け合わせればいい。囲いにいたのは五〇頭だ。

私は作業用通路からローネル・ファームの五頭の牛を見おろした。五頭はそろって四〜五メートル四方の囲い、第30号の中に入れられている。ここからでは牛の顔はまったく見えない。見えるのは体の輪郭だけ、背中の長さや腹と尻の幅はよくわかる。私は五頭の腰あたりの脂肪のつき方に目をとめた。

黒牛、ナンバー821は頭をもたげて二度ほど大きく鳴いた。

囲い場からはたえまなく牛の鳴き声が聞こえてくる。そして時々、羊のか細い声も。821がまた鳴いた。まだはじめての泌乳期だったあの若い5983も鳴いている。

ひさしの大きい帽子をかぶった男たちはステッキを手に、今も牛の荷下ろしと待機場への誘導にあたっている。

成牛や他の大型動物の売買は、午後の後半でないとはじまらない。それまでは子牛の競りだけが行なわれる。

・・・

建物の中二階にあるその場所は、照明器具といえば天井から吊るされた裸電球一つと小さな蛍光灯二つだけの、暗くて狭い部屋だった。室内にはたばこの煙が立ちこめている。席はわずか三列。最前列には使い古された木製の肘掛椅子が六、七席並べられ、破れた座面には配管テープでつぎ当てがされている。二列目はつなぎ合わせたベンチが二脚、そして最後列は木の丸椅子と、バス停でよく見かける湾曲したプラスチック椅子との寄せ集めでできている。ここが子牛の競売会場だ。

競りはすでに進行していた。集まっていたのは一〇人あまりで、後ろの二列を陣取る老人たちは、競りに参加するでもなくただすわって見物しているだけのようだった。ニューヨーク西部の一二月の寒空の下、生《なま》の余興を楽しめたり、友人と会って心おきなく話せる場所といったらここを除いてそうはないにちがいない。都会でいえばメリル・リンチ証券のロビーに出入りし、株価をながめながらランチの相手を探している定年後の元会社重役といったところだろう。

子牛用の競売リングはコンクリートの床におが屑が敷かれ、直径が六メートルほどしかない。小さなリングにいくつかの座席、裸電球――成牛用に比べて何もかもがミニチュアサイズだ。中にはまだ臍の緒をつけたままの子牛もいた。今日出荷されたローネルの子牛と同様、そのほとんどが生後わずか一、二日で、足もともおぼつかない。

二人のリングマン〔競売人助手〕が子牛をリングに誘導している。家畜をスムーズに入場させるのが彼らの仕事だ。

私に向かって会釈した右側の助手ダン・ヤーンを、私は前から知っている。彼は競売人の長をつとめ、競売全体の統括にあたっている責任者だ。年齢は四七歳、白髪の目立ちはじめた茶色い髪に茶色の瞳、丸顔で正直そうな面持ちをしている。太くて低い声の持ち主だ。

私が彼のオフィスをおとずれ自己紹介し、酪農牛のライフサイクルを本の中でとりあげたいと話したのはもう二年前のことになる。就業時間を過ぎていたので他の従業員は全員帰り畜舎は空っぽ、あたりは薄暗く、誰もいないだだっ広い建物はしんと静まり返っていた。私たちはしだいに互いの話に共感を覚えて話がはずみ、あっというまに時が過ぎていった。

ダンは昔からどうしても競売人になりたくて、少年時代には消防署が主催したオークションで家庭用品を売って競売の練習をしたという。その後いくつか訓練を受け、自分につとまりそうなオークションにはすべて競売人として参加し経験を積んだ。その大半がチャリティーで、骨董品から衣類、農機具などを扱っていた。家畜競売人をはじめてまかされたのは、正規の競売人が喉頭炎を起こして競りに出られなくなった時だった。代演のオペラ歌手のようなものである。

私たちはお互いの家族について話をした。彼には二人の娘がいたが、当時二〇歳の次女トーレは難病をわずらって四年がたち、いつあらわれるとも知れない骨髄移植のドナーに一縷《る》の望みをたくしている時期だった。

ダンは机の上の写真立てを私に手渡した。

「これは上の娘だ」

写真に写っていたのは、一歳くらいの混血児を抱いた二十代後半の女性だった。

「お嬢さんは養子を迎えられたんですか?」私はたずねた。

「いや」彼は首を横に振ると、「娘には恋人がいたんだが、子どもが生まれる前にあの娘を捨てて町を出ていった。娘は今、私たち夫婦といっしょに暮らし、美容師をしながら子どもを育てている。私と妻は子育てを手伝っているんだよ」と言った。

私は一瞬言葉につまり、黙り込んだ。

私はたずねた、「ダン、あなたと奥さんは下のお嬢さんが病気だというのにお孫さんの面倒までみておられるのですか?」

「ああ、来るものは拒まないさ」と彼は答えた。そして「できる限りのことをやるだけだよ。弱気にさえならなければ何とかなるものさ」と言った。

その数ヵ月後、ダンの娘トーレ・リン・ヤーンはロチェスターのストロング記念病院で息を引きとった。

今日の子牛の競売ではダンが助手をつとめ、黒いカウボーイハットをかぶった若い職員が競売人として競りの進行にあたっている。競売人がすわっているのはリングの一段上に置かれた専用席だ。

私は二列目の席を選んで腰かけた。

競売人の左後ろには身長が一八〇センチを超える大きな男が立っている。房飾りのついたウェスタンシャツのポケットには刺繍で「エヴェレット」と縫いとられている。エヴェレットは荷下ろし後に押し込めた囲い場から子牛を数頭、会場に移動させ、その中から一頭のホルスタインをリングの中へと突き出した。

リングに入場したホルスタインが計量台に押し上げられると、競売人の頭上の電光掲示板に赤い数字で六八ポンド（三一キロ）と表示された。子牛はリングに引きずり出され、今度はエヴェレットが台に乗ってみせる。彼の体重は二六四ポンド（一二〇キロ）だ。

リングに立った子牛は前足を踏み出してあたりを見まわす。ちょっとにおいを嗅ぐとおそるおそる半歩すすんで、目の前の、リングと観客席とを仕切る低い壁の上に置かれた発泡スチロールのカップに首を伸ばした。だが黒い鼻をカップに近づけようとしたその瞬間、左側にいた競売助手がステッキで子牛を叩いた。はじめは肩を、つづいて肛門あたりを。そしてリングの中央に子牛を追い立てた。

競売人は片手にマイク、もういっぽうの手に小槌を持って、子牛の性別と体重を紹介する。このホルスタインは雄だった。競売人は体重一ポンド（約〇・四五キロ）につき四〇セントで競りを開始した。だが誰からも声がかからないため半セント値を下げた。

「雄、体重六八ポンド。四〇、四〇、四〇、四〇。三九半、三九半、三九半……」

さまざまな角度から牛の体を見せるため、ダンともう一人の助手は子牛のわき腹をステッキでつつき、ぐるりとまわるようせき立てる。いやがる子牛も、左の助手に肛門をつつかれ片頬をダンにつつかれするうちに、その場で円を描きはじめた。

「三九半ありました。四〇、四〇、四〇ありました。四一、四一半、四一半、四一半ありました。フォス落札」

計量から木槌が鳴るまで、この競りに要した時間はほんの一五秒。次の子牛がもうリング中央に登場し、同じようにぐるりとまわる。

二頭目、三頭目と子牛の競りはつづいたが、最後に決まってコールされるのはフォスという名のバイヤーだった。フォスとはジム・フォスのことで、最前列の左側というこの会場の特等席についている。この席にすわっていると、リングに入ってきた牛を一番先に品定めすることができるのだ。

後ろからのぞいてみると、ジム・フォスは備えつけの購買カードに印をつけて、自分が落札した牛の頭数を記録している。カードには三つの項目が並んでいる。一つはすぐに と畜場に送る小さくて弱い子牛の欄、つぎがヴィール用に育てるもう少し大きい子牛の欄、そして最後が肉牛として肥育するためのもっとも大きい子牛の欄だ。

フォスはこの狭い会場で圧倒的な存在感を示していた。背は高くないが腹が出ていて重量感があり、彼自身がまるで肉用牛といった感じだ。顔も頭も大きく、二重あごで、少し薄くなった白髪まじりの髪をオールバックになでつけ、火のない葉巻をくわえている。

畜産関係の人間はたいてい服も帽子も暗い色、濃紺、ダークグリーン、灰色、黒などと相場は決まっているのだが、彼の帽子はオレンジ色、しかも蛍光のオレンジ色で、新品の工事用セーフティーコーンのように輝いている。帽子のつばには黒い文字で〝ジェイムズ・N・フォス家畜卸売〟と入っている。

フォスはすでに子牛を十数頭買いつけていたのだが、私には不思議でならなかった。彼はどうやって値をコールしているのだろう？　彼はいっさいしゃべらないし、葉巻を噛みしめる以外ほとんど微動だにしていない。

そのうち私は気がついた。子牛がリングに入ってくるとフォスは左手の人差し指と中指を曲げたり伸ばしたりさせている。どこかで見たような指の動きだ。そう、弦を押さえる時のバイオリニストの指の動き、そして昔トランペットのピストンを押さえ、ホ音とト音を順に奏でた私の指の動きである。

指の動き一つで専制的な力を発揮するこの恰幅《かっぷく》のいい男の存在は、見ている私を落ち着かなくさせた。彼についてもっと知りたい――そう思った私は、数週間後、市場の詰め所に彼をたずねた。

・・・

市場の荷下ろし用畜舎の横に建てられたフォスのオフィスはまさに掘っ立て小屋のようだった。

私がおとずれた朝、彼はデスクの回転椅子に腰かけていた。長靴には色や素材もわからないほど、乾いた泥がこびりついている。デスクわきの壁にはライフル銃が立てかけられ、近くの棚には、〝食う者、農家に文句を言うべからず〟と書かれた真っ赤なバンパーステッカーが貼られている。あごから咽喉にかけてうっすら無精ひげを生やした彼の顔には疲労の色が浮かび、左目には涙がたまっている。「風邪が目にきた」とフォスは言う。片手には火のない葉巻、もう片方の手にはアメリカマンサクのエキスをしみこませた脱脂綿。さかんにそれを目に押しあてる。

「あんたの書く牛の本なんぞ、読む必要ないね！」周囲の人間におかまいなくフォスがいきなりまくし立てた。彼の挑発的な態度に面食らいながらも、私はどうにか腰を下ろした。そばにいたのは奥まった机で事務をとる長髪の若い男性と、その上役らしき中年女性の二人である。フォスは私に彼らを紹介さえしようとしない。

「あんたがどんなに多くの人間と会い、どんなに多くの本を読み、どんなに多くの牧場をたずねてきたかは知らないが、四五年間畜産業にたずさわってきたこの私の知識や経験を超えられるわけがない」

私は思わず反論した。あなたにとっては意味がなくても、食物の生産過程についてほとんど知らない一般の人間にとっては意味があると。この言葉は彼を納得させたらしい。彼は葉巻を噛み切った。

フォスは自分の仕事について語りはじめた。彼の父親がどうやってこの仕事をはじめたか、三人の息子たちが現在どんなふうにこの仕事を手伝っているのかなどについてだ。

子牛を買いつけるさい、何に一番注目するのか私はたずねた。

「まず体重だ。一般的に言って八五ポンド（約三九キロ）以下ならすぐにと畜だ、わかるかい？」と彼は答えた。話し方は少し早口で聞き取りにくい。そして何かを説明する時、言葉の終わりに「わかるかい？」をつけるのが癖のようだ。「九〇ポンド（約四一キロ）以上で肉が締まり脚も丈夫ならヴィール用にする」

「目やにと、尾の下に白痢の跡がある子牛はいけないな。わかるかい？」と彼は言った。白痢とは家畜に生じる伝染性の下痢のことだ。

「臍はやわらかいものがいい、固い臍には感染症のおそれがあるからだ。糞尿の上で寝ているせいで何かのばい菌が入るんだろう」そういえば競りのあいだ何回か、フォスたち入札者は子牛の臍を調べるため仕切りの上から身を乗り出していた。

「誰だって選ぶのは健康そうで元気な牛さ。病弱な牛はごめんだよ。見てくれは値段を決める上で重要なのさ」

最後に私は、あなたのコールのし方がわからないのだが、指の動きと何か関係があるのかと聞いてみた。

「ああ、あれか」彼は歯を見せてにやっと笑った。「いくつか方法があるんだよ。指を動かすこともあれば目線で値をつけることもある。こんなふうに下を向くと、」そう言って彼は視線を落とした。「競売人は私に関心がないのがわかる。そしてまっすぐ彼の目を見つめると、入札の意志があるというしるしなんだ」

そこでちょうど電話が鳴り、フォスが受話器を取り上げた。誰かが未経産牛を注文しているようだ。私はその間にオフィスにいるほかの二人に自己紹介をした。

事務担当のマーナはここに勤めて一四年になるという。

奥のデスクにいる肩まで髪の伸びた男性はまだ二十代前半に見えた。酪農や畜産業の周辺で彼のような若者を見かけるのはめずらしい。しかもお世辞にもたくましいとはいえない体つきをしている。キャスターのついた木製の事務椅子にすわっているが、彼のすわり方はどこかぎこちない。握手をしようと手をさし出した時、彼は椅子の肘掛けを片手で握って椅子ごと体を動かしてきた。

彼はバートと名のり、ニューヨーク州と連邦政府から送られてくる家畜売買に関する書類を片づけるのが仕事だと言った。フォスのところで働いて何年になるのかバートにたずねた。

「両親が僕をここに連れてきたのは一三の時でした。それからずっとジムは僕を、自分の子どものようにかわいがってくれました」

フォスはまだ電話で客と話している。オフィスの外ではトラックから降ろされた牛や羊が鳴き声を上げている。

「それで君はこの事務所で働くようになったんだね？」私がたずねると、

「いいえ、ここで働くようになったのは事故のあとです。ジムがここでできる仕事を僕にくれたんです」とバートが答えた。

そこで気づいたのだが、彼は背中に障害がある。歩けるかどうかもわからない。

「その事故とは農機具によるもの？」

「いいえ、自動車事故です。一九の時でした」

フォスの電話が終わったのでふたたび席につこうとすると、幼い少女の写真が二枚、デスクに置かれているのが見えた。彼の孫だという。ジム・フォスを一人の好々爺《こうこうや》として意識したのはその時だった。風邪で目をしょぼつかせたこの初老の男は、かつて住む場所に窮した少年を家に引きとり、やがて少年が若者となり障害を負ってほかの仕事ができなくなると事務仕事を与えて給料を払い、ふたたびその面倒をみているのである。彼のそんな一面を知った私はユダヤの口伝《くでん》律法書タルムードのある一節を思い出した。〝生まれ故郷での人となりを知らずして、その者を語るなかれ〟。

・・・

会場に入ってきた最後の数頭は満足に立つことさえできない牛だった。折れたのかぶつけたのか、脚に異常をきたした子牛が二、三頭、中には右の前脚一本で体を支えるものもいた。

起き上がろうとしない子牛を電気棒でつついている待機場のエヴェレットをながめながら、私はその回数を数えてみた。背中、尻、肩の後ろ、腹部、生殖器など、回数は二二回におよんでいる。一二歳前後の手伝いの少年が耳をつかんでなんとか子牛を立ち上がらせると、エヴェレットは会場につづくスロープまで子牛を引っぱり、リング内へ押しやった。子牛を受け取った助手役は例のごとく牛をその場で一、二回ぐるりとまわす。一ポンドあたり五セント、計およそ三ドルでフォスに落札されると、後ろ脚を一本引きずられ子牛はリングから姿を消した。

後半の子牛はどれもか弱く四肢に異常をきたしていたが、競売人も、ダン・ヤーンも、一〇人ほどいた参加者たちも誰一人としてそのことに触れようとはしなかった。おそらく見慣れた光景にちがいない。

子牛の競りは午後二時に終了した。計算してみると、四〇〇頭いた子牛たちは一頭につき約一五秒の割合ですべて落札されたことになる。体重を表示する赤い電光掲示板が消され、ジム・フォスら参加者はこぞって狭くて暗い会場をあとにした。ある者はそのままカフェテリアに向かい、このあと階上のメインリングで催される大型家畜の競りにそなえ、軽食で一息入れることになる。

・
・
・

囲い場30号はもぬけの殻だ。ローネル・ファームの牛たちは駐車場そばの大きな囲い場へと移動していて、今は他の七十数頭の牛とともにその中をうろうろ歩いている。干し草がうずたかく積み上げられているものの、囲い中央の餌桶は空っぽだし水もどこにも見あたらない。競売事務所の看板には「係留中の家畜には二四時間餌と水が与えられます」とあり、牛がここに到着してからまだ二四時間たっていないというのにである。今日はほとんどの牛が少なくとも一回、食餌が抜かれているにちがいない。これまでは毎日三回行なわれていた搾乳も今日はなしだ。

ローネル・ファームの黒い巨体ナンバー８２１は私のすぐ真下に立っている。どんなに鳴いても誰もそばには来てくれない。

十数箇所の群れから来た牛たちがいっしょくたになり、囲いの社会秩序は混乱の危機におちいっているらしい。頭を下げてぶつけ合う二頭の牛は、覇権を賭けて争っているのだろう。

淘汰牛の競りがはじまるのは早くて四時、仮眠するくらいの時間はありそうなので、私はパピリオンの中心部まで運転し小さな図書館前で車をとめた。館内の職員に、駐車場の車の中にうつ伏したまま動かない男がいると通報されても、それは私のことなので驚かないでくれと念を押し、車にもぐり込むと腕時計のアラームを一時間半後にセットして、毛布をかぶって眠りについた。

・
・
・

そして午後四時、先ほどまで七十数頭だった囲いの牛は今やその倍にふくれ上がり、囲いの中はまさに立錐《りっすい》の余地もない。建物のあちこち、囲い場のあちこちから牛の鳴き声が聞こえてくる。サラウンド式に音が響き、いつまでたっても鳴りやまない。

今私がながめているのはひっそりとした〝窓際の牛〟――出荷された牛の中で一番弱い牛の群れだ。壁に寄りかかるものもあれば、足を引きずるもの、大きく歩調を乱して歩くもの、互いに折り重なって横たわるものなどいろいろいる。

メイン会場ではダン・ヤーンが肥育用の子牛（素牛《もとうし》）を競りにかけている。肥育用とは体重が三〇〇～六〇〇ポンド（約一三六～二七二キロ）の肉用牛で、一定の体重に達するまで飼育される牛のことだ。もしピーターにあずけた私の牛がここにいるなら、今であればやはりこの素牛の仲間に入る。

ローネルの牛が収容された広い囲い場には仕切りのスイングゲートがあり、畜舎への扉につづいている。囲いに入った一五〇頭もの牛を間近で見ようと、私は下まで降りていった。

すでに日が落ち、五時前だというのにあたりはほとんど真っ暗だ。

駐車場には家畜用トレーラーが二十三台、自動車や軽トラックが十数台並んでいる。多くの車の運転台にはライフル銃が見え、〝うちは農家、動物を大事にします〟〝牛肉――夕食にはもってこい〟〝俺の愛車はトラクター〟などのステッカーを貼りつけている。

牛舎内のハロゲンライトがスイングゲート一帯の牛たちを照らし出す。その中の一頭はローネル・ファームの例の黒牛ナンバー８２１。私はつとめて傍観者として振る舞おうとしたが我慢できず、足もとの草を少しむしるとそれを８２１にさし出した。しかし８２１は食べようとはしなかった。

ここにいるのはさまざまな牧場から集まった牛たちだ。その証拠に耳標の種類にばらつきがあり、色も黄色、赤、紫、緑、茶など、数字にしても二桁、三桁、四桁のもの、活字のものもあれば手書きのものもある。

もう一度ナンバー821に草を与えてみたが、やはり見向きもしなかった。

群れの中に真鍮《しんちゅう》の鼻環をつけた雄牛がいた。体は巨大だが、今や長年自分が乗駕《じょうが》してきた乳牛たちと同じくらい無力な姿でそこに立ちつくしている。かつてはステイタスシンボルだった鼻の飾りも今となっては悲哀の象徴だ。夜明け前には雌牛とともにどこかに売られてゆくのだろう。

病気のせいなのか、鳴きすぎて咽喉がかれたせいなのか、中には声さえ出ない牛もいるが、それでもあいかわらず方々から家畜の鳴き声が聞こえてくるし、メインリングからは肥育用の牛を競りにかけるダン・ヤーンの、抑揚のない低い声が響いてくる。

六時をまわった頃、羊の群れがメインリングに入ってきた。先の黒いカウボーイハットの男がダンと代わり、ふたたび競売人役となった。

羊の次は豚の番だ。

円形競技場の形をした会場のメインリングにはレザーっぽい赤い革張りの座席が約一五〇席もうけられ、おが屑で覆われた直径七メートル半ほどのこの競売リングがどの位置からでも見わたせるようになっている。競売人席は野球場の記者席さながら、一段高くリングに直接面している。

今夜の会場は一七席しかうまっていない。左手の上部座席には白髪まじりの大柄な女性が一人腰かけ、缶入りソーダを飲みながらレースを編んでいる。彼女以外は全員が男、ほとんどの者がつなぎと農夫帽を身につけていて、平均年齢は七〇歳といったところか。「昨日、リタ・ヘイワースの夢を見たよ」前列にいる男性が隣りの二人に話しかけた。「リタ・ヘイワースがおまえと何の関係があるんだよ」二人はそう言い彼を陽気にからかった。〔訳註・リタ・ヘイワースは五〇年代アメリカ映画のセックスシンボル女優〕

私の正面に見えるのは鮮やかなオレンジ色のあの帽子、家畜卸売商ジム・フォスが目の前にすわっている。

六時半に去勢牛が会場入りした。座席から見て、入場用スイングゲートの向かって左側には、黒いつなぎを着た年配の男が立ち、扉を開閉させて牛を一頭ずつリング内へ送り出す。牛が暴れ出すなどとっさの場合は扉の裏に逃げ込んで身を守る。ジーパンとフードつきのグレーのトレーナーを着たダン・ヤーンが、ゲートに向かって右側の助手役をつとめる。ダンの側で何か起これば、そばに立っている二本の金属柱の陰に隠れ難を逃れることになる。だが去勢牛はどれもきわめておとなしかった。

午後七時。鼻環をつけた二頭の雄牛がそれぞれリングの上に立った。競売人が体重を読み上げる。一頭は一五〇〇ポンド（約六八〇キロ）、もう一頭は一七三〇ポンド（約七八五キロ）。二頭を落札したのはそれぞれいずれも、とある食肉処理業者だ。

ジム・フォスが後ろを振り向き、私の隣りの男性に話しかけた。

「ビル、葉巻はあるかい？　あれがないと競りができない」

「あんたの葉巻に火のついたところなど見たことないぞ、ジム」と男は答えた。

「ああ、俺は吸っちゃいない。噛んでるだけさ」

淘汰牛の競りがはじまる七時半には、私を含め会場には全部で九人の参加者が残るだけとなった。

「ナンバー615、一七五〇ポンド（約七九四キロ）」競売人の声が上がる。

そう、ローネル・ファームのうちの一頭だ。かつてのナンバー5657、ジョー・ホッパーのトレーラーに最初に乗り込んだものの、あとになって踵《きびす》を返し外に出ようとしたあの白い牛だ。三歳半でミルク産出量はわずか二リットルあまり、スーのリストで最低量と記されていた牛である。

見知った牛の姿に私は一瞬ぎくりとした。よその家のホームビデオに知人の顔をかいま見たような瞬間だった。

そしてこの時、なぜ荷下ろし時の誘導路で職員が数字入りの札を牛の左わき腹に貼りつけていたのか、そのわけが理解できた。家畜はスイングゲートに向かって左側の扉を抜けてリング内に入場するため、開いた扉の陰にならない左側の体が、まず入札者の目に触れることになるからだ。

ダン・ヤーンともう一人の助手役が牛のわき腹を数回つつき、その体を披露する。

この牛は半日近く何も口にしていないはずだ。

そして約二〇秒後ダンの手で右の扉が開けられ、ローネル・ファームの最初の牛はリングから姿を消した。だが615（5657）の競りそのものは退場後もさらに一〇秒ほどつづけられた。

「テイラー、四〇半」と競売人が入札された値をコールする。ナンバー615は最終的に一ポンドあたり四一セント半、計七〇〇ドルあまりでテイラー・パッキング社に落札された。

目的のテイラー社だ。テイラー社が落札したとなれば、ローネル・ファームのこの牛がビッグ・マックになる可能性はきわめて高い。私にチャンスがおとずれた。

つづいて一〇頭の牛が競売にかけられ、落札までに要した時間は一頭あたり平均二一秒だった。落ち着きはらって動作の緩慢なもの、神経が昂《たか》ぶりやたらと飛び跳ねるもの、牛の様子はそれぞれ違う。だが助手役はどの牛もステッキでつついて二、三回ぐるりとまわす。肉の部分にそれがあたれば鈍い音を立て、骨にあたれば硬質の音を立てる。

やがて一五分もすると競売人が交代し、ダンがその席についた。私は競売人ダン・ヤーンの姿がとても好きだ。彼の声とスタイル、そして入札者たちより若いにもかかわらず、年配の彼らに向かってやさしく「諸君」と呼びかけるそのやり方が好きなのだ。ミネラルウォーターのボトルをわきに置き、両肘をテーブルにつけ少し前かがみになりながら両手でマイクを握っている。口もとに寄せたマイクからささやくような低音が聞こえてくる。

ダンはいつも牛の体重から紹介し、それを数回繰り返すと間を置かず、自分の決めたポンドあたりの開始値をコールする。「体重一二九五ポンド（約五八七キロ）、諸君……一二九五、一二九五、一二九五……四一セント、四一、四一、四一……どうでしょう……四一半、四一半……」そうつづくと、不意に落札者の名前と値段が宣言される。「テイラー、四一半」

入札者から声が発せられることはない。彼らは唇や頭、指の動きで自分の競り値を伝えている。いつのまにかローネルの二頭目が入場していたのだが、あまりに流れがスムーズ過ぎて、私はその体重と開始値を聞き逃してしまった。五頭のうち一番若かったナンバー５９８３、落札したのはシュライバーという食肉処理業者だ。

多くの牛がやせていてあばらや腰骨が浮き出ているが、中にはよく肥り健康そうな牛もいた。

おそらくそれらは繁殖能力の問題で出荷されることになったのだろう。乳房が異常に大きく、引きずって歩く牛もいた。

〝ドブネズミ〟の4927が次の番だ。体重一三九五ポンド（約六三三キロ）、一五秒後テイラー社によって一ポンドあたり三四セントで落札された。

かれこれ一時間が過ぎようとしている。時刻もおそく、参加者全員に疲労の色が濃くなった。

「次の牛を」ダンはそう言い、ゲート裏の男に牛の入場をうながした。

私はいったん会場を出て、当初約一五〇頭の牛が集まっていた囲い場へと向かい、中の様子を調べてみた。そこにはもう七五頭ほどしか残っておらず、前のように混み合ってはいなかった。だが鳴き声はあいかわらずだ。この時間となれば二回分の搾乳と食餌が抜かれてしまったことになる。

会場にもどるとリングに上がった次の牛が、まわった拍子に下痢状の便をもよおした。どんなにおいがしたか私にはわからないが、滝のような音からしてかなりの悪臭が漂っているにちがいない。

八時半から短い休憩時間が置かれている。二階の喫茶室に入ると、ピンクのエプロンをつけた二人のウェイトレスがまだ仕事についていた。私はカウンター席に腰かけた。

喫茶室にいたのは私のほかにもう一人、以前会ったことのあるやり手の家畜商ジョン・ワイドマンという男性だった。私たちは一杯六五セントのヌードル入りチキンスープを注文した。

ジョンの三六歳という年齢は仕事仲間のうちでは一番若く、また一八〇センチを超える身長も抜きん出て高かった。キツネ色の髪の毛を真ん中で分け、青緑の瞳とたくましいあごをもっている。

ジョンが食肉処理会社で牛の買いつけ係をしていた二年前、彼に同行しその仕事ぶりを見学したことがある。牛舎前庭で泥や糞を蹴散らして逃げまどう牛を尻目に、自分が目をつけた五、六頭をあっというまに取り押さえてしまう腕前に私はひどく驚いたものだ。

「いい等級がつくだろう」つかまえた牛を見て、その時彼はそう言った。「どれもよさそうだ」

等級とは、と畜時に農務省の検査官が肉に与える八種類の格付けを指している。肉質の優れたものには〝プライム〟や〝チョイス〟といった等級が与えられ、以下に〝セレクト〟〝スタンダード〟〝コマーシャル〟〝ユーティリティー〟〝カッター〟〝キャナー〟とつづく。「さし」と呼ばれる霜降《マーブリング》部分（筋肉内の脂肪分）の量と配分、および家畜の成熟度（年齢、大きさ、骨の硬さ）が肉の等級を決定するおもなポイントになるという。

乳牛も去勢牛と同じような基準で格付けされるが、プライムが与えられることはない。病気のせいではなく繁殖能力に問題があって淘汰された若い乳牛には通常セレクトかスタンダードが与えられ、年がいって病気や不具になった牛たちには最低の品質等級、カッターやキャナーが与えられる。こうした牛にはほとんど、あるいはまったくと言っていいほど霜降部分がない。食肉産業に関する標準参考資料『私たちの食べる肉』（*The Meat We Eat*）には「カッターやキャナーの肉はそのままの形で一般消費者に提供されることはなく、フランクフルトやボローニャソーセージ、ハンバーグ等の加工製品として売りに出される」と記されている。

買いつける牛の肉に解体後、どんな等級が与えられるか予測するため、家畜が生きているうちに「バラされた」ところを想像するのだとジョンは言う。彼はこの言葉をよく用いる。たとえば、「この牛がバラされた時」とか「どんなふうに家畜がバラされるか」などである。

ある牧場の牛舎の中で彼は数頭の去勢牛を指さしながら、臀部、わき腹、胸部、腰部についた脂肪の見方について説明してくれた。

「まず牛の外見をとらえ、次にその中身を想像する。するとあの牛の尻だって、中の霜降具合が自然と目に浮かんでくる。まあなにせ何千回もやってるからね」

牛がリングで円を描くと、入札者たちはわずか数秒で、解体後その肉が格付けされるであろう等級を推測し、市場価格を見積もり、値をつける。

「僕は競り合いが好きなんだ。三秒で決断してほかのやつらを出し抜くのさ」そうジョンは言う。

あれからジョンは転職し、今は家畜市場で働いている。だが市場での仕事とは別に中西部の食肉加工会社数社で家畜買いつけ係もつとめているため、今日はそちらの用事で競りに参加しているのだ。

スープを食べ終わるとジョンは以前私とかわした約束に触れ、その内容を確かめた。もし私がローネル・ファームの牛を追ってテイラー社まで行きたいのなら、彼が社長のトム・テイラーに連絡をとり見学の手はずを整えてくれるという約束だ。テイラー社がマクドナルドに挽き肉を卸していると教えてくれたのはジョンであり、彼は社長を知っていた。それもそのはず、彼のもとの勤め先はほかならぬテイラー・パッキング社だったからだ。

ジョンの申し出は私にとって貴重だった。一日に一九〇〇を超える処理頭数、年間売上高五億ドル超、一〇〇〇人もの従業員を擁するテイラー社は、全国でも十指に入るほどの大手食肉処理会社なのだ。そんな大企業が私のようなジャーナリストを何のコネもないまま受け入れてくれるわけがない。

喫茶室の壁にかかったメニューには、デザート欄にキャンディー、ガム、ロレイズ〔胃薬〕などが載っている。だがジョンと私は食事が終わるとすぐに競売会場へともどっていった。

次にリングに上がったローネルの牛は、額にナイキの白いスウォッシュがあり、体の大きな黒い牛ナンバー８２１である。泌乳量が一リットル足りず切り捨てられてしまったが、テイラー社に一ポンドあたり三六セント半で落札された。

これでローネル・ファームの四頭のうち三頭までがテイラー社に売れたことになる。

向かって左側の助手役が、扉を開けて次の牛を呼び入れる。ところが牛はどこにも見あたらない。私は隙間から一部始終を見ていたのだが、入場前に牛が体の向きを変えてしまい、リングに上がりたくても牛自身どうすることもできない状態になっていたのだ。だが待機場にいた男が牛の顔を五、六度平手打ちして向きをもどし、リング内へと押しやった。

時計は八時半をまわっているがダン・ヤーンは休みもとらず残りの牛をさばきつづける。マイクを手放すのは牛が入れかわるほんの一、二秒のあいだだけ。よどみなく流れる彼の声にはお祈りにも似た、不思議と心安らぐ響きがある。

会場に残るのはわずか八人となった。

リングに入場する牛もしだいにやつれていくようだ。ふくれ上がった乳房とはうらはらに骨と皮がやけに目立つ。

「良さそうな牛があと二〇頭、だめそうなのが四〇頭といったところだな」待機場をチェックしている後ろの男がそう言った。

九時、それでもまだ七人残っている。

九時二分、前脚を交差させた牛、5772がリングにあらわれた。これがローネル・ファームの最後の牛だ。「体重八九五ポンド（約四〇六キロ）」とダンが告げる。スポットライトの中にいたのはほんのわずか、二度ほどまわると牛は退場していった。その間約一五秒。

「テイラー、二八セント、X」とダンが木槌《きづち》を打つ。

最後につけた〝X〟とはその家畜が低級であることを示しており、こうした家畜は少しでも早く解体するため市場から真っ先に運び出される。

私が今日見た競りの様子と同じような光景が、毎週全国各地で繰り広げられているにちがいない。こうした競りを起点として牛は肉となり私たちの食卓へと運ばれてくる。そして、よろよろ歩く艶のない子牛や牧場を追い出された淘汰牛など、ここでは哀れを絵に描いたような生き物が、マクドナルドのハッピーセットやバーガーキングのホッパーズという楽しげなイメージの食べ物に姿を変えていくのである。ファストフードの店では、陽気なロナルド・マクドナルドや愛らしい赤毛の少女ウェンディーがほほえんでいる。床のおが屑の汚れた黄土色、農夫のつなぎのくすんだ茶色、牛自身が描く白と黒など、会場をうめつくしていたあらゆる暗い色調が、燦然《さんぜん》と輝く赤と黄色のM字ネオン、ゴールデン・アーチの中へと吸い込まれ、消えてゆく。

ジム・フォスのかぶる鮮やかなオレンジ色の帽子だけが、やがておとずれるこの変容を暗示しているかのようだった。

競りはあと一五分ほどで終わるはずだが私は帰り支度にとりかかった。今日はとても長く、骨の折れる一日だった。私は精根つき果て、不具の牛、負傷した牛、病気の牛など低級牛の競りまでは見とどけられそうにない。

たとえジョン・ワイドマンがこの場でかっての上司トム・テイラーに電話して、明日の朝工場見学できるよう段取りしてくれたとしても、三、四時間運転してペンシルベニアまで向かうだけの気力が今の私には残っていない。それほど今日の一日は長かった。

畜舎裏の駐車場は灯りがすべて落とされていた。あたりを照らすものといえば、荷下ろし用のスロープにとめた二台の高床式大型トレーラーのテールライトと駐車灯だけ、エンジンをふかして待機している。

「今日は何頭仕入れたんだい、ジム」ドライバーが建物内の人物に向かって声をかけた。

返事は私の耳までとどかない。

ガチャリと大きな音を立て荷台の扉が閉まると同時に、トラックは市場から出ていった。

第8章　と畜

「おはよう、スー・スミスです。気の毒だけどナンバー４９２３の件で悪い知らせがあります。連絡ください」

パビリオンの家畜市場をたずねてから二日たった金曜の朝、オフィスに着くと留守番電話にそんなメッセージが残されていた。すぐにローネル・ファームの家畜事務室に電話を入れたが誰も出ない。

整備室にいるアンドリューがつかまった。

「４９２３のことで何か知ってるかい？　スーから電話があったようだが」と私はたずねた。

「ああ、子どもができないんだ」とアンドリュー。思うように妊娠させられなかったようだ。

「スーは４９２３をどうするつもりなんだろう？」

「と畜場に送るんだろうな」とアンドリューは答えた。

「いつ？」

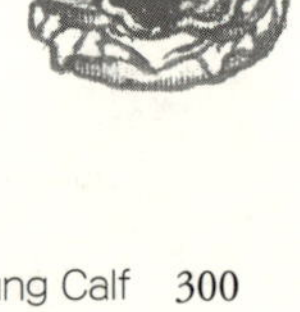

「月曜だ」

電話を切ると私はオフィスを飛び出しつなぎを取りに自宅へ向かい、そこからローネル・ファームへ駆けつけた。牧場に到着するとスーはミルキング・パーラーで牛の乳首を消毒しているところだった。

「４９２３はあなたが買った牛の母親だったわね？　去年アンドリューがお腹から双子を引っ張り出した牛でしょ？」

おととい、４９２３は出産をひかえた乾乳牛たちが集まるバレービュー・ファームへ移されたのだが、獣医師デイヴ・ヘイルが今朝調べたところ、妊娠徴候が消えていることがわかったというのである。

「デイヴによると、あの牛は赤ん坊を体内に取り込んでしまったそうよ。流産した胎児をずっとお腹に抱えていたらしいの。だから体液も大量に出ていたし、妊娠しているように見えてたのね」

スーはもう一度４９２３に受精させるつもりだろうか？

「いいえ、泌乳量が落ち込んでいるからそれはありえないわね。これが三回目の泌乳期だし、年もとってるわ」

４９２３はこれまでに二頭の雌牛と私が買った雌雄の双子を出産している。先の二頭の雌牛は今では搾乳群の中にいる。最新のデータによると４９２３のミルク産出量はわずか五・三リットル、スーが淘汰の基準としている一四リットルを大きく下まわっていた。

「だからといってこの牛の出来が特別悪いってわけじゃないの。三回目の泌乳期なんだから、淘汰の候補としては一般的なパターンだわ」と彼女は言った。

ジョー・ホッパーが今度の月曜休みをとっているため、彼のかわりにアンドリューがパビリオンまで４９２３を連れていくという。

一二月も終わりにさしかかった二日後の日曜の朝、葉の落ちた牧場の木々には樹氷がつき、陽が反射してまばゆい光を放っている。牛舎の東西の出入り口には風よけ用のビニールシートが取りつけられ、飼料用倉庫の中では腐りかけたベーグルから白い湯気が立っている。分娩牛舎の裏に目を移すとすでに四肢の硬直した死んだ子牛たちが山積みになり、堆肥場に移されるのを待っていた。

私は牛舎の中に入っていった。ナンバー４９２３は額の上の白い逆クェスチョンマークが目印だ。頭をたれて反芻しながら通路の上に立っているが、右わき腹がふくらんでいて、見た目はたしかに妊娠牛だ。左足は立つ時に浮かせたままで、歩く時も軽くしか床につけないところを見ると、左後蹄が傷ついているにちがいない。

生あるものは人の心を引きつける。しかもその命がまもなく終わりを迎えようとしているとなればなおさらだ。

先週同様私は今日、ナンバー４９２３の最後の搾乳を見とどけるためローネル・ファームをおとずれたのだ。家畜市場までつきそうつもりだが、もしテイラー社が４９２３を購入するのなら、今度はと畜解体の現場も見学しようと思う。

もちろん本来その対象となる牛は自分の所有する雄子牛ナンバー８であるのはわかっている。だがナンバー８、それに双子の姉牛をどうすべきか決めかねている今、そこで行なわれると畜とはどんなものなのか、どうしても自分の目で確かめておきたい。はたしてそこは、私の子牛たちの死に場所として納得のいくところなのだろうか？

パーラーにやってきたナンバー４９２３は右列五番のストールに入り、ピット内の私の目の前で搾乳の位置についた。左腿の毛の一部が丸く抜け落ちピンク色の肌がむき出しになっている。さらに左後ろ脚にはただれたような箇所があり、そこだけ毛がむしれている。

搾乳係の話によると４９２３の跛行《はこう》の原因は左前蹄にできた有毛イボにあるという。彼が指さす先を見ると、蹄のまわりに大きな茶色い突起物ができていた。有毛イボとは近年酪農牛のあいだで急速に広まっている疾病である。４９２３も淘汰リストに載らなければイボ治療がほどこされたことだろう。彼はまた４９２３の左膝の炎症についても触れ、コンクリートの上に寝そべってできた床ずれが原因だろうと教えてくれた。ローネル・ファームではほとんどの牛舎の床にも、藁の下に緩衝材となるゴムマットが敷かれていない。わき腹にある切り傷は何か鋭利な物にぶつけたか、壊れたフェンスから飛び出た釘にひっかけたせいだろうと彼は言う。

４９２３の乳首にティートカップが取りつけられる。ミルクがしたたり落ちたが、三分もすると離れていった。

アンドリュー、スー、カースティー、エイモスの乗り込んだスミス家の自家用車がパーラーの前をとおり過ぎてゆく。彼らは日曜の卸売り市が開かれているロチェスターのショッピングモールまで出かけていくところだ。

圧縮空気のシューシューという音とともにストールのバーが上がり、ナンバー４９２３は搾乳から解放された。

・
・
・

「ヘイ、ヘイ、ヘイ！　はやく起きて！」月曜の朝がやってきた。スーは牛舎から集めた三頭の淘汰牛を家畜用トレーラーに押し込んでいる。傾斜台の最後を行くのは４９２３。ところが途中で右後ろ足を台から踏みはずし、尻込みして、一歩も前にすすまない。

「ほら入って！」スーが叫び、そばで作業にあたるアンドリューは「後ろの軸足を動かすんだよ！」と声を荒らげる。

４９２３が荷台に上がると彼は長靴の先で蹄を蹴飛ばし、スーがトレーラーの扉を閉めるのとほぼ同時に４９２３を完全に中へと押し込んだ。

次にスーパーハッチで雄の新生牛を七頭荷台に積み込むと、トラックは牧場の出口へとすすんで行った。牧場前を右折してクレイグ通りに入ったあたりで、先週ジョー・ホッパーのトラックを追いかけてきたあの犬が、収穫後のコーン畑を抜け私たちのあとを追ってきた。あの犬はジョーが手なづけている犬だと話すと、「俺が前の犬を殺したのはこのあたりだな」と彼は言った。

「轢《ひ》いちまったのさ」

・・・

パビリオンの町が近づいた頃私はアンドリューに、市場に入って自分の牛が競りにかけられるところを見たことがあるかたずねてみた。

「いや、あそこに入ったことは一度もない。牛を降ろしたらそれでサヨナラだよ」

荷下ろし場に着くと、この前競りの記録係をしていたポーラが子牛を降ろすのを手伝ってくれた。「おいでおチビちゃん」と彼女はやさしく声をかける。「あらあら四本もあんよがあるのに、使い方がわからないの？」

アンドリューが子牛を抱えて運んでもいいかポーラにたずねると、彼女はかまわないと返事をした。

「この子がだっこされるのはこれが最後ね」彼女がアンドリューに向かって言った。

アンドリューが子牛を注意深くスロープの上に置くと、ポーラはステッキで軽くつついてそばにある囲いへ向かうよう子牛をうながした。

「ボクはこっちよ」

子牛の荷下ろしがすむと、今度は三頭の成牛の番だ。

「上！」畜舎の誘導路で待ちかまえていた男に４９２３はそう判定されると、左わき腹に競り用の札、ナンバー１７１を貼られて広い囲い場へ引かれていった。

九四三頭の牛が集まった先週の月曜とくらべ今日の頭数は少なめなので、競りも夕方には終わるのではないかとポーラは言う。

今日はこれからスミス家主催のクリスマス・パーティーに妻ともども招かれている。競りの結果はあとでジョン・ワイドマンに教えてもらうことになっているが、もしテイラー社が落札したら、ペンシルベニアの工場にいるだろうかつての上司トム・テイラーに彼から電話を入れてもらい、処理場への立ち入りと４９２３のと畜解体現場の見学許可をとりつけたいと考えている。そしてもし許可が下りたなら、私は４９２３を追いかけてペンシルベニアまで向かうつもりだ。

私はアンドリューとともに市場を出た。自分の牛を出荷した時どう感じたのかたずねてみた。

「あの白いやつ、あの牛は自分が一巻の終わりだと気づいてたな」彼は４９２３ではなくほかの牛のことについて触れた。

「どうしてそう感じるのかい？」

「あの牛はトレーラーで向きを変えてどうしても降りようとしなかった。わかってたのさ」

「環境の変化に驚いていただけだろう？」

「いや、最期が近いと気づいてたよ」とアンドリューは言う。

今度は彼が私にたずねてきた。「あそこでは餌や水がもらえるのかい？」

前に市場をおとずれた時そんな様子はなかったが、家畜類には二四時間餌と水が与えられると看板には記されていたと私は答えた。

二人の会話がそこで途切れた。

「俺が最期に近づいたなら、」アンドリューがぽつりと言った。「いよいよだなと悟りたい」

ふたたび間ができた。

「俺は乳牛の終わり方が好きなんだ。生産力が尽きたら即、死へと向かうっていう終わり方がね。昨日までは豊かに乳を出す動物、今日はハンバーガーってわけさ」彼はつづけた。

「よぼよぼのまま二年も三年も生き長らえるなんてまっぴらだ。じいさんはずいぶん長生きしてるがいったいなんの意味があるのやら……」洗いざらい吐き出した風でもなかったが、彼はそこで話をやめた。一九四五年に牧場を興したアンドリューの祖父ネルソン・スミスは九二歳。現在介護つき施設に入所している。

・・・

このクリスマス・パーティーに出席するのもこれで二度目だ。二階に個別の専用キッチンがもうけられた去年と同じパーティー会場に、アンドリューは茶のスーツ、スーは青いロングドレスを着て登場し、客に向かって挨拶をした。出席しているのはやはり去年と同様、従業員や出入りの業者、親戚、友人たちである。

私も周囲の人と言葉をかわすが、気になるのは、ナンバー4923の件でこれからジョン・ワイドマンへ電話をかけねばならないことだ。もしテイラー社が4923を落札していれば、私は解体現場の見学へと自分を追い込むことになるだろう。一日に一九〇〇頭もの家畜が殺される場所に分け入ること、そしてナンバー7と8の母牛が殺される様子を観察すること、その両方が、私をこの上もなく不安にさせていた。それにジョン・ワイドマンの紹介があるとはいえ、はたしてテイラー社が本当に私を中にとおしてくれるか、そのことにも不安があった。ペンシルベニアの片田舎まで一晩車を走らせたはいいが、ジャーナリストがあたりを嗅ぎまわることに誰かが異を唱え、翌朝そのまま引きもどらざるを得なくなるのではないか。

妻と私はディナーのあとも会場にしばらくとどまりスーたちと雑談していたが、七時半に二次会の案内が入り、出席者が席を移動しはじめると彼らにいとまを告げた。一階に下りた私は、公衆電話から自宅にいるジョン・ワイドマンに電話をかけた。

「で、誰が4923を買ったんだい?」私はたずねた。

「テイラーだ」と電話の向こうでジョンが言った。「五時半すぎに、一ポンドあたり四一セントで売れたよ」

胃が痛くなった。いよいよ私は食肉処理場へ行かなければならない。明日の朝トム・テイラーに電話して見学の許可をとってくれないか、私はジョンにそうたのんだ。

ところが返ってきたのは意外な言葉だった。「もう無理だ。牛は全部処理場に行ってしまったんだ。今夜のうちに解体されてしまうんじゃないのかな。これから工場に行くのは無理だろう？もしどうしても見学したいのなら、自分でかけあってみてくれ」と彼は言い、電話を切った。

意外な展開ではあったが、私は不安から解放された。すると突然腹が減りだし、皿に残したチキンやバターロール、サヤインゲンが恋しくなった。

・・・

翌朝私は六時半に娘に起こされ、学校まで送ってくれとたのまれた。着替えをすませ娘を学校まで送りとどけ家にもどると、急に昨夜の電話がいぶかしく思えてきた。４９２３がペンシルベニアに出発したというのは本当だったのか？　彼は妙に落ち着きはらっていた。もしかすると、帰宅後この一件を妻や家族に話したところ、かつての雇い主であり現在大切な顧客であるトム・テイラーとたいして面識のない私をとり持つなんてとんでもないと反対されたのではないだろうか――それなら彼の豹変ぶりにも納得がいく。

私は確認のためパビリオンの家畜市場に電話をかけた。するとジェフと名のる男が電話に出て、競売後の牛の行方を教えてくれた。低級牛は昨夜のうちにテイラー社に運ばれたが、それ以外の牛はまだ市場にいて今日の午後にならないと運搬されないということだった。

ボストンバッグに荷物をつめ、つなぎを着込むと、私はパビリオンまで四五分車を走らせた。市場に着くと、囲い場で他の三五頭とともに横になる４９２３の姿を見つけた。左わき腹には番号札が貼られたままだ。

支配人ダン・ヤーンがペンシルベニアにいるテイラー社の配車担当者に連絡をとり、トラックの配送予定を調べてくれた。すると残りの牛は今日の午後市場を発ち、明日の朝まで処理されることはないとわかった。

トム・テイラーと話すならラウンジの電話を使うといいとダンが言った。

しかし個人的なコネがないままテイラー・パッキング社のような大企業に直接連絡を入れるのは、私にとってリスクをともなう行為だった。もし相手が私についてあれこれ調べれば、大学を卒業したばかりの二〇年前、動物愛護協会でしばらく働いていたことに気づくだろう。これまで出会った人たちには私の方からその点について触れ、事情を説明してきたが、気にとめる者は誰一人いなかった。だが大企業となれば話が違う。おそらくそれを重大視し、動物保護推進者というあやまったレッテルを私に貼るにちがいない。そして私が築いた人間関係を壊しにかかり、さらには本の執筆という計画そのものまでつぶしにかかるかもしれなかった。

もしトム本人と電話がつながったら何をどう説明するか、私は話の要点をメモにしたため、二、三度声に出して練習した。

意を決してテイラー・パッキング社に電話をかけると、社長のトム・テイラー氏をお願いしたいと交換手に申し出た。

しばらくすると電話がつながった。

「はい、トム・テイラーです」重々しい声が聞こえてくる。

ジョン・ワイドマンなど二人が共通して知っている人間の名をいくつかあげ、私はまず自己紹介からすませていった。そして平常心を保つようつとめながら次のように説明した。本の執筆のため一年半のあいだ、ニューヨーク州のヨークにあるローネル・ファームという牧場で牛を観察してきた。そこには九〇〇頭ほどの牛がいて、自分は今そのうちのある一頭とその牛が産んだ子どもの一生を追っている。昨日母牛の方が淘汰され市場で貴社に落札されたのだが、今日の午後そちらの工場に運ばれるという。できれば貴社を訪問しその牛が工場で生産ラインに乗る様子を見学させていただきたいのですが、と。

「ええ、けっこうですよ」返事が返ってきた。「どうぞいらしてください」と。

大きなため息が出そうになり、私は相手に吐息が伝わらないよう受話器を顔から遠ざけた。ふたたび耳にあてるとトム・テイラーが明日のスケジュールのことで何か私に言っている。

「すみません、ちょっと聞こえなくて」

明日の朝九時半に歯科医の予約が入っているがそれ以降なら事務所でお会いすることができる、トムはそう繰り返した。ついで工場長トニー・ノルの名前をあげ、彼がこの件を担当し工場のご案内にあたりますと私に告げた。そして電話をまわすのでしばらくそのまま待つよう彼は言った。

電話の相手はトニーにかわった。

「社長から聞きました。明日工場においでになるそうですね。何かお手伝いすることはありますか?」

私は４９２３のことを彼に話した。

六時四五分にラインが始動すると、前日運ばれた低級牛のと畜解体からはじまって、つづいて九時頃、パビリオンから到着する多数の牛の処理にとりかかる。だから明日の朝八時すぎに工場に着くとちょうどいい、到着したら来客用の駐車場に車をとめ自分を呼び出してほしいと彼は言った。次に彼は工場のあるペンシルベニア州ワイアルーシングまでの道のりを説明し、車で三時間半はかかると思うので、今日中に出発して、今夜は工場から二〇キロほど離れたトウェンダにあるホテルに一泊してはどうかと私にすすめた。

電話が終わると、食肉処理場に対する恐怖心はつかのま消えた。そのかわりわき上がってきたのはある種の高揚感だった。万事うまくいった。ジョン・ワイドマンの助けなしでも約束をとりつけることができたじゃないか。寛容で立派なビジネスマン、トム・テイラーは私の申し出を快諾してくれた。これはまさしく大成功だ。しかも、アンドリューやスーを含め私が知る多くの酪農家が、食肉処理場はおろか競売会場にさえ行ったことがないという。なのに私は今そのすべてをこの目におさめようとしている。そう、私は誰も見たことのないと畜場の中へと入るのだ。

• • •

パビリオンから一五キロほど行ったところのショッピング・センターで間食用のツナサンドとホテルで読むための『ニューヨーク・タイムズ』を買い、私は高速道路入り口で進路を南にとった。ダンズビルのあたりまで道路は八〇キロほどなめらかだったが、ある地点にさしかかると舗装の痛んだ部分があって車がガタガタ揺れた。左前蹄にイボをこしらえたナンバー４９２３もやがてこの地点にさしかかり、同じでこぼこをトレーラーの中で感じるのだろう。

でこぼこ道を抜けるとまもなくマクドナルドのＭ字マークの看板が見えてきた。遠くのドライバーからも見えるように、看板は高いポールの先についている。

ニューヨーク州南部を走る一七号線を東に向かいコーニング、エルマイラととおり過ぎると、イサカに入る。私はイサカのジェネックス社にいた種牛ボナンザのことを思い出した。約二年前ナンバー４９２３はボナンザの精子で身ごもったのだが、あれ以来私はボナンザを見ていない。ボナンザのことが気になりジェネックス社に電話をかけると、種牛ボナンザはまだ健在で毎週二回精液を採取されているということだった。

ビンガムトンを抜けてさらに南へ向かうと、ニューヨーク州とはお別れだ。動物の生き死にに怯えて育ったこの私が国内有数の食肉処理場の、社長じきじきの客になるとはなんとも皮肉な話である。ふだんであれば行きたいような場所ではないが、今の私にとって避けてとおれない場所である。ここに来てさまざまな思いが交錯するが今は明日のインタビューのことだけ考えよう、そう思いながら私は車を走らせた。

ペンシルベニア州北東部の農業地は起伏の少ないニューヨーク西部とは異なって、曲がりくねった道と急な崖で形成されるけわしい丘陵地帯の中にある。車を走らせるほどに、心細さと不安がつのる。だがはたしてこの心もとなさは危なげな地形のせいだとばかり言えるだろうか。解体処理ラインの見学はもう明日なのだ。

・・・

トウェンダのホテルに着いたのは三時を少しまわった頃だった。ノンストップで三時間以上、工場長トニー・ノルの言ったとおりだ。私は荷物も降ろさずそのままワイアルーシングまで足を伸ばし、下調べのためテイラー・パッキング社を見に行った。

この上二〇キロのドライブは体にこたえた。しかも狭い道路には霧がかかり、崖沿いにいくつものヘアピンカーブ、下を見下ろせばサスケハナ川が流れている。

ワイアルーシングは中心部に二、三の商店街と公共施設がある、古くて小さな町だった。町はずれを一キロほど行くと道路は右に折れ、急な坂道へと姿を変える。坂を少し下ったあたり右手に見えるのがテイラー・パッキング社だ。エントランスの手前には小さな牧場があり、ホルスタインが一頭牧草地で横たわっていた。

　くすんだ白色の巨大な工場施設の前には広々とした駐車場、「来客用」と記された駐車エリアにはガードマンが立っている。霧でよく見えないが、駐車場の向こうには煙突が数本立ち並んでいる。ここが明日私がおとずれる食肉処理場だ。今の私は疲れ果て、鼻の奥がつまっている。おそらく風邪の前兆だ。駐車場で向きを変えると丘を登ってワイアルーシングの町を抜け、私はホテルのあるトウェンダへもどっていった。

　ホテルにチェックインしたのは夕方の四時半すぎだが、日はすでに暮れていた。今日は冬至で、一年のうちでもっとも日が短い。夜中はかなり冷えこむだろう。

　私の部屋は道路に面した一階の一室だった。ベッドに横たわると同時に首のあたりに引きつるような痛みを覚え、左右どちらにも向けることができなくなった。ホテルの小さな温水プールで三〇分ほど泳いでみると少し首は楽になったが、部屋にもどると今度は左脚の下にこむら返りのような激しい痛みが走った。一連の症状が明日の食肉処理場見学に対する精神的緊張から生じているのは確かだが、原因がわかっていても痛みは消えない。

　午後六時。食事をとるためホテルの外に出た。首をかばい頭をおかしな方向に曲げたまましばらく歩くと、二つの選択肢と出くわした。一つはボナンザという名のファミリーレストラン。ステーキ、チキン、シーフードの専門店だ。そしてもう一つはマクドナルド。実に奇妙な取り合わせだ。ボナンザとはいうまでもなくナンバー４９２３に精子を提供した牛の名である。やがてナンバー４９２３は私が買った二頭の子を生み、今まさにと畜場へと向かっている。そのいっぽうマクドナルドとは、その４９２３の肉が最後に行き着く場所である。私が選んだのはボナンザだった。なぜならボナンザのメニューには、子どものころ母が私に出してくれた元気の源、マカロニとカテージチーズがあったからだ。おそらくカテージチーズはフレンドシップ社製、原料のミルクにはローネル・ファームでとれたもの、それも４９２３のミルクが含まれているにちがいない。

食べながら私は思いをはせた。４９２３を載せたトレーラーはあのでこぼこ道をとおり過ぎ、もうペンシルベニアに入っただろうか。今夜はトウェンダのホテルの前をとおるのだろうか。工場に着いた牛はどこで一晩過ごすのだろう？　トラックの中？　それともトレーラーから降ろされて待機場で夜を明かすことになるのだろうか？　私には明日トム・テイラーに聞きたいことが山ほどある。そこで手帳を取り出して疑問点を整理しながらテイラー氏への質問事項をいくつかまとめた。

・４９２３の肉にはどんな等級がつけられたのか？　チョイス、セレクト、あるいはカッターやキャナーのような低い等級だったのか？
・４９２３の肉はどこに行くのか？　マクドナルドのどの支店に卸されたかまで追跡調査できるのか？
・４９２３の皮はどうなるのか？
・胃の中の磁石はどうなるのか？
・パビリオンの市場から配送センターにダンが電話を入れると、買いつけられた三二頭の搬出時刻と解体の時刻はすでに決められていた。どうやって時間調整しているのか？　あちこちの市場から仕入れてくる牛の運搬・処理時間の配分法は？
・搬入後、牛は通常どれくらい生かされるのか？　約二時間ぐらい？　あるいは半日？
・長年この仕事に従事してきて、淘汰牛の年齢や状態が変わってきたと感じる点はないか？　ミルクの生産量を増やすことで結果的に乳牛の平均寿命は低下しているが、やはりそれを実感するか？　また、ＢＳＴの使用により衰弱した牛が増えていると聞いたのだが、それは事実か？
・同族会社であるテイラー社はどのような経緯をへて、現在の地位を築いたのか？
・なぜ乳用種廃用牛の加工処理という分野で成功したのか？　なぜ肉用牛、豚、羊ではなかったのか？
・家族の中にベジタリアンはいないのか？

食事を終え七時すぎに部屋にもどると、私は家に電話をかけた。まず妻に今日一日の出来事を話し次に子どもと話をすると、もう一度妻を電話口に呼び出した。

「ああ、そういえば留守番電話にあなたへのメッセージが入ってたわ」と彼女が言う。「うまく聞き取れなかったんだけど――そろそろ録音テープのとりかえ時ね。ええと、テイラー・パッキングのトニーっていう人が何かあなたに用があるそうよ」

「なんてこった！」いい話じゃなさそうだ。

私は急いでおやすみを告げ、自分が何をすべきか考えた。テイラー社の交換台はもう業務を終えている。私は地域別電話帳を取り出すとあわただしくページをめくり、トニー・ネルの自宅の電話番号をつきとめダイヤルした。

「ええ、この件についていろいろ話し合ったのですが」電話に出たトニーがことの次第を話しはじめる。「ご自分の家畜が処理される様子をご覧になるのはかまわないのですが、そのことを本にするとなると話が違います。まあそれで、皆で協議いたしました」

「みんな？　みんなとは誰のことです？」私は言葉をさえぎった。「社長のトム・テイラー氏とですか？　今朝彼と話した時、どうぞとおっしゃってくれました」

「取締役会で拒否されたのです」とトニーが告げた。「あなたに解体の現場をお見せすることはできません。当方で処理することもいたしかねますので、あなたの牛のナンバーを教えてください。トラックが到着ししだいお返しします」

それは〝私の〟牛ではなく、ローネル・ファームから出荷され市場でテイラー社に落札された牛である、私はただその牛を観察しつづけてきたにすぎないのだと説明した。

「とにかくあなたを中にお通しすることはできません。解体処理は政府の検査官立ち会いのもとで行なわれるのですが、中には公衆衛生の問題を取りざたされる方もいらっしゃるようなので」

自分の本は公衆衛生問題に関するものではない、今回の目的は牧場を出た一頭の牛が処理場で最期を迎える様子を見とどけることなのだと繰り返した。

「わが社は経営も順調なんです。改良の必要があった箇所には、この一〇年から一五年で多くの改善策がほどこされました」

どうやらテイラー社は過去に何かの問題をかかえていたようだ。だが私にはテイラー社の環境設備の良し悪しをとりあげる気など毛頭ない。制限つきの見学でもいい、必要なら工場の場所や名前を伏せてもかまわないと私は言った。

だが彼の返事は依然としてノーだ。

「私は三〇〇キロ近くも運転してここまでやってきたのです。そしてあなたに言われたとおり、トゥエンダのホテルに部屋をとりました」私はなかば死に物狂いでそう言った。

「それはそうですが……」

私は心を鎮めてもう一度自分の意図を説明した。関心があるのは牛とその世話にあたる人々であること、そしてその中には処理場で働く人々も含まれることなどを。するとトニーはこう答えた、「ええ、たしかにテイラー家はとても興味深い一族です。今の社長は三代目にあたるのですが、ご兄弟とともに一九六六年にベトナムから帰還すると、当時従業員三四名だったこの会社を一一〇〇名を擁する大企業にまで引き上げたのです。今や東海岸最大規模の工場と言っていいでしょう」

次に私は自分の生い立ちに触れ、自分も自営業の家に生まれついたので一族のプライバシーを守らねばならないことはよく心得ている、テイラー家が納得してくれるような形で工場を見学できるようなやり方もあるはずだと説得した。

しかし彼は、自分にはこれ以上できることはないから、どうしてもというのであれば翌朝九時半に門のところで待ってみてほしい、朝の会議でもし何か変更があればすぐに私に知らせるから、と告げて電話を切った。

しかしあまりに見込みのない回答に、私は途方にくれてしまった。

立ち入りが許されなければ、解体処理ラインへの感想や肉にされる４９２３への思いをつづることなどできなくなるし、トム・テイラーに用意した質問にも答えが出せないままになるだろう。

そして何より、私の二頭の牛をここに出荷すること自体が無意味になってしまう。

八方ふさがりだ。

だが正直、救われたと感じたのも事実だった。私にとって解体処理ラインの見学は、明らかに苦痛の種になっていたからだ。今朝パビリオンを出て以来この葛藤に体は正直に反応し、あちこち悲鳴を上げている。

気になる点はほかにもある。なぜトム・テイラーは突然心変わりしたのだろう？　なぜ自分で連絡してこないのか？　だがこうした疑問も、会社側が私の本を一種の暴露本とみなしたのなら説明がつく。そしてもしそう思い込んでいるとしたら、私が門の前で待ち伏せして誤解が解けるはずがない。

自分にできることはすべてやり、そして相手はノーと言った。朝会社の前にあらわれて言葉巧みに入り込むという狡猾な手段もあるだろうが、私はそうした才には長《た》けていない。

私はもう一度トニーに電話をかけた。社会人らしい抑制の効いた、いつもの自分の声にもどっている。

「いろいろお手間をとらせて申し訳ありませんでした。今回はどうも無理そうなので私は家にもどります。ご家族のみなさんによろしくお伝えください」

体じゅうが痛み、悪寒が走る。鼻水も出る。洗面台の下のホルダーからティシューをはずし箱ごと抱えてベッドにもぐり込んだ。首の痛みも消えないまま、今度はいよいよ風邪をひいた。

・・・

翌朝早々ホテルのチェックアウトをすませると、マクドナルドでとるはずだった朝食もやめにして私は一路帰路についた。九時前にニューヨーク州に入ったあたりで、ナンバー４９２３のことを考えた。もう解体されただろうか。どんなふうに解体されたのだろう？　額の白い逆クエスチョンマークはどこに消えただろう？　私にはイメージすら浮かばない。

途中でローネル・ファームに立ち寄ったのだが、話題はもっぱらクリスマス・パーティーのことだった。

アンドリューは整備室でコンバインに除雪装置を取りつけたり、ラジエーターに不凍液を入れたりしている。仕事の手を休めると、彼は私にクリスマスプレゼントの礼を言った。早暁《そうぎょう》のサイロ前でトラクターのシャワー洗浄にあたるアンドリューをカメラにおさめ、その写真を額に入れて贈ったのだ。朝日を背に彼のシルエットが浮かんだ写真だ。

スーはパーラーでＢＳＴ投与の最中だった。いかにもクリスマスらしい、長い尻尾のついた茶色い毛糸の帽子をかぶっている。私は彼女に、志半ばでついえてしまったワイアルーシングまでの往復約六〇〇キロに及ぶ旅の話をした。すると彼女は、「でも私ならもしそんな目にあったとしても、ああよかったたってほっとするけど」と言った。

彼女の言葉はうれしかった。淘汰用の牛を選び、と畜の一端をになっているスーでさえそうなのだから、私のような部外者がこの結末に安堵を覚えて何の不思議があるだろう。にもかかわらず、家に向かう途中で私はふと、やはり強引にでも工場に上がりこんでしまえばよかったと思いはじめた。明らかに私は絶好の機会を逃してしまった。二頭の運命をめぐるジレンマをどうやって解決したらいいのか、これでまた一つ手がかりをなくした気がした。

アンドリュー、早暁のサイロ前で

第9章

選択肢

一月下旬、雨の降るどんよりとした一日。朝から太陽は隠れっぱなし、今日は一日中まるで夜のようだ。

ストロング記念病院の集中治療室で、シェリー・ヴォングリスは心臓モニターの電極が貼られた老婦人に付き添いながら、看護学校のテキストに目をとおしていた。自宅以外の仕事場で彼女を見たのはこれがはじめてだが、今まで見た中で彼女は一番輝いていた。とび色の髪は顔のラインに映るようセットされ、濃い青の瞳を引き立たせていた。最近運動をはじめたせいで体調もいいという。

今回の付き添い看護師の仕事は新聞広告で見つけたということだ。奇遇なことに患者は私の友人の母親でもあったのでその容体をたずねると、シェリーは守秘義務にかかわることなので、とやんわり返事を断わった。

最近の調子をたずねると、看護学校は順調だがピーターの方に問題が起きていると彼女は言った。後継者がいないため農場の共同経営をもちかけていたはずのスコットだが、今になって娘の一人が大学をやめ牧場にもどってきたというのである。

「だからといって何がどうなるのか今はまだわからない。でももし共同経営者になれないなら、ピーターは今の家にとどまることになるんじゃないかしら。私の方は看護学校に集中して、卒業後いい仕事にありつけるようがんばるだけよ」

そう言うとシェリーは患者のモニターをチェックした。

「ところで子牛の件はどうなったの？　決心はついた？」

この場で子牛の話に触れるのは気が引けた、いやむしろ恥ずかしかった。この部屋には生と死のあいだをさまよう人がいる。

まだ結論は出せていない、私が正直に答えると、

「まだなのね、でも絶対うちにほしいわ」と彼女は言った。「さっきスーパーでハンバーグを買ったけど、おいしいとは思えない。ちゃんとした物を食べるためには冷蔵庫にストックが必要よ。本当は二頭ともほしいんだけど、一頭しか庫内に入らないのよ」

彼女の言葉に胸が苦しくなる。あの牛たちを肉にするかどうかさえまだ決めかねているのだから。

しかし決断を迫られているのは確かだった。ピーターはベイチング・ファームの五頭の牛を、四月か五月にと畜場に連れて行くと言っている。そうなれば私の牛もそのころ肉にするのが本筋だろう。それに現実問題、それ以外に選択肢などありそうには思えなかった。わが家の庭で牛など飼えるわけがないし、だからといってヴォングリス家の飼養場にいつまでも置いておけるわけ

もなかった。たとえ毎月九〇ドル払いつづけるから牛が死ぬまで育ててくれと言ったところで、彼らに何のメリットもないことは明らかだ。とくにナンバー8のような雄牛となれば体重が一三〇〇キロにまで達するのだから、世話すること自体困難だ。

もし解体することになったなら、もちろん肉は売るのでなく、ピーターとシェリーに贈ろうと思っている。

どっちの子牛がほしいか彼女にたずねると、

「あら、私は選ばないわよ。決めるのはピーターよ」と彼女は言った。

「たとえそうでも、雄がいいとか雌がいいとかあるんじゃないかい？」冗談まじりに私は聞いた。すると彼女は「選ばないって言ってるでしょ！」と声を上ずらせ、くってかかった。「どの牛もみんないっぺんに出ていくのよ。私はただ冷蔵庫に質の確かな牛肉があればいいの。どっちの牛の肉かなんて知りたいとは思わないわ」

そして一息つき、「私が必要以上牛といっしょにいないのはそのためよ。世話をする時も、牛がどこにいるのか確認するためちらっと見るだけ。牛舎にいるのか、ランニング・シェッドにいるのか、橋の上で遊んでいるのかって。そんなふうに距離を置くようにしているの」と言った。

集中治療室で彼女の仕事についてもうしばらく話したあと、君に看護してもらえて友人のお母さんは幸せだと私は言った。

「でも本当はね、この仕事のせいでピーターをちょっと心配させてるの。もし私がしくじったらエイボンでの彼の評判に傷がついてしまうから」

彼女の患者はピーターの生まれ故郷、エイボンの名家の出だった。

「だが君がいい仕事をすれば君自身の成功につながるし、ピーターの評判を上げることにもなるんだよ。今はそう考えるべきじゃないかい？　もちろん君なら大丈夫だよ」話を聞いて私はそう助言した。

「そういう考え方もできるわね」と彼女は言った。

病室を出た私は途中ロビーに立ち寄った。老女の乗った車椅子を押して中年女性がとおり過ぎた。おそらく二人は親子だろう。母親は肥満した体に、葉だけになったポインセチアの鉢を抱えている。いっぽう待合室には大勢の人間がすわっている。病気の家族や友人をたずねてきた見舞い客がほとんどだろうが、中には自分が病気の人もいるだろう。

五五キロ先の牛舎の中では二頭のホルスタイン牛が横たわる。私は子牛たちの運命に思いをはせた。

・・・

それから二週間後シェリーが自宅に電話をよこした。患者の具合をたずねると、今はもうわからないと言う。二歳になる息子のコリンが肺炎にかかり、看護学校に通いながら子どもを看病し、なおかつ付き添い仕事をこなすのはとても無理だと感じたためパートは辞めたということだった。

しかし彼女の電話はそれを伝えるためではなく、もうすぐピーターが計量のため牛舎の牛を父親の牧場に連れていくという連絡だった。コーンの仕上げ飼料でどれくらい体重が増やせたか調べるためだが、その結果をもとにしてと畜解体の時期を決めるという。ピーターは計量器具を持っていないので父親のを借りるらしい。いっしょに行くなら、計量日の前日に電話を入れるので待っていてくれと彼女は言った。

・・・

ヒンドゥー教のアシュラム〔共同生活式の修行場〕が自宅のそばにあると知ったのは二年前インターネットの検索エンジンに〝牛〟と入れた時だった。画面には〝聖牛〟に関する項目がいくつか並んだが、その中の一つ、ロチェスターから西に八〇キロほど離れたロックポートにある、シユリ・プーリ・ダーマ・ヴァイシュナヴァ派コミュニティーという名が私の興味を引いた。そのアシュラムに訪問したいとメールを送ると、ジャガンナータ・ダーサ・プーリパダサットという人物から「大歓迎です。お待ちしております」と返事が寄せられた。

エリー湖東岸のバッファローのそば、ロックフォートは昔からの工業都市だ。そのロックフォートの入り口に位置するアシュラムは、エリー運河を見わたすかたちで四ヘクタールほどの敷地の中に建っていた。アシュラム本館を兼ねる煉瓦造りの邸宅は一八〇〇年代後半の建物で、細長い窓と、白く塗られた木の装飾が特徴的だ。最初の訪問時、車を降りると丸めた頭にポニーテールを結った十代半ばの少年が近づいてきて、私を裏庭に案内し、長い綱でつながれた角も尾もある若いホルスタイン牛を私に見せた。

「私たちは牛を崇拝しています」と彼は言った。

首を撫でようとして近寄っても牛はたじろぐでもない。そこが牧場で飼われている酪農牛との大きな違いだ。つづいて少年は牛舎へと案内し、餌用のボールに市販の刻み野菜を袋から出して入れた。ブロッコリーやカリフラワー、ベビーキャロットなど四・五キロ分が入った袋五、六個だ。

邸宅内部は外見ほど豪華でなくどこかうらぶれた感じがした。キッチンの壁はペンキがはげ、二階につづく階段は手すりが完全に落ちている。とはいえ大理石の床でできたこの「寺院」には色彩豊かな壁画の数々、ヒンドゥー教の神々をかたどったいくつもの大理石像が並んでいる。廊下を歩いていて私は奇妙なものにぶつかった。ロック歌手の伝記がつまった書棚である。この若い信者の趣味なのだろう、そう思いながら私は本棚の前をとおり過ぎた。

「ジャガンナータはお嬢さんのいる診療所にいらっしゃいます」私を広い応接間にとおしながら若者が告げた。「ここでお待ちください」

高天井の部屋の一角を大型テレビが占めている。棚には祭具のようなものがいろいろ並んでいるが、壁には一面ビートルズ関連の書籍の表紙が額におさめて飾られている。

と、ドアが開き、大きな腹をした中年の男が飛び込んできた。裸足だ。緑のTシャツにスウェットパンツをはいている。頂きに白髪の混じる茶色の髪をくしで撫でつけ、短いポニーテールを結っている。丸顔で肉づきのいい男だった。

この男性が聖ジャガンナータ・ダーサ・プーリパダサットだ。部屋の中央に敷かれた青いマットに足を組んで坐り、彼はいきなり動物虐待に関する講義をはじめた。

「牛は人間に多くのものを与えている。ミルクにアイス、チーズやバターだ。にもかかわらず我々はいったい牛に何をしている?　咽喉をかっさばいているではないか!」

絶叫に近い状態だ。

彼の言葉を書きとめようとしたのだが、あまりに早すぎてペンを持つ手が追いつかない。だが待て、今ロナルド・マクドナルドがどうのと言っていた。マクドナルドのあのピエロのキャラクターだ。

「ちょっと待ってください！」あわてて声をかけた。「ロナルド・マクドナルドに関するあたりをもう一度お願いします」

「私はロナルドだったんだ！」と彼は叫んだ。「私のホームページを読まなかったのか？」

ざっと目をとおしただけです、私は正直にそう答えた。

「恥を知りたまえ、ジャーナリスト君！　私のホームページをおとずれ〝菜食主義〟をクリックして、その先を読むがいい」

言うだけ言うとジャガンナータは少し落ち着き、自分のことを話しはじめた。

旧名ジェフリー・ジュリアーノ、一九五三年、ニューヨーク州ロチェスターに生まれる。ニューヨーク州立大学で演劇学の修士号を取得したのちマサチューセッツ州ケープコッドに渡り、就職先でバーガーキングの宣伝用キャラクターに扮することになる。二〇年経った今も、彼は道化じみた歌声で当時のコマーシャルソングを歌うことができる。「私は不思議なバーガーキング。何でもできる。マジックとおいしいものが大好きさ。愉快にやろう、さあみんな。おいでよおいでバーガーキングへ！」

「寄席芸人のようだった」と彼は言う。

「舞台装置を載せたRV車でショッピングセンターやレストランをあちこちまわりマジック・ショーをやったのだ。この店の食べ物は健康的だ、健全な家庭にぴったりだというメッセージを、そうして世に広めていったわけだ。

私はこの余興をしばらくつづけたが、売上ナンバー1はマクドナルドだと知ったため事務所に電話し担当の者にたずねた。『ロナルド役を探しているところはないでしょうか？』となｌ。気づいた時にはロナルドとして採用され、トロントにしゃれたオフィスを構えていた」

暖炉の炉棚には白黒の広告写真が数枚飾られているが、写っているのはロナルド・マクドナルドの衣装をつけた、ほっそりとした若き日のジャガンナータだ。

しかしビッグマックのもとになる動物たちに関心が行った時、ジュリアーノはマクドナルドの仕事に嫌気がさした。

「ハンバーガーはどこから来るのと子どもたちに聞かれたら、ハンバーガー畑からとれるのさと答えるよう命じられた」彼は当時のことを振り返る。「だがもちろん事実は違う。何百万頭もの動物が、私が宣伝してたビッグマックのために殺されてたんだ」

彼はふたたび激昂した。

「マクドナルドは消費者との意思の疎通を断ったのだ。とくに子供たちとのな。テレビに映る暴力シーンは偽物だが、マクドナルドの裏に潜む暴力は本物だ！　マクドナルドは自分たちが作っている食べ物に内在する暴力性を覆い隠し、幼い者の感覚を麻痺させている。これはある種の幼児虐待にほかならない！」

かくしてジェフリー・ジュリアーノはロナルド・マクドナルドになるのをやめ、「自分が手を貸した動物虐待の罪をあがなうため」もあってヒンドゥー教徒となったのだ。インドで修行を積んだ彼は聖ジャガンナータ・ダーサ・プーリパダサットを名のり、ロックポートにこのＳＲＩ（Spiritual Realization Institute）というアシュラムを設立した。ＳＲＩは信者に霊的修養場を提供するほか、「聖なる牛」の世話にあたったり、インドとニューヨーク西部にあるベジタリアン用食糧庫に運営資金を寄付している。

ジャガンナータ自身はここをおとずれる修行者に説教したり、修養会の主催にあたったりしている。

と同時に彼はライターとしても名が知られ、ジェフリー・ジュリアーノ〔ジウリアーノ〕の名前で、世界的ロックミュージシャンの伝記をいくつも書いている。

「ある日、ビートルズの本を買いに出かけたが見つからなかった。それで自分で二〇冊ほど書いたんだ」と彼は言った。

そう、書棚にあった表紙はすべて彼の本だ。『ブラックバード――ポール・マッカートニーの真実』（邦訳、音楽之友社）、『ジョン・レノン――マイ・ブラザー』、『ジョージ・ハリスン・ストーリー』（邦訳、CBSソニー出版）などである。

・・・

この最初の訪問以来、私は時々ジャガンナータと連絡をとってきた。そして三月を迎えてまだまもない今日、私はふたたびアシュラムをおとずれていた。そこには私が必要とするものがある――小さな牧草地だ。

庭には二頭の牛がいた。前にも見た、角が上を向いた体の大きな白い雌牛が一頭と、一歳くらいの雄牛である。はじめて会うインド人らしき若者が私を屋敷の中に案内した。

例の応接間で、裸足のジャガンナータが古いソファの上で足を組んで坐っている。クリーム色のズボンに黄緑色のシャツ姿だ。

今日は少し落ち着きがない。話を聞くと、彼の新著『ジョン・レノン　アメリカでの日々』（邦訳、WAVE出版）に関する書評がそろそろ雑誌に載るという。この本はジョン・レノンの未公開日記に一部もとづいていると彼は言った。

　本の売り上げ金はどうするつもりか彼にたずねた。

「人々を目覚めさせ、自分の使命に気づかせるため使うだろう」彼はそう答えると「私自身は金など必要ない。このぼろ切れで充分だ」と言って、着ているインド風シャツの袖を指でつまんだ。

「たった四ドルだ」

　クランベリージュースを運んで先の若者が入室し、ジャガンナータの前の床にコップを置いた。

「ありがとう、ヴィシュヌ」

　若者は出ていった。一八歳になる彼ヴィシュヌは、ネパールから一ヵ月前に着いたばかりだとジャガンナータは言った。カトマンズのレストランでボーイをしていた彼をジャガンナータが見つけ、アメリカのアシュラムで信仰生活を送りながら仕事を手伝い、いつか医学を学んで医者になってはどうかとすすめたという。

「彼は私の弟子だ」

「弟子？」

「おいおい、ここは教団だぞ！」彼はかすかな笑みを浮かべてそう叫んだ。「彼は私の弟子なのだ！」

　つづいて説教のはじまりだ。

「インド五〇〇〇年の歴史に対しアメリカには二〇〇年の歴史しかない。つまりここの連中は総じて馬鹿なのだ。働くことと消費することに忙しく、大事な問題を考えようとしない。注意力が散漫になり感覚が鈍くなってしまったんだ」

ジャガンナータはソファの上で体を前後左右に揺らし体をほぐしはじめた。威厳たっぷりな身振り手振り、大声で矢継ぎばやに話す。

「人間の霊性が欠如することで一番最初に苦しむのは誰かわかるか？　動物だ！」

「アメリカ人になぜ肉を食べるのか聞いてみろ。彼らはおそらくこう答えるだろう、『わからない。ただなんとなく』。肉食も金儲けの対象で、何一つ哲学など持ち合わせちゃいない。これが長年、無知な輩《やから》どもの抱いてきた考え方だ。『この動物を食べようぜ！　自分が何をしてるかなんて考えっこなしだ』ってわけだ。この世をもっとましな場所にしようじゃないか。動物を痛めつけるのはもう終わりだ。暴力に荷担してはならないのだ」

話のほこ先が私に向いた。

「君は二言目には、『自分は農夫を尊敬している。彼らは勤勉で働き者だ。人に奉仕するばかりで報われない』と言っている。だがどうだ、動物を繁殖させては尾を切り落とし、咽喉をかき切ることが勤勉なのか！　悪魔の行為じゃないのか！

牧場では農夫が牛の首にベルをつけ、頭を撫でて『やあベッツィー』などと声をかけているかもしれない。だが彼らは牛を虐待している！　家畜を食いものにしてもう金が取れないとなったら惨殺するんだ！　生活のためだなんて言ったって、そんなのは受け入れがたい蛮行だ。稼ぎたいならトマトを植えろと言ってやれ！」

彼のことをどう理解すればいいのかわからない。ただ、ジャガンナータという人物は人から信奉もされるだろうが背を向けられることもあるだろう、それだけは想像できた。だが私はそのどちらでもなく、単に彼のことが好きだった。それは、これまで出会った農家の人々が好きなのと同じ理由のように感じられた。ジャガンナータはエネルギッシュではかり知れない能力がある。彼の書いた本は二〇年間で二〇冊。しかも、こののどかな田園地帯に独自のビジネスの拠点を構え、確固たる人生哲学のもと、それに則して生きている。自分の考えを臆《おく》することなく披瀝《ひれき》もできる。

だがしかし、彼は脆《もろ》い。

「私の精神はヒンドゥーの教えをいただくことで完全に鋳直《いなお》された」だが彼は打ち明ける、「しかしそのいっぽうで、私の人格は時としていまだに醜悪だ」

ジャガンナータはこの大邸宅に〝弟子〟のヴィシュヌと三歳になる孫のカシのたった三人で住んでいる。十代の息子は保護観察期間中に罪を犯し、今服役中だ。その妹も深刻な薬物依存におちいっている。妻のヴルンダは、思春期前の他の二人の娘を連れ、ノースカロライナのヒンドゥー教のコミュニティーに移ってしまった。「上の二人が大変なことをしでかした時、下の娘たちを引き離したんだ」と彼は言う。

そしてついに私の子牛に話題はおよんだ。

牛に対するヒンドゥー教の考え方を教えてほしいと私はたのんだ。

「牛は第二の母と呼ばれ、毛の一本一本に一万の神の化身が宿るとされる。そしてもし人が牛を殺したら悲惨な星の下に生まれ変わるといわれている。それも、毛の数と同じほどの回数だ」

「雄牛も神聖視されているのですか?」

「ああそうだ。雄牛はヴェーダ経典での聖なる象徴だ」

当然のことながら、子牛をと畜場に送るかもしれないという私の言葉にジャガンナータは仰天した。

「この愚か者め、長生きできんぞ！　我々人間には、どこから生まれどこへ行くのかなどわからない。だからこそこの現世だけでも、少しでもすばらしい世界にしようと言っているのだ。牛には手を出すな。君だって平穏無事な暮らしを望むはずだ。なぜその気持ちをあらゆる生き物に向けないのだ？　これこそ黄金律だ」

「しかしもし肉にしない場合、」私はたずねた。「子牛をどうしろと言うんです？」

「私によこせ！　私が面倒をみる。ここで平和に一生を終えるのだ」

私は酪農家が牛を再生可能な資源とみなしていると言い、その内容を説明した。

「再生可能な資源だと？　ふざけるな！」彼は声を荒らげる。「私の娘も再生可能な資源だと言うのか？　自分の子どもに乳をやる生き物を殺して食おうなんて奴には、ジャガイモだけ食わせておけ！」

「牛は私に渡すんだ！」彼は繰り返す。「餌代も医者代もすべて私がもつ。それに私に渡せば君の本も美談になるではないか。牛はアシュラムのロナルドと生涯平和に暮らしました、それがエンディングだ」

「牛の肉は自分で食べなくても、農家にあげるかフードバンクに寄付しようと思っていたのですが」と私は言った。

「彼らとて生きるのに肉など必要ない。そして君もおのれの手を動物の血で染めてはならない！」

「しかし私はジャーナリストとして、牛の受胎から消費まで、その一部始終を観察すると誓いを立てたんです。それをまっとうするためには牛を肉にしなければなりません」

「ジャーナリズムなどくそ食らえ！」彼は一喝した。「ジャーナリズムと生命のどちらが大切なのだ？　神がこの世につかわした牛を、君はジャーナリズムのため殺すと言うのか？　牛は無垢で無力な声なき生き物だ。代弁者も持っておらん。牛が何かあやまちを犯したか？　牛だって生きることを望んでいるんだぞ！」

そこへ孫のカシがやってきて二人の話は中断した。カシも頭を剃り、ポニーテールを結っている。ズボンを脱いで赤いシャツ一枚になったカシはソファの上で飛び跳ねながらズボンを放り投げて遊んでいる。

「カシ、やめるんだ！」ジャガンナータが怒鳴ると、カシはべそをかき出した。

「想像してみろ」ジャガンナータは私の方に向きなおり話しはじめた。「君は死んで今、聖ペテロなどユダヤ人が召喚《しょうかん》した天国の番人の前に立っている。男がたずねる、『身分証明書を拝見できますか？』そこで君はクレジットカードやら図書館カードやらを彼に手渡す。『しばらくお待ちを』男がそう言い、君の名前をコンピュータに入力するとブザーが鳴って、『入国は拒否されました』と機械の声で告げられる。

君は言う、『なぜです？　私のどこが悪いんです？　私はちゃんと子どもを育てました。頑張ってきました』などなどと。番人はコンピュータの画面を見つめてこう言うだろう。『ふうむ、牛と何かありましたか？　あなたは本を書きましたね。おや、二年間もあれこれ調査した結果、最終的に牛を殺したのですか？　しかも助けるチャンスがあったのにそれをふいにした！　なんてことだ、今すぐここから出ていくがいい！』そして男は意地の悪い笑みを浮かべこう言うのだ、『そこで待ってなさい。シャトル便がもうすぐ着くから』」

「ああ、こんなことも思いついた」とジャガンナータの毒舌がつづく。「君の本のタイトルだが、『自ら地獄に堕《お》ちた男』ってのはどうだ?」

「カシ! やめろと言っただろう!」孫はまたソファの上でズボンを投げて遊びはじめた。

「あっち行ってよ!」カシが泣く。

「三つ数えるぞ。それまでに泣きやむんだ。一、二、三!」ジャガンナータが脅しにかかった。

面会が終わりヴィシュヌに見送られて車まで行く途中、私はもう一度聖なる牛たちをながめるためアシュラムの庭に寄った。ジャガンナータはこの雌牛を「この世でもっとも幸せな牛」と呼んでいた。だがはたしてそうなのか? 雌牛と雄子牛は、鼻環から伸びる長さ一五メートルほどのワイヤーロープで木につながれ、雪に覆われた芝生の上に立っている。「鼻環は必要だ。これがないと管理できない」そうジャガンナータは言っていた。

ここに自分の子牛を連れてきて、庭の一角につながれたまま一生を終えさせることが幸せかどうか私にはわからない。だが子牛の行き場所としてアシュラムが一つの選択肢であるとわかったことは、私にとって収穫だった。

・・・

それから数週間というもの私はロチェスター近辺の農村部に出かけては、二頭の子牛を受け入れてくれそうな場所を探しつづけた。その中の一つに「クリスチャン・ヘリテージ・ファーム」という、発達障害者の人たちが治療の一環として動物の世話にあたっている体験的牧場施設があった。そこではホルスタインの去勢牛が数頭、設備の整った牛舎の中で飼われていた。客を集めて運営資金を得るために、館長は〝話題性のある〟動物――たとえば本に登場するような動物――

を引き入れることに積極的なようだったが、家畜担当者の話によると大型動物をこれ以上受け入れるだけのスペースはないという。新しい牛舎を建てたいが、土地も資金も足りないとのことだった。

「まったく余裕がないのですか?」私はたずねた。

「はい、残念ながら」と彼女は言ったが、そのかわりに、「住む場所のない」動物を時々引きとっているメアリーという女性のことを教えてくれた。

私はさっそくメアリーに連絡し訪問の日時を相談した。メアリーは熟練した剥製師である夫と四人の子どもとともに、かなり大きな農場に住んでいた。子牛たちを引きとってもいいが、その前にまず二頭に会わせてくれと彼女は言った。

「性格が知りたいんです。子どもといっしょにいて安全かどうかを知るために。そうしたらすぐお返事します」

「すぐにですか?」

「ええ、人間だって一目見ればその人となりがわかるでしょ?」

私はメアリーをヴォングリス家に連れていき、ナンバー7とナンバー8を見てもらうことにした。だが約束の当日、コートをはおって家を出ようとしたまさにその時彼女から電話があり、約束はキャンセルしたいと言ってきた。

「一晩考えたのですが、子どもといっしょに成長する牛の赤ちゃんがほしいのです。それにいきなり大きな牛では荷が重くて……」

それから数日もたたないうちに、私のオフィスに行きつけの理容室の店員から電話があった。

数ヵ月前に髪を切ってもらった時、私はこの問題を彼女に話していたのだ。自分が子牛たちを引きとってもいいと彼女は言う。牧場で育った彼女は夫と一三歳になる娘との三人で広さ二ヘクタールほどの田舎の土地で暮らしており、牧草地で馬も数頭飼っているが、この馬たちが牧草の食べすぎで肥ってしまったため、牛を放って牧草を少しでも減らしたいということだった。娘はすでに子牛の名前まで用意している、ガンサーとルーシーだと彼女は言った。

だが話をすすめる前に、私には一つだけどうしても現地で確かめておかなければならないことがあった。フェンスの件だ。牛を引きとるには牧草地のフェンスを丈夫なものにとりかえる必要があり、彼女の夫はその費用を私に出してほしいと考えていたからだ。

一週間後、私は彼女の家へ向かい夫と話した。彼はブルックリンに生まれ、ニューヨーク大学で舞台装置の勉強をし、今は企業が催す見本市のブース専門のデザイナーとして働いていた。彼は白いビニールコーティングのフェンスを指さして、あれを一フィートあたり七ドル二五セントのフェンスにしたいと言う。一周一五〇〇フィート、税込みで約一万一〇〇〇ドルもかかってしまう。

・・・

条件に合うところを見つけたのは、ヨーク市公会堂に立ち寄ったある日のことだ。入り口の棚に置かれたパンフレットに観光客用のスポットがいくつか載っていたのだが、その中の一つ「ファーム・サンクチュアリ」という名が私の目にとまった。「数百におよぶ牛や羊、豚、七面鳥が収容された体験牧場」、そうパンフレットには記されていた。この動物収容施設、ファーム・サンクチュアリはロチェスターから車で約一時間半、フィンガー湖群の南に位置するワトキンズ・グレンのそばにある。

その農場は湖群間の峡谷が見わたせる丘陵地帯の一角だった。

私を案内したのはフィラデルフィアから来たという大学生らしき実習生、ジェフだった。

丘の斜面にある四〇ヘクタールほどの牧草地で数十頭の牛が草をはんでいる。その大半がホルスタインの去勢牛だ。

「これはスニッカーという名前です」ジェフは一頭を指さしてそう言った。「いや、グレタかもしれない。違う違う、ガーランドだ。すみません、スニッカーは乳房炎で乳房のふくらんだ牛でした。脚の悪いこの牛はガーランドです」

ここでは耳標がないかわりに、牛の首に赤い名札のついた青い布製の首輪が巻かれている。正面から見ないと札を読むのはむずかしい。

「ロビンズは一〇歳か一一歳です」次にジェフが指した去勢牛は、肩の高さが一八〇センチはあろうかと思われた。「この牛は脚の手術が必要なんです」

彼はさらにもう一頭私に示し、「ラザラスは家畜市場の畜舎からやってきました。起立不全を起こしています」と説明した。

ここ「ファーム・サンクチュアリ」は、一五年前ローリーとジーン・バウストン夫妻によって設立された動物のための収容施設だ。二人は家畜市場で見捨てられた、負傷した牛や起立不全の牛に心を痛め、最初は年間三〇〇〇ドルという厳しい予算でこのシェルターを開設したのだ。そして牛をはじめ、飼い主に放置されたり虐待された動物をつぎつぎ保護するようになった。

その後組織は拡大し、カリフォルニアにも第二のシェルターが開設され、両方あわせて一〇〇〇頭以上の動物が収容されるにいたった。ワトキンズ・グレンのシェルターには約三〇人の従業員がおり、毎年五〇〇〇人を超える入場者がおとずれている。入場者の中にはサンクチュアリの宿泊施設で何日間か滞在する人もいる。ファーム・サンクチュアリでは動物の世話にあたるほか、動物保護の教育指導や陳情運動、動物虐待の調査活動などを行なっている。現在の組織全体の年間運営費はおよそ一八〇万ドル。そのほとんどが寄付による収益だ。

ジェフと私は十数頭の豚が収容される風通しのいい大きな納屋へ入っていった。ペンシルベニアからやってきた、長年ここのメンバーだという一組の母娘が豚をながめている。「なんて大きいんでしょう！　それに寝てばかりいるわ」と母親が言った。

「ええ、ほかに何もしませんよ」とジェフがうなずく。そして「食べて、寝て、それだけです。こっちの豚がクリスだ」と、彼は体長が一メートル半ほどもある巨大な豚を指さした。この豚はロチェスター大学の医療研究室から救い出したとジェフは言う。レーザー治療などの実験材料として用いられていたそうだ。

〝救い出した〟とはどういうことを言うのだろう？　買ったのか、寄付されたのか、あるいは盗み出したのか？　しかし質問するのははばかられた。

「私の娘はあっちの豚に恋したみたいよ」親子づれの娘の方が、納屋の奥で別の大きな豚を撫でている。

ジェフにはその豚の名前がわからない。豚には名札がついていないからだが、最近ここに来たものには識別用のマイクロチップが埋めこまれているという話だ。

次に私は、乳牛や去勢牛、未経産牛などあわせて四三頭の牛が暮らす牛舎へと案内された。その多くが州北部の酪農場から連れてきたものだという。経済的な事情で持ち主に放棄され飢えかかっていた牛がほとんどだが、家畜市場から救助したという起立不全の牛もいた。ジェフは一頭の大きな黒牛を指さして、あれは目が見えなくなったため農家側が持ち込んできたものだと説明した。と畜場にはまわしたくないとその家の妻が思い、ここに連れてきたということだ。

広々とした牛舎は清潔で採光も充分だ。子どもが行くサマーキャンプ場のような雰囲気があり、自動給水器もついている。干し草置き場とおぼしき場所にも窓とドアがついていた。

「ドアの向こうには何があるんです?」

家畜の面倒をみている女性職員の部屋だとジェフは答えた。キッチンにバス、トイレ、衛星放送つきテレビ、それに牛舎が見わたせるベランダまでついている。ローリーとジーンがこの施設を開いた当初住んでいた部屋だという。

もし私が牛だったらきっとここに住みたいと思うだろう。渓谷の見わたせる広大な牧草地、たっぷり藁が敷かれた居心地のいい牛舎、充分な餌と水、行きとどいた世話と管理——牛にとってまさにここは豪華ホテルだ。さらにすべて無料である。ファーム・サンクチュアリは、引きとった動物の飼育費用を全額負担している。

帰りぎわ私は管理事務所に立ち寄ると事情をかいつまんで説明し、農家にあずけたホルスタイン牛二頭の受け入れ先を今探しているのだがと受付の女性に伝えた。彼女は私の名前をひかえ、あとで担当者から連絡させると約束した。そして数日後一通の手紙がオフィスにとどいた。

「このたびは当ファーム・サンクチュアリにおいでいただき、また、貴重な情報をお寄せいただきありがとうございました。残念ながらただ今、当施設には空きがありません。また、当分のあいだはその見込みもございません……」

　そう手紙にはつづられていた。

・・・

　ファーム・サンクチュアリからの帰り道、私はローネル・ファームで車をとめた。あの二頭の今後について話し合う必要があるからだ。

　三月半ばにしては暖かい一日だったが午後から急に風が出てきて、スーとアンドリューは大あわてで牛舎両サイドのビニールカーテンを下ろしている。

　スーの鼻には赤い小さな引っかき傷がついている。新しくスミス家にやってきたスコティッシュ・テリヤの子犬、マックとじゃれていてできた傷らしい。マックは毎日スーといっしょに軽トラックでやってきて、家畜事務室の隅に置かれた犬用ベッドで過ごしている。

　私はまず最初スーに向かい、現状をありのまま伝えた。自分はいまだに子牛をどうすべきか決めかねているのだが、結論しだいで君と私のあいだに亀裂が生じるのではないかとても不安に思っている、と。もしと畜しないと決めたなら彼女を侮辱しているととられるのではないか、彼女の世界観を否定していると思われるのではないか、私にはそれがずっと気がかりだった。

「もしあなたが牛をと畜場に連れていかなかったら、なんて失礼なやつだって思うかって意味？」と彼女は聞いた。「いいえ、そうは思わない。私たちはみんないつも同じような状況に置かれているから。もし家畜に愛着を感じたら、肉にするのをためらうだろうってことはよくわかってるわ。仕事だから仕方がないって割り切れるけど、あなたの場合はそうじゃない。ワートの時と同じよ」かつて彼女がどうしても淘汰できなかった牛の名だ。「私だってワートを市場に出すのは耐えられなかった」

「だが市場には一度も行ったことがないんだろう？　パビリオンの市場にも」私は口をはさんだ。

「ええ。あなたに先を越されたわ」と彼女は言った。

次に私はビニールカーテンと格闘するアンドリューのもとへ行き、最近の訪問先、ヒンドゥー教のアシュラムやクリスチャン・ヘリテージ・ファーム、ファーム・サンクチュアリのことを話した。

「人間の可能性より、牛の可能性を探っているというわけか」と彼は言った。だからといってそれは皮肉ではない。彼はただ事実をありのまま言っているにすぎない。

その言葉は真実であり、私はとくに弁解もしなかった。今、私は子牛をめぐって厳しい選択を迫られている。

アンドリューにもスーにしたのと同じ問いを投げかけてみた。私がどう結論を下すかで、二人の関係に何か変化が生じたりはしないだろうか？

「いや、そんなことはないさ。俺たちはあんたに子牛を売った。あの子たちはあんたのもんだ。自分の好きにする方がいい」

・・・

それから数日後、よく晴れたある日の午後、ヴォングリス家の農場では七頭の牛がそろってランニング・シェッドで寝そべっていた。車のドアを開ける前から、ナンバー8は首をもたげ尾を揺らしはじめた。もしこれが犬だったら尻尾を振っていると書きたいところだ。

ナンバー8は立ち上がると私の方をじっと見つめ、全粒コーンを積んだワゴンに沿ってランニング・シェッドの中央へ二、三歩すすんだ。するとナンバー7も立ち上がり、庭のひどいぬかるみを越え、二頭並んで私の方にやってきた。

つづいて残りの牛も立ち上がり、こちらに向かって歩きはじめる。長靴をはいて私は庭に入っていった。

小川に渡した木の橋に腰をかけじっとしていると、ナンバー7とナンバー8がつなぎの上から脚を舐め、パーカーの袖を舐めはじめた。首の下を撫でようとすると雄子牛は離れていってしまったが、姉牛の方は近づいてきた。こんなことはめずらしい。いつもは臆病なはずなのに。

ゆっくりとナンバー7は自分の顔を私に寄せ、ついに視界は黒い鼻孔でふさがれた。顔はすぐにそむけられたが私は少し怖かった。一分ほどするとナンバー7はふたたび顔を寄せてきた。今度は白と黒の頬ひげが鼻孔のわきから飛び出ているのがよく見えた。ハチが頭のまわりを飛んでいるときのように、私はできるかぎりじっとしていた。ナンバー7の息づかいを、耳だけではなく、私は顔全体で感じていた。解体されたら顔の皮もむかれるのだろう。

姉牛はやがてその場を離れたが、私は待った。するとまた近づいてきた。鼻孔は今私の鼻の先、一〇センチほどのところにある。口をあんぐり開け、口内の隆起、ピンクの舌の奥の舌乳頭《ぜつにゅうとう》まで見えている。ナンバー7はその舌で私のあごの下を二度大きく舐めた。ざらついた舌がうっすら生えた首の無精ひげを逆なでし、かすかに痛い。湿った肌を風が渡った。

・・・

数ヵ月前、私は霊長類学者のジェーン・グドールが書いた野生のチンパンジーの記録『森の隣人』（邦訳、朝日新聞社）を読み、睡眠時に関する記述に大変興味をそそられた。夜になると野生のチンパンジーは木の上につくった巣の中で体を丸めて眠るという。子牛たちはどうやって眠っているのだろう？　私にも夜間の観察ができないだろうか？

雲の多い暖かな早春の夜一〇時、私はヴォングリス家へやってきた。三六号線の路肩に車をとめたのは、私道にとめて犬に吠えられたくなかったからだ。おそらく子どもたちはもう眠っているにちがいない。灯りのともった一室はピーターとシェリーの部屋だろう。

長靴をはくと、道路と庭とを仕切っている、古い木の柵まで近づいた。

ハロゲンライトに照らし出され、ランニング・シェッドにいる七頭全部は餌用ワゴンのまわりで円を描くように眠っている。だが突然、ワゴンの裏にいたナンバー8が首をもたげて起きてしまった。物音に気づいたのか？　それとも私が見えたのか？　においのせいか？　ワゴンの陰からまっすぐこちらにやってくる。するとナンバー7まで起き上がりあとにつづいて歩き出す。これで計画はお流れだ。たちまち他の五頭も起き上がり、私に向かって歩き出した。

二頭が柵まで到着したので足もとの草をむしってさし出した時、ヴォングリス家の最後の灯りが落とされた。もう少し草をやろうと身をかがめ牛に目をもどしたその瞬間、柵のあいだから飛び出したナンバー8の大きな頭が目に飛び込んだ。板のあいだにはさまったのだ！　壁に飾られたヘラジカの頭のように、雄子牛の黒い頭が突き出ている。

「ちくしょう！」思わず声が出た。「頭を引っこめろよ！」

押しもどしてもびくともしない。頭が大きすぎてどうにも抜けない。はまった頭をかかえて左右にねじるが、てこでも動かない。

ナンバー7と残りの五頭は柵のそばで静かにながめている。

明日の朝ピーターは、柵にはまった雄子牛を発見して柵の板をはがすはめになるのだろうか。これもみな、子牛が眠っているところを見ようなどという、私のばかげた思いつきのせいなのだ。

私はもう一度ナンバー8の頭を右に左に動かして柵の向こうに押しもどそうとがんばった。

「このまぬけめ！」私は小声で罵《ののし》った。「デカ頭を何とかしろ！」

そう口走ってふと気がついた。この子牛に悪態をついたり無理やり何かを押しつけたりしたのはこれがはじめてだということに。ずいぶん乱暴だと感じていた家畜市場の男たちと、これじゃあ私もおんなじだ。もしここにステッキや電気突き棒があったなら私は迷わず使うだろう。ナンバー8を、そして自分を、この窮地から救うために。

とりあえず手帳を車に置いてこようと私はいったんその場を離れた。その間に自分で頭を引っこめてくれないかと祈りながら。夜道を往復しもどってみると――なんと、ナンバー8は前の姿にもどっていた！

ロチェスターに帰る途中いろいろなことが頭に浮かんだ。実はナンバー8の頭ははさまってなどいなかったのではないか。もっと草がほしい一心で頭を突き出していただけなのではないだろうか。

・　・　・

オフィスの電話が鳴った。アシュラムのジャガンナータからだ。あれから連絡がなかったのでイライラしていたと彼は言う。

「何でそんなに怒っておられるんですか？」私はたずねた。

「君が二頭の牛を殺そうとしていると言ったからだ！　いいか？　君ときたら口を開くたびに、自分は農家の人間を尊敬している、彼らは働き者だとか何とか言っている。だが働き者という点じゃあ、変態の大量殺人者ジェフリー・ダーマーだって、幼児ポルノの作り手だって同じじゃないか。だが彼らの行為は悪魔の行為だ！　動物を奴隷化し虐殺することで生計を立てている農家のやつらも、みな終身刑に処すべきなんだ！」

私は何も言わずただ黙って聞いていた。

「私にはわかってる。君は牧場の連中と長くいすぎて縁が切れなくなったんだ。言っておくが、サタンだって人間をだますため聖書の言葉を口にするんだぞ。連中だって食っていかなきゃならんだろうが、だったら他の仕事をやればいいんだ。君はやつらにだまされてるんだ！　いいか、二度と電話もかけてくるな。顔も見せるな！　もし牛を殺したら君を呪うぞ。いいか呪いつづけるぞ！　業《ごう》がとりつき、とんでもない目にあうからな！」

彼はそう言うと一方的に電話を切った。

・　・　・

計量の件でピーターから電話をもらったのはその翌日だった。明日彼はナンバー7とナンバー8、それに自分の牛一頭を父親の農場まで連れていくという。一六ヵ月になった今、牛たちがどの程度目安の体重に近づいたかを知るためだ。

次の日の午後四時半ヴォングリス家に到着すると、ピーターはすでに自分の牛、角のある黒い大きなアンガス牛ナンバー13と私の牛二頭の計三頭をすべて家畜用トレーラーに載せていた。彼の他の四頭は、まだ体が小さいため計量する必要がない。

子牛たちは確実に大きくなっており、ナンバー8の体高は私の肩に達するところだ。だがその重量を見積もるのはむずかしい。パビリオンで会ったあの家畜商ジョン・ワイドマンが一二月中旬ヴォングリス家をおとずれた時、私の子牛を見て三〇〇キロ弱ほどではないかと予測し、「四月あるいは五月には出荷できるんじゃないだろうか。その頃には四五〇キロから五〇〇キロになってるはずだ」と言っていた。

畜牛は仕上げ飼料で一日に約一・四キロの体重増加が見込まれている。三月の終わりとなった今現在、ジョン・ワイドマンが見た時から一五〇〜二〇〇キロほど体重が増えていてもおかしくない。順調に目安の体重に近づいているということになる。

ピーターは、雄子牛は四〇〇キロあたりではないかと予想した。私も同意見だ。

トレーラーはジョン・ヴォングリスの農場に向かって出発した。ハンドルを握るピーターの顔は疲れぎみで、無精ひげが生えている。春の植付けに向け、ベイチング・ファームでは毎日農機具類の修理に追われている。手は真っ黒でトレーナーにはいくつもの小さな穴、茶色のつなぎはオイルと泥で黒光りし、膝はすり切れ、中から綿が飛び出している。

「牛をトレーラーから下ろして計量するのに、一頭どれくらい時間がかかると思う?」東から南へと進路をとりながら彼がたずねた。

「どれくらいだい?」

「約六分さ」

なんて早いのだろう。夕食には間に合わないと言って家を出てきたのだが。

ジョン・ヴォングリスの農場には二〇分ほどで到着した。ジョンの素朴なランチハウスは、ジェネシー渓谷が見わたせるながめのいい高台に建っている。牛舎は家の裏手遠方にあり、牛舎の向こうには一面の野原が、はるか地平線まで広がっている。

ピーターと父親ジョンは驚くほどよく似ていた。短くて暗い色の髪、細くて角張った顔、やせているが筋肉質の体、そして力強い歯切れのいい話し方。二人が長々と無駄口をたたくところなど想像できない。

トレーラーを寄せた牛誘導路の先には、ジョンが肉用牛として育てている約五〇頭の去勢牛がいくつかの群れにわけられ、それぞれ囲いの中にいる。ジョンはここの去勢牛を時々、父親にかわって、自分の仕事前の朝四時に市場に運んであげるのだという。

ジョンは私を計量台へと案内した。木の柵で周囲を囲んだ長さ一メートル半の金属製の敷き台がそれである。彼は一頭ずつ牛を導き入れ、台に載せる。

ジョンとピーターはさっそく仕事にとりかかった。

ピーターがトレーラーの扉を開け、まず未経産牛のナンバー7を降ろしはじめた。ナンバー7は不安そうに計量台へと移動した。ジョンは患者の体重を測定する看護師のように、計量台のおもりを調整している。体重を重めに見積もりすぎていたのか、バランスをとるために計量台のおもりを何個かとりはずした。

「三四〇キロだ、ピーター!」とジョンが叫ぶ。

ナンバー7は柵から出ると、そそくさと待機場へと向かっていった。

今度は去勢牛ナンバー8の番だ。おとなしいが、小さなスペースを行ったり来たりしている様子から、いら立っているのがよくわかる。

「三六〇キロ!」と声が上がる。

三六〇キロ？　予想より四〇キロは少ない。すると、ナンバー8は一日に一キロ弱しか体重が増えていなかったのか？　ほっとした。これで、肉になるまでもう一、二ヵ月猶予ができた。

次はピーターの去勢牛ナンバー13の番だった。ナンバー13は柵に入るのをいやがったためピーターに背中を激しく叩かれた。

「三四〇キロ！」

三頭とも私たちの予想より軽かった。

計量が終わるとピーターとジョンは三頭を寄せ集め、ゲートを抜け、またトレーラーへと誘導していく。

トレーラーに入ったのは最初がナンバー7、つづいてナンバー8のはずだった。だがピーターがナンバー8を傾斜台に上げようとしたその瞬間、いきなり信じられないような素早さで、ナンバー8はゲートとトレーラーのあいだにできたほんのわずかな隙間から外へ向かって駆け出した。

またたくまにナンバー8は自由の身となり、手帳を持ってぽかんとしている私の前を駆け抜けた。野を飛び跳ねる鹿のように後ろ足を蹴り上げて、ナンバー8は牛舎の裏へ走っていく。

全員が呆然として立ちつくす中、ナンバー8の後ろで乗車の番を待っていたナンバー13も同じ隙間から逃げ出した。

ナンバー8は牛舎の裏手でいったんとまると、今度は囲いのまわりを走りはじめた。囲いの中では十数頭の黒い雄牛がナンバー8の動きを目で追い、頭を左右に振っている。ナンバー8が囲いに近づくと中の牛も柵に駆け寄り、反対側にまわり込むとやはりそちらに移動した。芸能人に群がるファンのように、ナンバー8を追いかけてどの牛も右往左往している。囲いの牛にとってナンバー8は英雄なのか。

わき腹の脂肪部分をゆさゆさ揺らして走る姿を見ていると、この雄牛がいかに重くなっていたかがよくわかる。

今、私の雄牛は馬のように、渓谷を見下ろしながら意気揚々とこの台地を疾走している。はじめて自由を味わえた至福の時にちがいない。この子が走れることなど忘れていたが、その気になれば、このまま草原の果てまで走りつづけることだってできるのだ。

ナンバー8は囲いの角を曲がるとこちらに向かって歩き出した。少し歩くと足もとの草に気づき、数本舌でむしって口に運んだ。去年の夏から全粒コーンと固形飼料ばかり食べてきたこの子にとって、新鮮な春の草はどんな味がするのだろう?

緑の芝生を背景に、休眠中のコーン畑や眼下に広がる谷の裸木《らぼく》、暮れなずむ夕日の色々があたりを彩るその中で、躍動するナンバー8という黒白の牛だけが生命のよろこびを謳歌していた。この瞬間、世界はこの雄子牛のものだ。そしてきっと子牛自身そのことを知っている。

「こんなことははじめてだ」とピーターはつぶやいた。何度もここに牛を運んでは計量してきたが、逃げ出したことなどただの一度もないという。

ピーターと私は腕を広げて、放れた二頭をトレーラーへ追い込もうと身構えた。牛舎の裏にまわっていないナンバー13はすぐにつかまりトレーラーに載せられた。「そら、そら、そら!」ピーターがナンバー8に向かって叫ぶと、ジョンも私たちに加勢した。三人がかりでナンバー8を牛舎の一角に追い込んで、トレーラー方向につづいているゲートへ向かわせる。もうほかに行き場はない。ナンバー8がトレーラーの傾斜台をのぼり切ると、ピーターは急いでドアを閉めた。かかった時間は一〇分足らず。

トラックの助手席に乗り込むとジョン・ヴォングリスと握手をかわし、私は彼に別れを告げた。「あんたが牛をそのかしたのかい？」車中ピーターが私にたずねた。ふざけているのではなさそうだ。

「違うよ」だが私は正直に告げた。「でも、面白かった」

・・・

その翌日、私はいつものように昼食をとるためレストラン「ヨーク・ランディング」に立ち寄った。オーナーのジョーン・アレクサンダーはレジにいて、客にできたてのチョコレートケーキをすすめている。清算がすむと私の方に向きなおり、「ねえ、牛をどうするかもう決めたの？」とたずねてきた。

いやまだだが、と畜場に連れていくかもしれないと私は答えた。それが約束だ。受胎から消費まで——。

「まあ、本当？」彼女は顔をしかめた。「私にはそんなまねできないわ！」

私は〝本日のスペシャルメニュー〟が記された壁の黒板を指さして、「あそこにチーズバーガーってあるだろう？　あれだって牛からできているんだよ」と彼女に言った。

「ええ、そうよ。でも私と牛とは関係ないわ」と彼女は言った。

・・・

次の週の土曜の晩、夕食をともにするため、ピーターとシェリーが私たち夫婦の招きでロチェスターまでやってきた。レストランはダウンタウンにある今流行りのスペイン料理店に予約した。

ピーターがステーキを食べたがっていると聞いたので、五〇〇グラムの極上肉を数種類用意しているこの店を選んだのだ。

ピーターとシェリーは予定より三〇分以上遅れて到着した。「遅れてごめん。レストランはすぐ見つかったんだけど、トラックに似合いそうな駐車場がなかなかなくてね」ピーターはいたずらっぽくそう言い訳した。

メニューを囲む段となり、私はピーターにステーキをすすめてみたが、彼は「冷蔵庫にたくさんあるから外では食べない」と言って断わり、まだ食べたことのないシーフードパエリアを注文した。オーダーが終わりボーイが席から離れると、シェリーはテーブルに身を乗り出し目を丸くして私にたずねた。「あなた本当にカメを食べるつもり?」何のことか最初はまったくわからなかったが、私がたのんだレッド・スナッパー〔フエダイ〕を魚でなく亀だと思ったらしい。

料理がくると、シェリーはピーターの皿に載ったイカを見て思わずのけぞった。どうしたのかたずねると、

「目のあるものは食べないの」と彼女が言う。

「だが君は私の牛を食べたがっているじゃないか。牛にも目があるぞ」私がからかう。

「でも目はお皿に載らないわ」

席上ピーターから共同経営の件で報告があった。スコットの娘はまだ牧場仕事を手伝っているが、ピーターのこれまでの作業代と相殺してついに一〇パーセントの株が彼に渡ることになったという。来年も同様にして株が譲渡され、最終的には五〇パーセントの持ち株がピーターに渡る予定らしい。スコットの弁護士から書類がとどく日が待ち遠しいと彼は言う。

私たちは祝杯をあげた。酪農場のオーナーになるというピーターの夢が、一歩現実に近づいたのだ。

いっぽうシェリーもいい知らせを携えていた。コリンの肺炎が完治したため、彼女は地元の病院で新しい半日パートの職を見つけ働き出した。最初は週五日働いていたのだが、彼女の仕事ぶりを見て、病院側が週六日を提示してきたという。つづいてシェリーは自分が担当している老人の話をとりあげた。入浴の世話、マッサージ、整髪など、シェリーの献身的な介護に心を打たれ、その患者はシェリーのことを〝私の天使〟と呼んでくれたそうだ。

「ああ、ところで」話題が転じた。「この前の月曜、パビリオンの市場で黒の四頭を売ったんだ」ピーターが突然告げた。

神経が張りつめる。ということは、裏庭にいた七頭は今や三頭になってしまったのか。残っているのはピーターの最後の一頭ナンバー13と、私の双子だ。牛舎は空になりかけているというのに、私は何をどうするでもなく柵にもたれかかって牛を見ているというわけか。

なぜ急に牛を売ったのだろう?

「ローンの支払いで早く金がほしかったんだ」とピーターはわけを話した。四頭のうちで一番重かった牛は一ポンドにつき六九セントで売れ、ほかの牛は七二セントで売れたという。合計で約一四〇〇ドル、一頭平均約三五〇ドルだ。

「いずれにせよ、生かしておいたらもっとコーンが必要だった。だが今のところ残りの三頭にやるだけの飼料は充分あるよ」と彼は言った。

ナンバー13はもう一ヵ月手もとに置き、五月中旬までは肉にしないということだ。解体処理はヨーク近くのカレドニアにある小さな食肉処理場、「T・D・カーン・カントリー・ミート」社にたのむつもりだと彼は言う。そして、解体する時は知らせるので、もし私が望むなら、ナンバー7とナンバー8もいっしょに処理してもらうようカーン社に連絡するといい、牛は全部自分が運んでやるよと言った。

　シェリーと栄養士である妻が健康問題について話し合っている中、私はピーターに、先にスーとアンドリューにたずねたのと同じ質問を投げかけてみた。もしと畜場に運ぶのを中止にしたら、彼は自分の仕事が愚弄《ぐろう》されたと思うだろうか?

「肉にしないと俺を裏切ることになるって言いたいのかい?」反対に彼がたずねた。

「いや、」私は少し言い訳がましくこう言った。「そんなふうには思っていない。ただ、君がどう感じるかが知りたいんだ」

「あんたがあの二頭をどうしようと気にしないよ」彼はそう言い、「あの牛はあんたのものだ。俺はただあんたのために、自分が知る最善の方法で育てるだけだ。この街なかに連れてきて縄をほどいたところで、俺が口出す筋合いじゃあない。二頭をどうするかはあんたの決める問題だ。俺個人には何の問題もないよ」と私に告げた。

　食事もすみ、妻と私はピーターに食後のカプチーノをすすめてみた。はじめてだがためしてみると彼は言い、気づいた時にはカップの中身は空だった。

「カプチーノはどうだった?」

「ひどい味だ」ピーターは顔を歪めた。

「でも飲み干してあったじゃないか」

「無駄にしたくなかったのさ」

レストランをあとにすると、私たちは数ブロック並んで歩いた。シェリーは一〇階建て、一五階建てのビルやアパートを見上げて、まるでマンハッタンにいるみたいだとつぶやいた。ジェネシー川にかかった橋を四人で渡る。川はロチェスターの繁華街を抜け、北へと流れる。

「小川の水もここに来るのね」ヴォングリス家の裏庭を流れるせせらぎを思い出してシェリーが言う。私の牛もこの水を飲んでいる。

娘のヴァルがもうすぐバット・ミツバ〔訳註・ユダヤ教の女子の成人式（一二歳）。男子の式はバル・ミツバ（一三歳）〕を迎えると彼らに話すと、シェリーはユダヤ教の礼拝所シナゴーグに行ったことがないので一度たずねてみたいと言いはじめた。

ピーターはカトリックの家庭で育ったが今は〝無神論〟者だ。

「人はみないずれ死ぬ」そして「信仰があろうとなかろうと」とピーターは言った。

信仰が人に豊かさを与えるように、農作業は彼の生活に精神的な豊かさを与えているのだろうか？

「そうだな、あんたにもわかるだろう？　種を植え、その成長を見てると大きな満足感があるじゃないか」

私はうなずいた。

「俺は数千、数万の種を蒔《ま》いてるんだ」彼はそう言った。

・・・

それから数日後私はシェリーを家にたずね、君たち夫妻と食事ができてとても楽しかったと礼を言った。

「ロチェスターの繁華街はおもしろかったわ。それほど遠くないのに、ここと全然雰囲気が違ってわくわくしたわ」

その気持ちはよくわかる、私も彼女にそう言った。

・・・

私の四七回目の誕生日を記念して、その日は妻と二人で、ヨーク内のシルバー・テンドリル〈銀の蔓《つる》〉という新しくオープンしたペンションに宿泊した。この建物は一八二七年に建てられた二階建てレンガ造りのもので、三六号線沿い、ローネル・ファームとヴォングリス家の中間に位置している。これまで何度か前をとおりかかったことがあるのだが、暖かい季節になると男が一人、庭の椅子に腰かけ葡萄の木を手入れしているのが見えた。

二階の部屋に荷物を降ろしラウンジに行くとオーナーのゲイリー・コックス夫妻に出会い、私たちは彼らと話す機会を得た。ゲイリーはヨーロッパ産と国内産の四一種からなる、計一五〇本の葡萄の木を育てており、彼みずから葡萄をつぶし、一年に約六〇〇本のワインを作っているという。

チーズとクラッカーそれに彼の自家製ワインを堪能していると、ゲイリーが私に話しかけ、農家がこの時期近くの畑に撒いている堆肥のにおいが時々風にのってくるので、気にならなければいいのだがと気づかった。

「私と妻のシャーリーは〝牧場臭〟と呼んでいるが、それが心配なんでね」

皮肉なことに彼が言う畑とはローネル・ファームの所有地である。私も一度、堆肥の散布車に同乗したことがあるのだが、向かった先はまさにこのホテルの裏だった。

いろんな客がいるはずだが、私はもっとも〝牧場臭〟にわずらわされない客でしょうねと彼に言った。なにせ匂いを嗅ぐことができないのだから。妻も何も感じないと言ったので、彼ら夫妻はほっとしていた。

話の中で、コックス夫妻はともに引退したもと教育者であることがわかってきた。シャーリーは公立の小学校で四年生を教え、ゲイリーは最近まで、ニューヨーク州立大学ジェネシオ校で哲学の教授をつとめていたという。彼の専門は倫理学だ。

倫理学の大学教授と近づきになれたとは、なんて運がいいのだろう。農業に関する彼の知識が実際的というよりは学術的なものであったとしても、子牛の件で何か貴重な助言がもらえるかもしれない。

実際、ゲイリー夫妻はヨークよりジェネシオの大学町を中心に生活してきて、近隣の農業従事者たちとは個人的なつながりがないという。礼拝もジェネシオの教会に出席しているし、レストラン「ヨーク・ランディング」の目と鼻の先に住んでいるのにごくたまにしか行かないという話だった。

ゲイリーの作ったワインを飲みながら私はこれまでの経緯を説明し、農業従事者が抱いている、仕事に裏打ちされた強固な信念や精神について話をした。

彼は自分の意見を述べる前にやや間を置いて、教えることに人生を費やしてきた人にしか持ち得ない洗練された口調で話しはじめた。

「農家の人間には、大地に根ざした生き方をしているという強い自信があるのだろう」低い豊かな声をしている。「彼らの仕事の価値という点からみれば、ドラッグの売人やカジノのディーラーがいっぽうの極にあり、農家はその対極にいることになるのだろう」

彼は話をつづける。「酪農家は主に召される時、自分が都合よく扱われたと苦々しく思うのかもしれないし、あるいは他者に評価されなかったと憤るのかもしれない。しかし同時に彼らはきっと、同朋に益をもたらす仕事に従事してきたと満足して旅立っていくのではないだろうか」

ゲイリーは言う、葡萄畑で働くことは大学で教鞭をとる以上に大地の営みを実感できると。彼は苗木を植え、冬の休眠期、春の成長期と葡萄の木を見守り、秋には収穫作業にあたる。そして最後に、できあがったワインを味わう友人家族の笑顔を見とどける。

「一口いただこう」彼はワインをグラスに注いだ。そして、「私はものごとがはじまり、終わりを迎えるというプロセスを葡萄栽培から学んでいる。ちょうどあなたが酪農場で生と死を経験しているようにね」と言った。

私はゲイリー・コックスの黒い瞳に引き込まれた。目の下には隈がある。彼はまぶたを閉じて言葉を探し、見つかるとにこっと笑う。その時瞳は顔にできた深い皺の一部となり、ほとんど見分けがつかなくなる。

けっきょく話のテーマは私が格闘しつづけているあの問題に行き着いた――二頭の子牛をどうするかだ。今は四月半ば、ピーターは彼の最後の一頭を一ヵ月後にはと畜解体する。

「もし君がその本を五〇年前に書いていたとしたら、」記念写真を撮り終えたゲイリーが話しはじめる。「こんな問題には直面しなかっただろう。当時、人は生きるため、牛であれ何であれ動物の肉は必要だと思っていた。だがその後、ある時私たちは肉なしでも生きていけるということがわかった。他の供給源から必要な栄養素は得られるのだということがね」

地方の大学で栄養学を教えている私の妻がうなずいた。

「確実ではないがあえて言うなら、もう五〇年もすると、と畜をともなう畜産業種はおそらく姿を消してしまうだろう。そのあいだに多くの人が菜食で充分健康になれると気づくだろうし、そのほかにも、殺生への道徳的な反発心から肉食をやめる人がかなりの数にのぼるはずだ。たしかにわれわれ同様、動物だっていずれ死ぬ。だが食肉産業界は非人道的なやり方で家畜を扱ってきた。したがって君がかかえているジレンマは時代に根ざした問題なのかもしれないね。われわれは今まさに、食物に関する真反対の見方のあいだで板挟みになっている状態なんだ」

このヨークの真ん中で、自分の住居がローネル・ファームのすぐ裏手にあるという人物から、菜食主義到来の予告を聞くことになろうとは。彼の言葉に地元のファーム・ビューローは異を唱えるにちがいない。しかし残念ながら私には五〇年も待つ余裕はない。手もとには生きた二頭の牛がいて、私の出す答えを待っているのだ。

子牛を誰かに売ってこの問題を〝手放す〟こともできるのでは？　ゲイリーはそう言うが、そんな責任回避は自分に対して許せない。

「それでは仕方がない。君が納得いかない以上、絶対的な答えなどありえないね」と彼は言った。

私は彼に、と畜の道を捨てきれずにいるもっとも大きな理由を説明した。

「誰かが、この場合でいえばピーター・ヴォングリスという農家の人間ですが、その人物が私の牛を肉用牛として育てるため労力や飼料など、少なからぬ資源を投入しています。その家畜を殺さず、肉として食さないのは無益というものではないでしょうか？　たとえ自分では食べなくても、人にあげることもできるし食糧支援センターに寄付することだってできるじゃありませんか」

「だが支援センターには、牛の価値に相当するだけのものを現金で寄付することだってできるだろう?」ゲイリーの答えは明快だった。

「いいかい、何をよろこぶかは人それぞれだ。だが今の君にはそれが足かせになっている。他人が満足すること、あるいはあの人ならこうするだろう、といったことにもとづいて自分の決断を下してはならないよ。長い目で見て君自身のものの見方にぴったり合った結論、これから先何年たってもきっと満足できるような答えを探り出すべきじゃないだろうか」

・・・

二週間後、四月後半の暖かなある日の午後ローネル・ファームに立ち寄ると、スーは休暇をとっていて留守だった。彼女は春休み中のカースティーとアリゾナのスーの姉妹をたずねていた。

こんなふうに家族で休みがとれるのは、ローネル・ファームの規模が大きく管理体制が整っているからの話であり、ヴォングリス家のような個人の牧場ではこうはいかない。事実、私がピーター・ヴォングリスと知り合ってからこの二年、彼が週末休んだのは収穫後の一日だけ、計二回のみだ。彼のほかにも六〇頭の牛を所有するある酪農家夫婦と話したことがあるが、彼らは一二年間でわずか四日しか休んでいないと言っていた。地方の農業新聞『カントリー・フォーク』紙には毎回ある広告が載っていて、「死にそうな農家の人たちへ——休みがとれないあなた、人生をエンジョイしてください」と呼びかけている。広告主は〝酪農ヘルパー〟、つまり農作業代行サービス業者だが、それを利用した者に私はまだお目にかかったことがない。

分娩牛舎裏手の〝死体置き場〟には雌牛が一頭転がっている。頭を右後方にのけぞらせ、両前脚がばらばらの方向を向いている。死んでいるのだろうと思ってのぞきこむと、雌牛はわずかに頭をもたげて声を上げた。

まわりの人にいろいろ聞いてみると、昨日の午前五時この牛はミルキング・パーラーで脱臼し、後ろ脚から倒れてしまったそうだ。五日前に出産を終え体が弱っていたようだが、搾乳係の力では起き上がらせることができなかった。今朝早く獣医師が来て雌牛を調べたところ首から下が麻痺していることがわかり、薬を飲ませたが効き目がない。その薬を飲んだ牛は肉用として売りに出せないため、今はこうして廃用牛専門の処理業者の手で射殺されるのを待っているところだった。

牛舎の壁の隙間から牛が数頭顔を出し、麻痺した牛に向かって鳴いている。その声を聞き、餌を食べていた牛たちも同じ方角に向かって声を上げ、ひと鳴きするとふたたび餌に顔をもどした。

事務主任のクリスが今朝、処理業者に連絡をとり午後には到着すると言われたらしいが、時々来ないこともあるという。今日、処理してもらう牛はほかにも二頭、それぞれハンナ・ファームとバレービュー・ファームにもいた。

機械倉庫ではアンドリューがトラクターを修理している。処理業者があてにならないのは事実なので、その日いつまでたってもあらわれなければ彼が牛を射殺することになる。「一晩中苦しめたくないからな」壁に立てかけてあるライフル銃を見上げ、「あんたが撃つかい?」とアンドリューが冗談まじりに聞いた。

だが私たちは二人とも撃たずにすんだ。

五時一一分、赤いコンテナトラックが到着すると、中から三十代の細身の男が降りてきた。髪は薄茶色、あごひげがきれいに整えられている。彼は自己紹介をすませ、動かなくなった牛はどこか私にたずねた。

建設業者や納入業者、セールスマンなどここをおとずれる者はよく私を牧場の人間とまちがえる。私はそれを内心愉快に思っていたが、たしかに作業用の長靴に青のつなぎ、デニムの上着をはおって帽子までかぶっている。どこから見ても立派な農夫だ。

私は分娩牛舎のそばで横たわる雌牛を指さし、ほかにも二頭いると彼に告げた。処理業者ダンはトラックにいったんもどると引き返し、麻痺した牛まで一メートル近くのところまで歩み寄った。腕にライフル銃を抱えている。

私はダンに自分の素性を明かし、作業の前にライフル銃の種類について教えてほしいと言った。

「二二口径だが、会社の銃なんでくわしいことはわからない。たぶんケイマート社のオリジナルじゃないのかな」と彼は言った。

ダンは牛に近寄りその額にねらいを定めた。もう引き金を引くつもりなのか？

「ちょっと待ってくれ！」私は急いで声をかけ、飛びのくように三歩後ろに退いた。そして大股でもう五、六歩。私は銃が発砲されるところを見たことがない。ましてや何かが撃たれるところなど。ローネル・ファームに通いはじめる前までは動物が死ぬところさえ見たことがなかった。ここをおとずれるようになってから何頭もの死産の子牛を目撃し、生後まもなく息絶える子牛も見てきた。ほかにも多くの牛が私の眼前で死んでいった。以前、スーとアンドリューそしてスーの姪といっしょに牛の帝王切開に立ち会ったことがある。縫合の段階にきて、私たちが談笑していると、突然獣医師が黙りこみ針を置いた。彼の様子に気づいた時、牛はすでに絶命していた。

五、六メートルほど遠ざかり、はね返った弾に当たるおそれはないかダンにたずねる。大丈夫だと答え、彼は銃を構えた。私は顔を歪め横にそむけた。目はしっかり開けたまま。

パン！

それは驚くほど小さな音だった。

ダンの弾は雌牛の額中央に命中した。頭ががっくり落ち、鮮やかな血が鼻からしたたり落ちる。だが雌牛はふたたび首をもたげた。

「死んでないのかい？」私はそう聞きながら少しそばに近寄った。頭をまた地面に伏せたが、まだ死んだようには見えない。

「完全に死ぬまでには八、九分ぐらいかかるんだ」とダンは言う。「今は弾のせいで中枢神経が麻痺している」

生死を確かめるためダンが親指で牛の目を開けた。

「角膜反射はないな」

銃声があまりに静かで驚いたと彼に話すと、二二口径より大きなものは音が大きく、牛舎の牛を驚かせてしまうので用いないとダンは答えた。

彼はコンテナのドアを開け傾斜台を下ろした。一日の終わりとあって、中はほとんど満杯だ。成牛が五頭に子牛が四頭、三メートル近くの高さに積み重なっている。ダンは屍骸の山を乗り越えて奥のウィンチへと向かっていった。

銃で撃たれてから五分後、雌牛は血で染まった地面から頭を五、六センチほど上にもたげた。尾が数回上下に動いた。ダンはフックのついたワイヤーロープを手にしてトラックからもどってくると、それを牛の左前脚、膝の真上に巻きつけた。

彼はふたたび雌牛を撃った。もう一度額をねらって。もうまったく動かない。

なぜ二度撃つのかたずねたところ、「目の反射運動が完全に消えてなかったからだ」と彼は言った。

次にダンはウィンチでロープを巻き取り、雌牛の屍骸を傾斜台の上に引きずり上げた。途中、屍骸はコンテナの入り口付近で側板に頭を引っかけ後ろに大きくのけぞったが、牽引がつづいたため反動で首の骨がボキッと折れた。その時、何滴か血が飛んで、私の長靴のそばに落ちた。雌牛はさらに巻き上げられ、他の屍を越え、山の頂上に身を横たえた。

もう二頭の処理にもつき合わないかとダンに誘われ、私はコンテナトラックに乗り込んだ。

彼には一〇歳になる一人娘がいるという。今日は偶然、「〝娘を職場に連れていこう〟デー」だ。この話題に触れるのは申し訳ないかなと思いつつ、私は彼に、これまで子どもを仕事場に連れてきたことはないのかと聞いてみた。

「娘は連れてきたくないね。一度もないよ。僕が何をしてるかわかってもあの子はよろこばないだろう。革製品やドッグフードを作るため牛を運んでいると話してはある。だが時々牛を撃ち殺しているなんてとてもじゃないが言えないよ」

やはり気の毒な質問をしてしまった。

トラックは妊娠後期を迎えた牛たちのいるハンナ・ファームへ入っていった。

体は大きいがやせて骨張った牛が一頭、牛舎のあいだでうずくまっている。

アンドリューとエイモスがスーのかわりに牛を点検しているが、息子も茶色のつなぎがよく似合う。寝そべっているあの牛はいったいどこが悪いのだろう?

「あの牛はヨーネ病だ」〔二四九〜二五一ページ参照〕アンドリューは苦々しげにそう言うと、牛の背後の薄茶色で水のような便を指さした。

ライフル銃を手にダンが牛に近づくとアンドリューとエイモスはその場を離れ、私たちそして彼らの牛に背を向けて、一〇メートルほど向こうに立った。そして引き金が引かれた。

牛は横に転がったが、四肢はまっすぐ上に突き出ている。頭はかすかに上下に揺れ、口はだらんと開いている。鼻から透明な液が流れ出た。

二分後ダンは牛の瞳を確認して反射はないとつぶやいた。だが本当に死んでいるのだろうか。気絶しているか、あるいは単に反応することができないだけではないのだろうか。

あとで獣医師のデイヴ・ヘイルにこの件についてたずねたところ、彼は次のように教えてくれた。二二口径は確かに牛の射殺に適しており、撃たれたあと一五〜二〇分ほど筋肉は痙攣するかもしれないが、〝瞬目反射《しゅんもく》〟がなければ牛は死んだものと判断してよい。だが牛は頭蓋の正面に大きな副鼻腔《ふくびくう》をもっているので、経験のない人間が撃った場合、弾が脳ではなくその洞《どう》に入ってしまうおそれがある。

射撃から四分後、ダンはチェーンで牛の前脚をくくりはじめた。だがその時、牛が両手足を宙に蹴り上げた。

ダンはもう二回射撃すると、少し間を置き、もう一度牛を撃った。

バレービュー・ファームに向かう途中ダンは先ほどの射殺にふれ、四回も撃つのはめずらしいと私に言った。もっとも七ヵ月前この仕事についたばかりの頃は、しとめるまでに一〇回かかったこともあるという。

ダンの前の仕事は、おもに事故や病気を扱う保険のセールスマンで、動物にかかわる仕事をするのはこれがはじめてだった。「これでも僕は動物好きなんだよ」それに狩りだってやらないと彼は言った。

彼は週に五、六日五〇〇キロ近く運転して、廃用牛を中心に馬や豚を運搬している。毎日平均一〇～一一頭の牛を搬出しているが、その五分の一は到着時まだ生きていて、彼が〝逝かせて〟やらねばならないという。

死んだ動物を運搬すること、そして時には撃ち殺さなければならないことを彼はどんなふうに感じているのか?

「金を得るための手段だよ。でも保険を売ったり車で街を流すより、農家の人と話す方が楽しいね。この仕事の最大の欠点は夏の臭いだ。気温が上がると屍骸が腐りやすくなるからね」と今の仕事を説明した。

スミス家自宅そばのバレービュー・ファームでは、額に白い三角模様の大きな牛が、正面玄関入り口の、タンポポがまばらに咲く芝生の上で横たわっていた。この牛もヨーネ病だ。残りの二〇頭が門の前に勢ぞろいし、私たちが近づくのをながめている。

ダンが牛に歩み寄る。今度は私もひるまない。ライフル銃が額めがけ二度火を噴くと、銃創《じゅうそう》と鼻から血が流れた。牛の体は右に倒れ、蹄が天を向く。ウィンチが回って屍骸はトラックに巻き取られていった。

ダンに送られローネル・ファームにもどった私は車のトランクに長靴を投げ込み、「ヨーク・ランディング」へ向かっていった。チーズの入ったツナのサブマリンサンドイッチとデニッシュが無性に食べたい。至近距離で牛の額が撃ち抜かれたのにすぐさま夕食に出向いている――デニッシュを食べ終えようとしている時、そんな自分に気がついた。数年前では想像もできないことだ。

・・・

食事がすむと車を走らせ、三六号線沿い一〇キロ近く先のヴォングリス家まで子牛の様子を見に行った。家の中ではピーターが子どもたちをパジャマに着替えさせている。シェリーの方は近所の長老派教会で看護試験の勉強中だ。そこは彼女が見つけた、落ち着いて勉強のできる数少ない場所だった。

先日いっしょに食事をしたさいシェリーは私の娘のバット・ミツバの儀式が見たいと言っていた。今日はその案内状を持ってきたので行けるかどうか聞いておいてくれないか、そうたのむと彼ら親子におやすみを告げ、私はヴォングリス家をあとにした。

日が沈みかけている。空気が澄んで肌寒い夕暮れだ。

私は牛舎に立ち寄り、ゲートの前で牛をながめた。四頭の黒い去勢牛は行ってしまい、残されたのはあと三頭、私の二頭とピーターの最後の一頭ナンバー13だけである。ナンバー13は全身がほぼ真っ黒で大きさはナンバー8とほとんど同じ。しかしナンバー13には短い角が突き出ている。除角するのを忘れたとピーターは言っていた。ナンバー13は小川に渡された小さな橋の上に立ち、自分の前にいるナンバー8の尻に黒い首をすり寄せている。いっぽうのナンバー8は私がさし出す草をほおばり、その横でナンバー7が門の柱に首をこすりつけている。

夕日を背に三頭が寄りそう姿はほほえましい。

ナンバー8は草を持つ私の手をまるごと口にほおばった。口の中は温かい。

肉のついたナンバー8の背中や腹は被毛がみごとに輝いている。春雨がやんで地面が乾いたせいか、今日は体が汚れていない。私はナンバー8の首と耳の裏を手でさすった。

右手を額の白い聖杯に押しあててみた。するとナンバー8は頭で手を押し返す。私と牛の心の波動が一つになる。

と畜場行きから救ったところで、それからあとおまえをどうしていいかわからないんだ。世の中の仕組みには逆らえず、次の住みかは簡単には見つかりそうにないんだよ。私はそう心の中でつぶやいた。牛の誕生から死までを見とどけるという自分の誓いを守るためには、私はやはり食肉処理場で解体の現場に立ち会わねばならない。ローネルで三頭の牛が撃たれるのを見たといっても、それは本題とは関係がないのだ。

ナンバー8は頭を垂れて腰のあたりに押しつけてくる。右手を頭の上に乗せ五本の指で後頭骨をなぞってみると、手のひらに固くて短い額の毛と、ねっとりとした脂の感触が伝わってきた。

三四年前のバル・ミツバ、成人になる儀式で私が朗読したトーラー〔モーセ五書〕の一節は「レビ記」冒頭の章だった。家畜の生贄《いけにえ》に関するそのくだりは当時私にとって遠い世界の話だったが、それはまさに今の私を暗示していた。一三歳の少年はあの時シナゴーグで信徒たちの前に立ち、ヘブライ語で次のように詠唱した。

「主はモーセを呼び寄せこう告げた、『イスラエルの民に言いなさい、家畜を供え物として捧げる時は……非のない雄牛を選ぶがいい……そしてその獣の頭に自らの手を置かねばならない……さればば受け入れられ、罪のあがないとなるであろう……』」

第10章 決断

午前六時四五分、ピーター・ヴォングリスの家に到着した時、トレーラーにはすでに牛が積み込まれていた。

「やあ、おはよう！」彼が陽気に声をかける。「いよいよ今日だ。心の準備はできたかい？」

「ああもちろん。約束だからね」

そう答えたものの、どこか自分の声が弱々しい。

ピーターは二日前に電話をよこして、あさっての朝と畜場に行くと私に言った。

トレーラーの扉を閉めると彼と私は運転席に乗り込んだ。私道の出口でトラクターが数台とおり過ぎるのを待ちながらワイパーでフロントガラスの朝露をぬぐい、車の流れが切れると、北に向かって三六号線に乗り入れた。「T・D・カーン・カントリー・ミート」社はカレドニアのはずれ、ここから二〇キロほど先にある。

「なあ、」とピーターが話しかける。「あんたの雄牛はかなり人なつこいな、知ってたかい？」昨晩

彼が一三歳になった娘のカリーを連れ牛舎前庭に入っていくと、「すり寄ってきてあちこち舐めた」という。

「ああ、そういう子だ」と私は言った。

天気予報によると今日、五月一一日の天気は晴れだ。昨日の雷雨とはうってかわって青空が期待できる。ジェネシー川の真上にも美しい空が広がっている。ピーターは色あせたジーパンに青いトレーナー姿、油染みのついた帽子をかぶり紫外線防止用のサングラスをかけている。子どもの頃の事故が原因で日差しを浴びると目が痛むと言っていたのを思い出した。

ベイチング・ファームの仕事があるため、ピーター自身は解体には立ち会えそうもない。トラクターを修理し、雨が降らなければコーンを植えなければならないという。

「解体の現場は見たことがないんだろう?」と私はたずねた。

「ああ、実際一度もない。処理場の中に入って器具類やぶら下がった肉なら見たことがあるけどね。それに解体の場面を見ておもしろいってこともないだろう」

以前彼にこうたずねたことがある。「もし私が子牛をと畜場に連れていきその様子を本に書いたら、読者はどんな反応を示すと思う?」

「そうだな」と彼はしばらく考え、こう答えた。「あんたが何を書くかによるな。自分はただそこに立ち、牛が撃たれて倒れるのを見たと書くのか、それとも、血なまぐさい現場をこと細かく書くのかによって反応は違ってくるさ。牛はフックで吊るされ、皮をむかれ、内臓をえぐり出されましたって書くのかい? マクドナルドでチーズバーガーを食べてる人が、それが前は牛だったが、撃たれて皮がむかれ内臓がえぐられ肉に切り刻まれたなんて知りたがると思うかい? さぞやハンバーガーがうまくなるよ」

車はヨーク中心地に入っていく。交差点左手の「ヨーク・ランディング」は開店時間を一時間過ぎ、オーナーのラリーがカウンターにいるのが見える。ジョーンはおそらく店の裏で、移動販売車に商品を積んでいるのだろう。

私はピーターに、育てた家畜をと畜場に運ぶ時何を感じているか聞いてみた。

「どうってことない」と彼は答え、「支払いが待ち遠しいって感じだな。残念ながら、『ああ、かわいそうな動物たちよ、もう二度と会えないのか』なんて思っちゃいないよ。『そして眠れぬ夜を幾晩も過ごしました』じゃあ、こんな仕事はやっていけないね。要するにこれも、単に仕事の一部なのさ」と私に言った。

やがて二人はともに黙り込んだが、一分後その静けさをやぶったのは私ではなくピーターだった。こんなことはめずらしい。私が話しかけないかぎり運転中のピーターはいつも黙っているからだ。

「前にあんたから、なぜ農作業が好きなのか聞かれたことがあったよな」と話しはじめた。「先週種を植えたんだが、今週はもうこれくらいの丈になってたよ」彼はそう言い、親指と人差し指で三センチほどの幅をつくってみせた。

その言葉を聞き、私は思わず彼にたずねた。私が君のそばにいていくつも質問を浴びせるうちに、君は自分の仕事を前とは違った角度からながめるようになったのではないのかと。

そのとおりだと彼は答えた。「たとえばどんなふうに?」私はたずねた。

「そうだな、たとえば、ある牛の群れを別の群れに合流させようとしていた時、あんたは俺に牛が何を考えていると思うか聞いてきた。そんなの一度も想像したことのなかったこの俺にね」

「その時君はどう思ったんだい?」

「ばかなことを聞くもんだと思ったよ。だが気がつくと俺は牛の気持ちを想像しはじめていた。いっしょにされた牛たちは互いににおいを嗅ぎ合うが、相手をチェックしているんだろうな。人間の子どもと同じだよ。それがすむといっしょに遊びはじめるのさ」

カーン社まであとわずかだ。サマーキャンプでよく歌った『ドナドナ』の歌が頭をよぎる。歌は「市場に向かう荷馬車には寂しげな子牛が載せられている」とはじまり、「荷馬車の子牛は売られてゆく、わけさえ知らずに。自由は尊い。空を飛ぶツバメさえそのことを知っている」と結ばれる。

ドナドナはフォーク歌手ジョーン・バエズによって有名になった曲だが、原曲は一九四三年にイディッシュ語で書かれている。そしてユダヤの口伝《くでん》律法書タルムードの一節(ババ・メチア・五六b)にもドナドナの歌詞を連想させるくだりがある。

ある日聖なる王子、ラビ・ユダが小さな町の茶屋で休んでいると、子牛を載せ市場に向かう荷馬車が店の前をとおりかかった。子牛はユダに慈悲を乞うが彼はこう言ってつき放す。「行くがよい。おまえはそのためにつかわされた」その非情さに神は怒り、ラビ・ユダにその後一七年にわたってつづく、苦痛に満ちた病を与えた。ある時、召使いの女がイタチを追い払っているのを見たラビ・ユダは、動物はやさしく扱うようにと彼女を諭《さと》す。すると彼の病は癒された。

タルムードの学者は、彼が罰を受けたのは子牛を救わなかったからではなく、その運命に対して冷淡であったからだと解釈している。

カレドニアの中心にあるひっそりとしたロータリー広場を右に曲がり、郊外の住宅地を少し抜けると、トラックは「T・D・カーン・カントリー・ミート」社内の、砂利ででこぼこした駐車場へと乗り入れた。

午前六時四五分。処理場が開くのは七時ちょうどだ。ほかにも一台とまっている。

「あれは検査官の車だろう」とピーターが言う。

私たちはトラックをとめてしばらく待った。後ろで荷台がかすかに揺れた。

と畜場は白塗りのコンクリート壁、屋根はトタンの波板でできている。

建物から突き出した長さ一〇センチほどの配管用のパイプの先に、小さな鳥がとまっている。こげ茶の羽が白い壁に浮かんで見える。「あの鳥はなんて種類だい?」私はたずねた。

「ピーピー鳥さ」そう言ってピーターはくすりと笑った。

「正式にはシジュウカラだと思うよ、俺はピーピー鳥と呼んでいたけど。よくあの鳥を撃ち落としたんだ」

「食べたのかい?」

「いや、ただ撃つだけだ」

「子どもの頃の話?」

「大人になっても年がら年中撃ってたよ。銃を持ってる時に見かけようものなら必ず撃った。でも銃を持ち歩くのをシェリーが嫌うから前のようには撃たなくなった。もっとも追い払おうとして牛舎で鳩を数羽撃ち落としちまったことはあるけどね」

別の車が一台駐車場に入ってきた。車の中から背の高い三十代の男があらわれ、大きく伸びをするとこちらに向かってやってきた。彼の名はジム・テイラー、このと畜場の責任者だ。

「五時に開くんじゃなかったのかい！」ピーターがふざけて言った。

「それは俺の起きる時間だ」とジム。

ピーターとジムは懇意に見えた。この数年間自分の牛はすべてカーン社に任せていると言っていたが、ジムとならたしかに仕事がやりやすそうだ。

ピーターはトラックを工場の裏にまわし、荷降ろし用のスロープにバックでつけた。

ジムがトレーラーの中をのぞきこむ。

「いい牛だ」と彼は言った。

トレーラーが空になるとピーターは私を指してジムに告げた。「俺は行くが――彼は残る。もし彼がラインからはずれたら牛といっしょに吊るしてくれ！」

今日のピーターは快活だ。そして今回の見学のため力を貸してくれたのもピーターだった。私がカーン社に電話を入れ見学を申し込むとジムは即答せず、ピーターに連絡をとって私の身元を確かめた。テイラー・パッキング社の社長トム・テイラー（名字は同じだが無関係）がそうであったように、ジム・テイラーもジャーナリストを処理場内に入れることに不安があったにちがいない。だがピーターが私のことを説明し口添えしてくれたおかげで、こうして中に入ることが許されたのだ。

トラックを降りた私はピーターに別れを告げた。帰りはカレドニアに住む友人に送ってもらうことになっている。

「解体作業がはじまっても腰を抜かすなよ」ピーターはそう言うと帰っていった。

・
・
・

ジム・テイラーは薄茶色の髪に緑と青の色違いの瞳、こざっぱりした口ひげをたくわえた、かなり長身の男だった。長袖の白い防寒シャツの上に黒いTシャツを着込んでいる。と畜場で働き出したのは一七の時、カーン社に入ったのは八年前だという。

ジムは私を処理場入り口まで案内すると、白衣を着た男性に引き合わせた。連邦政府から派遣された検査官、デイヴ・ビューリンだ。年齢は六〇歳くらいだろうか、デイヴは建物の裏までいっしょに行こうと私を誘い、暗い通路を抜け、待機用の小さな檻が並ぶ一角へと案内した。一番奥にあるのが子牛用だ。そこには二頭の牛がいた。

デイヴは二頭を素早くチェックし、〝生体検査〟を行なっていく。

「目の輝き具合や皮下に異常がないか調べ、病変の有無を確かめます。牛は体中にリンパ腺がとおっているので、何か問題のある牛なら、前脚の後ろや首の下に腫脹《しゅちょう》が生じているはずなんです。人間の場合と同じですね」そう彼は説明した。

とくに異常はないという。「両方ともとても健康そうです」

デイヴに連れられ、解体処理フロアまで行く途中、私は豚用の二つの檻の前をとおり過ぎた。二頭と八頭に分けられている。

解体処理フロアは天井の高さが約七メートル半、コンクリート製の床は灰色に塗装されている。天井に取りつけられた金属製のレールからフックつきのチェーンが垂れ下がっている。三方向に開けられた大きな窓から陽が燦々《さんさん》と降り注ぎ、光があたってそれらの機材がきらきら輝いている。

白いスライドドアで仕切られたフロアの隅には、赤いスタンチョンが据えつけられた〝ノッキング・ペン〟と呼ばれる檻があり、牛がつながれている。

今朝このフロアには三人の作業者がいる。そのうちの二人は五十代のエドとジョージ、ともにカーン社が買収する前からこの施設で働いており、もう三〇年近くここに通っている。もう一人のクリス・ショージャンは五ヵ月前ここに来たばかりだ。

エドはジーパンと花柄の緑のシャツの上にビニール製のスモックをはおり、腰に巻いた黄色いチェーンにさまざまな形とサイズのナイフをぶら下げている。円筒形の研ぎ器の上でナイフの刃先を磨ぎはじめた。

すると、前触れもなくジョージがノッキング・ペンのドアを開けた。ここに来てまだ一〇分ほどしかたっていないのに、心の用意ができていないまま、もうと畜解体が始まろうとしている。牛が蹄で床をひっかく。

私はライフル銃がどこにあるのか気づかなかったが、スライドドア上方の棚にあったようだ。ジョージが銃を取り出しノッキング・ペンに近寄った。

ノッキング・ペンの前には豚の除毛に用いる湯の入った大桶が置かれていて、中から湯気が立っている。

オールディーズ専門局にセットされたラジオは明日の天気を告げている。

私はノッキング・ペンから五、六メートルしか離れていない。ローネル・ファームで牛の射殺を体験したから、もう後ずさりしたり顔をそむけたりすることはないだろう。ジョージが銃を構え、ねらいを定め、引き金を引くそのすべてを目で追った。

バン!

予想を裏切りライフル銃は〝炸裂〟し、銃声がブロック塀やコンクリート床を揺るがした。

額に穴が開き、牛は膝から崩れ落ちた。

倒れた牛はナンバー7でも8でもない。今日カーン社に運ばれたのはピーターの最後の一頭、ナンバー13、短い角の生えた黒いアンガス種、頭頂部のカールした黒い毛が額の白い斑点を覆っていたあの牛だ。

ピーターからナンバー13をと畜場に連れていくと聞いた時、ナンバー7とナンバー8の番にそなえ、私は絶対にその現場を見学しておかなければと思ったのだ。なぜならナンバー13は二頭にもっとも近い存在だからだ。私の牛は今この瞬間、ヴォングリス家でまだたしかに生きている。

エドがナンバー13の左後蹄《こてい》にレールから伸びたチェーンを巻く。すると甲高い音を立てて屍骸は逆さまに巻き上げられ、頭は床から三〇センチほど上に吊り上げられた。舌が口からだらりと垂れ、鼻から透明な体液がしたたり落ちる。頭上のレールに沿ってナンバー13はフロア内を一メートル半ほど移動して、白い樽型容器の上でとまった。ジョージは間髪を入れずにナンバー13の咽喉にナイフを突き刺す。パイプ管が突然破裂したかのように血がどっと吹き出した。

ナンバー13がノッキング・ペンに入ってからわずか一、二分の出来事だ。出血はしばらくつづき、体はぴくりともしなくなった。

スライドドアがふたたび開き、次の牛が入ってきた。別の牧場から搬入された茶色いジャージー種の去勢牛だ。被捕食動物であるこの牛が解体現場の危険な気配を、あたりのながめや音、においから感じとれないわけがない。ノッキング・ペンの壁にはナンバー13の鮮血が飛んでいるし、二、三メートル先にはその屍骸が逆さまになって吊るされている。だがこうした状況にもかかわらずジャージー種はおとなしかった。

命の危機にさらされた被捕食動物は捕食者の注意を引かないよう静かになると言うけれど、はたして本当にそうなのか？　この牛がなぜこれほどまでに静かなのか、私には理解できなかった。ジョージがライフル銃を持ってジャージー種に近づいた。彼が撃ち、牛が倒れる。屍骸はノッキング・ペンから姿を消す。

どちらも二二口径だというのに、ジョージの弾はローネル・ファームの業者の弾よりすばやく牛をしとめるように思われた。おそらくそれは、ローネルでは立ち上がれない牛を撃つのに対し、ここでは立たせた牛を撃ち抜いているからだろう。スタンチョンがはずされると撃たれた牛は転倒し、その様子が即死のごとく見えるのだ。

私はジョージにこの仕事の感想をたずねてみた。

「とくに何もないな。俺はただ牛を撃つ。目と目の真ん中をねらってね。たいてい一発さ」

二度撃つのは一〇回に一度という。「もし牛の頭が動いたら失敗だ。もう一度撃たなきゃだめだ」

エドがジャージー種の後ろ脚にレールから下がったフックを取りつけ上に巻き上げ、白い容器の上に移動させた。ジョージがナイフを突き刺す。ナンバー13の時よりゆっくりと血が流れ出た。水道管の破裂というより、庭のホースから水が出たという感じである。

ナンバー13の放血が終わり、解体作業がはじまった。ジョージはまず頭の両側から皮を剥ぎ、目の周囲、角の周囲の皮をむく。ナンバー13は完全に顔の皮が剥がされた。私はナンバー13をそれほどよく知っていたわけではない。だがヴォングリス家にいた七頭のうち唯一角があるという点でこの牛はたしかに目立っていた。

ナンバー13に注意を払いだしたのは、ピーターが体の小さな四頭を先に市場に出し、私の二頭とこの牛が牛舎に残されてからのことだった。自分の牛に干し草や葉を与えるついでにナンバー13にも与えてきた。皮のむかれたその顔はやはりなじみのある顔だった。私の手から草を食べ、時おりズボンを舐めたりシャツの袖を噛んだりしたあの顔だ。

「いわゆる皮むき作業です」ジョージが鼻と口のまわりから皮を剥ぎ取るかたわらで、検査官デイヴが声をかける。つづいてジョージは剣型のナイフで耳を断つ。「人は精肉業者一般のことを解体屋、ブッチャーと呼んでいますが、まさにこれが本当の解体作業なのです」

デイヴの声は深みのある低音だ。あまりの声のすばらしさにラジオ出演したことはないかとたずねてしまった。よくそう聞かれるのだがありませんと彼は答え、自分はこの四〇年間、食肉産業以外の仕事に携わったことはないと私に言った。

ジョージは片手でナンバー13の顎をつかみ後ろにそらすと咽喉ぼとけにナイフを突き刺し、環椎と呼ばれる第一頸椎《けいつい》に沿って首を落とした。そして切断されたその頭部を壁のフックに掛けた。上を向いた両目の真ん中に銃痕の穴が見える。次にホースの水で頭を洗う。

デイヴは下あごの顎下腺《がっかせん》の小片を切り取り検査する。つづいて頬を切開し、嚢胞《のうほう》や寄生虫が存在しないか調べはじめた。頬肉がひくひく動く。「これが普通です。筋肉が収縮しているだけなんです」と彼は言う。しかし奇妙な光景だ。

肉が削《そ》がれ、頭は人間の頭蓋骨のように見えだした。

逆さ吊りの牛の体に耳のついた頭の皮がぶら下がり――「13」の耳標もそのままだ――頭の中身は私の背後の壁に掛かっている。

エド、ジョージ、クリス、デイヴは数分おきに作業をやめ、ホースの水でそれぞれのナイフやエプロン、手についた血や肉片を洗い流す。みな素手で作業している。

デイヴがナンバー13の舌を切り取る。ほんの二日前、この舌が私を舐めた。

エドとジョージが頭のない牛の体をレールから取りはずし、作業台《スキニング・ベッド》の中央に横たえた。仰向けになり腹を撫でてくれとねだる犬のように、足が宙に突き出ている。蹄の割れ目にはヴォングリス家からつけてきた泥や藁が残っていた。

カーン・カントリー・ミート社は外注専門の小さな食肉処理工場だ。どんなに忙しくても一日の解体処理数が一〇頭を超えることはない。しかしここの解体工程は、大規模な処理場のものと同様だとデイヴは言う。ペンシルベニアのテイラー・パッキング社の名前をあげると彼はテイラー社をよく知っていると言い、あそことここの大きな違いは、解体処理がゆっくり手作業で行なわれるか、機械によってスピーディーに行なわれるかだと説明した。

「最新式の大型工場では、いったん家畜がレールに吊るされると終わるまで降りてきません。処理は完全な流れ作業です。皮は機械で剥がされ、従業員は一日中何もしないままただ監督し、最後にレールから脚をはずすだけです。しかしここでは全工程が手作業という、旧来からの方法です」とデイヴは言う。

エドとジョージはナンバー13の脚を切断し、膝から下を〝非食用〟と記された青い容器に放りこむ。次に二人は蹄のなくなった後ろ脚を大きく広げ、両脚のあいだにスプレッダーと呼ばれる金属棒をわたして固定した。

新入りの従業員クリスが脚の部分から体の皮を剥ぎはじめた。頭がなくなってしまうと、その脚が右なのか左なのか一瞬わからなくなる。脚の皮剥ぎがすむとクリスは肛門と胸部にナイフを入れ、皮を真っ二つに切り裂いた。

エドが腹から下の皮を剥ぎだす。私はもっと近くで見ようと彼の肩越しにのぞきこんだ。

「ここで働いてどれくらいになるの?」と私はたずねた。

「ここに来たのは一九六五年だよ」とエド。

「それじゃあずいぶん古株だ、眠ってても仕事ができるね」

「とんでもない」にやっと笑って彼は答えた。仕事中居眠りしないように気をつけているという意味なのか、それとも寝ている時まで解体の夢はごめんだという意味なのか?

作業台に横たわるナンバー13の胸部に、ジョージの手で電気のこぎりが入れられた。つづいてジョージは食道の上半分を切り出して残った方の切断部を結紮《けっさつ》〔結びくくる〕すると、直腸も同様にして縛りつけた。こうしておくと屍骸が持ち上げられても、腸の内容物がこぼれ落ちることがなく、肉の他の部分が汚染されるおそれがない。

ふたたび屍骸はレールに吊るされ、残りの皮剥ぎと内臓除去作業が行なわれる次のフロアへと移された。大きなビーチボールと化した牛の胃袋四室が体から切り離され、容器に落っこちる。つづいて腎臓、心臓、肺がそれぞれ切り落とされる。

デイヴは野球のミットのような形をしたこげ茶色の肝臓を金属製の皿に載せ、中を開いて寄生虫の有無を調べ、次に肺を切開し、結核などの病変がないか確認する。肝臓も肺も異常がない。

踏み台にのぼったジョージは長さ一メートルあまりの電気のこぎりで、レールに吊るしたナンバー13を背骨に沿って縦二つに背割りした。すごい音で、思わず耳をふさぐ。わき腹が左右に分かれ、別々に揺れ動く。するとこの屍骸に対する私の認識も変化してきた。つい先ほどまで私にとってこの体は、ヴォングリス家から運ばれた去勢牛ナンバー13だったのだが、今は完全なる肉として私の目に映るようになったのだ。目の前にあるのは牛のあばら肉、筋、脂肪だ。私の知っていたナンバー13の動物としての痕跡——顔、耳、足、皮膚——は今やすべて消えうせた。

二つになったその屍骸はレールで運ばれ冷却室へと移動した。

ナンバー13が死んでから一時間はたったというのに、体の筋肉は痙攣し、まだピクピク動いている。デイヴによれば、これは冷却室に移したため筋繊維が温度変化に反応したからであり、死亡時に起こる通常のプロセスだという。

ナンバー13の肉にどんな等級がつけられるのか興味があったが、カーン社では格付けをしないという。「小さな処理場ではその必要がありません。誰も興味がないんですよ」とデイヴが言う。

だが私はぜひ知りたい。

「そうですねえ」と彼はぶら下がった二分体を見てこう言った。「推測ですが、チョイスかセレクトといったところではないでしょうか」プライムの下の二つの等級だ。そして、それが右半身なのか左半身なのか私にはもうわからないナンバー13の体を指して、「さほど脂肪はありませんが、脊柱内部はみずみずしいですね」と意見を言った。

二分体は一晩冷却室で保存される。明日になると左右の半身はさらに二つに切断され、四分体の枝肉《えだにく》としてふたたび冷蔵される。

・　・　・

ジム・テイラーは私を事務室に案内した。彼は秘書のデラを紹介するとデスクにつき、煙草に火をつけた。

自分はにおいを嗅ぐことができないのだが、工場には臭気があるのか私はたずねた。

「におい？　そうだね、今、豚を湯に浸けて除毛してるところだから、ちょっと毛のこげたようなにおいがするかな」とジムが答えた。

三〇歳ぐらいと思われる秘書のデラは、彼女が会計や事務管理、顧客管理を学んだ地元のコミュニティー・カレッジのトレーナーを着ている。ブロンドの髪は毛先にウェーブがかかっている。

デラは数ヵ月前に雇われた職員だ。

「ここで働き出したばかりの頃、家畜が解体処理フロアにいる時はトイレにも行けなかったわ。殺されるところを見たくなかったからよ。でもある日偶然、作業の場面を目撃してしまったの。牛だったわね。それからもう平気になったわ」と彼女は言った。

友だちは彼女の勤め先を知るとみな驚くという。「と畜場で女性が働くなんて意外なんでしょう。みんな私のことをタフな女と思っているわ」

デラ自身はここに来て肉に関し多くを学んだと言っている。「骨なしより骨つき肉の方がおいしいこともわかったわ。骨が肉にうまみを増すのよ。それなのに骨つき肉の方が安いのよ、おかしいでしょ？　デルモニコ・ステーキ〔牛ロインの小ステーキ〕といえばふつう骨なしのリブ・ステーキが出てくるけど、それじゃあ風味は半減よ。みんな料理の名前に、大枚投じてるってわけよ」

今日は朝から、肉の小売り業務拡大をはかるためカレドニア周辺にまくチラシ作りに追われているという。カーン・カントリー・ミート社はこの地域における典型的な外注専門の食肉処理工場であるが、週に一度、イスラム教の戒律にのっとったハラール・ミート〔宗教的儀式をへて処理された家畜の肉〕も提供している。

今朝工場に運ばれたのが牛二頭、豚一〇頭というわずかな数だったことについて、春は閑散期だとジムは言った。「農家はこの時期畑仕事が中心で、牛に手をわずらわされたくないんだ」秋や冬になると一日に牛が一〇頭、そのほかに豚や羊、山羊など計四〇頭あまりが運ばれてくるという。秋の狩猟シーズンには鹿も運ばれることになる。

淘汰牛の処理数はわずかだが、最近それら牛の状態はどうも思わしくないという。「冷却室に肉を吊るすと三、四日で質が落ちてくる。健康な牛の肉なら二週間以上大丈夫なはずなんだ。生きてる時から腐りはじめてるんだな」そうジムは言った。

用を足しに席を立つと、デラがなぜトイレを怖がっていたのかすぐにわかった。トイレに行くには解体処理フロアの前をどうしても横切らなくてはならないからだ。この時間、解体は行なわれていないものの、冷却室には豚の屍骸が吊るされていた。

トイレの入り口付近には古ぼけたダイヤル式の壁掛け電話がある。外蓋がはずれてしまっていて、中身のベルやネジ、電線などがむき出しだ。

事務室にもどった私は、ジムが先ほど、と畜場で働き出した頃よく悪夢を見たと話していたことに触れた。今はもう見ないというが、こうした場所で働くことが時々つらくなったりはしないのだろうか？

自分はこの仕事が好きだしつらいことはない、だが時おり、解体処理フロアにいる動物を見るのが耐えられなくなることがあると彼は言った。

「どの動物が一番こたえる？」

「羊と山羊だ。メーメー鳴くからね」

だがこれまで経験した最悪の出来事といったら動物に関連したものではなく、人間がらみの事件だと彼は言う。約五年前、このと畜場は仕事が退《ひ》けたあと動物愛護派の一団に襲撃されたことがあるのだ。

「やつらは鍵を壊して羊を逃がし、建物に火をつけた。爆破予告のメッセージと外壁にいたずら書きを残してね」

「なんて書いてあったんだい？」

「『殺戮者、人間のくず――われわれは宣戦を布告する！』だとさ」彼は苦々しげにそう答えた。

今はかぶっていないのだが、今朝ジムに会った時、彼は〝パパは世界一〟と縫いとられた帽子をかぶっていた。七歳と一一歳になる娘たちから贈られた父の日のプレゼントだ。

とくに下の娘が動物好きだと彼は言う。彼女は以前ここをおとずれ、豚の背に乗って遊んだこともあるそうだ。子どもたちは解体処理フロアを見たことがあるのだろうか？

「あそこは見たことがない。だが娘たちは仕事の流れを理解している」とジムは言った。「皿の上のものが、ここからやってくるんだということをね」

・・・

その後ナンバー13の肉はピーターの姉と彼女の三人の友人に買い取られることになり、カーン社で小売用に加工されることとなった。また見にくるといいとジム・テイラーから誘われて、私は一週間後ふたたびと畜場をおとずれた。

今朝の解体処理フロアは静まり返り、染み一ついていない。まだ一頭もさばかれていないのだろう。

服を汚さないようこれを着てくれと、ジムは私に青い布製の上着を手渡した。ジムのものだったとみえ、胸のポケットには彼の名前、コートのように丈が長くて膝がすっぽり隠れてしまう。ナンバー13の体はすでに四分の一になっていた。これからエドとクリスが前四分体と後四分体をそれぞれ切り分け、ピーターの姉の二人の友人、ホーン家とツィマー家用にさばいてゆく。

解体室に入ったエドは帯鋸盤《のこ》で、前脚のついた右四分体を一六枚のリブステーキに切り分ける。厚さ約二センチ、まわりに脂肪が五、六ミリほどついている。つづいて胸肉の下部、前脚をカットする。「前脚はだし用の骨になる」と彼は言った。

エドはアフリカ系アメリカ人の五三歳、娘が二人に息子が一人、みな成人して郡の保安官として働いている。白髪まじりの黒い髪、口ひげとあごひげをたくわえている。私が借りたのと同じタイプの上着の上に赤のエプロンをかけていて、仕事はすべて素手で行なっている。

彼は切り分けた肉を棚の上の、家庭用の分別リサイクルボックスのような形をした白い容器におさめていく。一つの容器はホーン家用、もう一つはツィマー家用だ。

首から胸上部にかけての肉（前四分体）から、チャック（肩ロース）が切り分けられる。それぞれ厚さが五センチ、重さが一キロ半ほどある。深みのある赤、わずかながら霜降状だ。

「いい肉だ」とエドが言った。

彼の後ろのテーブルには切り落とし肉が集められ、「ハンバーグ用」として積まれている。

次に彼はナンバー13の左肩上から腕肉を切り出した。

ラジオから懐かしのポップスが聞こえてくる。エドはローリング・ストーンズの『ストリート・ファイティング・マン』の曲に合わせて作業をすすめる。

白い容器がもういっぱいになりだした。クリスはエドが渡す切り落とし肉から脂身を取り除き、それを〝脂肪用〟の容器に放りこむ。この樽はあとで油脂工場にまわされる。

クリスは今三一歳。ここに来る前、一八年間スーパーマーケットのチェーン店で働いていた。ジム・テイラーを知ったのは鹿狩りをとおしてだという。「工場に来て肉をさばいてみないかってジムが言ったんだ」

と畜場にはすぐに慣れたか聞いてみると、「羊には参ったな」と、ジムと同じ答えが返ってきた。そして、「メーメーメーメーうるさいんだよ。それに豚もキーキーうるさい。まあ、慣れたけどね」と彼は言った。

せわしげにナイフを扱う二人を見て、私は「怪我しないよう、ずいぶん注意が必要だろうね。でも二人ともちゃんと指がそろってる」と言葉をかけた。

「ああ、数はそろっているが形が変だろう?」とエドが言い、左手を私に見せた。小指と薬指の先が第一関節のところで曲がっている。何年も前に指を深く切ったのだという。

解体のため次に冷却室から運ばれたのはナンバー13の後四分体だった。私は素手で、レールに吊るされたその肉の感触を確かめてみた。冷たくて硬いゴムのよう、いやプラスチックの塊のようだった。

後四分体からは、もも肉、サーロイン〔腰部〕、ともばら〔わき腹部〕という三つの主要な肉の部位が切り出せる。「ともばら」とはペニス手前の下腹部をさし、雌牛でいえば乳房の位置にあたる。エドは肉塊の外側の部分を切り取ると、このあたりはハンバーグ用にしかならないと言い、クリスに向かって放り投げた。

どちらの家もサーロイン・ステーキを四枚注文している。エドは背中から臀部にかけて肉を割き、厚さ約二センチのステーキ用肉にカットすると、各容器にそれらをおさめた。

容器には高さ三〇センチに達するほどの肉が入っている。

次にエドは後四分体に手持ちのこぎりを入れて二つにし、ともばら肉を切り取るためナイフを使って筋を断つ。そして素手のまま肉をつかみ、まるで絨毯を引っ張るように、肉と骨とをつなげている薄膜から力をこめて肉を引きはがしていく。

自分にもやらせてほしいと私はたのんだ。

「想像以上に大変だぞ」とエドが言う。

ノートを置くとぶら下がった赤い肉を両手でつかみ、渾身の力をこめ私は思い切り引っ張った。しかし裂けたのはわずか一〇センチほどだ。

やがてともばら肉がハンバーグ用の山に積まれ、時刻は朝の九時をまわった。昼にはまだ間があるというのに私は空腹を感じてきた。実際、口にはよだれがたまっている。この数年特別な場合を除きステーキなど食べたことがなかったのに、この厚切りのわき腹肉を前にして私はよだれを垂らしているのだった。

これは予想外の反応だ。

腰部からはTボーン・ステーキ〔腰部中ほど、T字型骨つきの小さめな厚切り肉〕三枚とポーターハウス・ステーキ〔腰部肩寄り、T字形骨つきの大きめな厚切り肉〕五枚がおろされた。いっぽうクリスは、エドと私の後ろで、シチュー用の肉の塊から脂身を除いている。

つづいてもも肉の部位が切り離され、ナンバー13の股関節があらわになる。エドは内腿肉を帯鋸盤の上に乗せ、七枚のステーキ用厚切り肉にカットした。

「このへんは骨のない赤身の肉がたくさんとれる」ということだ。

さらにもも肉の中心部から直径七、八センチ、長さ約三〇センチの筒型の肉が切り出されると、エドはそれを切り分けて、専用の機械でさいの目状に切れ目を入れた。こうすることで繊維が断たれ、肉質がやわらかくなる。

「店で買うキューブ・ステーキ用の肉よりぜんぜんいいよ。新鮮だし、三週間もすると食べ頃さ」とクリスが言う。

また口の中によだれが出てきた。実際にいまこの肉が食べたいというわけではないのだが、肉を見ていると自然とよだれが出てきてしまう。肉を見てよだれを垂らすという反応は人間に内在したある種の本能のようなものなのだろうか、それとも私の中の遠い記憶——サーロイン・ステーキやローストビーフ、ブリスケット〔薄くスライスした牛肉を野菜などと一緒にオーブンなどで調理したもの〕など、たくさん肉を食べていた小さい頃の記憶が蘇ったせいなのだろうか。

白い容器はステーキ肉であふれている。

肉が落とされ、右なのか左なのかもうまったくわからないナンバー13の後ろ脚がレールに吊され揺れている。むき出しになった白い骨が光って見える。

クリスは彼が処理したハンバーグ用の肉の山を、部屋の角に置かれたグラインダー〔挽き肉製造機〕の中に入れた。エドが残りの肉を運び、私も少量放りこむ。スイッチを入れると肉が挽かれ、機械の端からスパゲッティー状の束になって押し出されてくる。

私はにわかに、幼い頃見たあるものを思い出した。ロチェスターの写真博物館には、ハンドルをまわすと漫画の描かれたカードがぱらぱらめくれて絵が動き出すミュートスコープという映写装置があるのだが、それで観た映像だ。男が生きた犬をグラインダーに押し込むと、出口から挽き肉になってあらわれるという内容だった。私はミュートスコープをのぞきこむたび気が重く、なぜみんなおもしろがるのか不思議に思った。

ナンバー13の挽き肉はピンクがかったオレンジ色だ。

「いい出来だ」とクリスは言い、色からしてこの肉にはそれほど脂肪が混ざっていないと私に告げた。カーン社では八〇~九〇パーセントが赤身の肉、一〇~二〇パーセントが脂身という、業界の標準値に則した挽き肉づくりをめざしている。脂肪が少なすぎては風味が落ち、多すぎてはべたべたする。クリスは切り落とされた肉から脂をそぎつつ、赤身と脂肪の割合を調節している。マクドナルドをはじめとするどのファストフードのメーカーでも、基本的には同じ作業が行なわれる。コーン飼料で育てられた脂ののった牛の肉と、牧場で淘汰された酪農牛の赤身の肉を混ぜ合わせて、ハンバーガー肉の味や食感をコントロールしているのである。

洗濯かごサイズの容器は、まもなくナンバー13の挽き肉で満たされた。一家庭はハンバーグを一ポンド（約四五〇グラム）の分量で、もう一家庭は二ポンドの分量で注文している。クリスは挽き肉をソフトボールの形に丸め、「これで約一ポンド」まさに職人芸だ。「やればできるよ」と彼は言う。

デラがパックの包装を手伝うためやってきた。白いTシャツの裾を臍のまわりで結わえつけ、ブロンドの髪を肩の上で躍らせている。クリス、デラ、エドの三人は私に背を向け、駐車場側の窓際でカウンターテーブルの前に並ぶ。右端にいるクリスが挽き肉を一ポンドと二ポンドの玉に丸め、真ん中にいるデラがそれらを精肉用の白い紙で包む。左端のエドはそれをパックに入れて密閉し、一つずつダンボール箱におさめていく。白人の若い男女とやや年をとった黒人男性は一列になって肉の梱包作業にあたっている。

少しするとジム・テイラーがこの部屋をおとずれた。私はハンバーグを家に持ち帰りたいので少しわけてもらえないか彼にたのんだ。こうして私はナンバー13の肉でできた挽き肉のパック二包みと、犬用にもらった首の骨のスライスを携えて、カーン・カントリー・ミート社をあとにした。

・・・

友人の運転する車に乗り三六号線を南下すると、自分の車に乗りかえるため、そして私の牛たちの様子を観察するため、ヴォングリス家に立ち寄った。もう私の二頭のほかに牛はいないはずだ。私が車から降り立つと、二頭そろって柵のそばまでやってきた。草をむしって与えてやる。蹄も脚も泥だらけで、と畜後切り落とされる脚の位置、地面から約一五センチ上のあたりまで汚れている。ナンバー8の臀部にある股関節を想像してみる。エドが帯鋸盤でステーキ肉を切り出す最中、レールに吊るされ光っていた裸の骨だ。そして私はナンバー8の体表に、点線で描かれた肉の部位図を思い描いた。家畜商ジョン・ワイドマンが言う「バラした」時の状態だ。この牛の全身が肉となって私の目に映りはじめる。

餌用のワゴンにあとどれくらいコーンが残っているか見るため、私は牛舎前庭のゲートを開けランニング・シェッドに向かって歩き出した。

ナンバー8が背後に近づいたので頭を撫でようとして振り向くと、威嚇するかのように突然頭を振り上げた。こんな攻撃的な態度ははじめてだ。私は急に恐れをなした。重さ四五〇キロという巨大な生き物二頭を前にし、私はこの庭でたった一人、無防備で立っている。自分の牛に恐怖心を抱いたのはこれがはじめてだった。私は庭の中央まで引き返した。ここなら柵や壁に叩きつけられる心配がない。二頭が突進してくれば、私などひとたまりもないだろう。

二頭は依然、私に向かって近づいてくる。ここから逃げ出さなくては。肩をいからせ、自分を堂々とした大きな存在に見せかけながら、私は牛から目を離さぬよう後ずさりして出口に向かっていった。ゲートにたどり着いた時、心臓が激しく打っていた。

家の横に折りたたみ椅子を広げてすわり、木蔭の下からあの二頭に目をやった。

ナンバー8は腹をすかせていたのだろうか、興奮していたのだろうか。あるいはナンバー13がいなくなりただ退屈していただけなのか。それとも私にと畜場のにおいを嗅ぎつけ気が荒くなったのだろうか。だがもしかすると本当はいつもどおり穏やかなのに、私が一方的に攻撃的だと決めつけてしまったのかもしれない。

ナンバー8は私にわき腹を向けていた。いつもなら私はそこに帽子をかぶった白い男のシルエットを見るのだが、今日は違った。カーン社のエドが皮を剥ぎ、胃の中身が出ないよう食道上部を縛りつける様子を思い描いた。そして後ろ脚にはランプ・ステーキを。ピーターをはじめとする畜産従事者はこんなふうに牛をながめているにちがいない。

と畜場でいったい何が変わったというのだろう?　あそこで私はナンバー13が肉に変わる様子を見とどけた。牛の死は突然おとずれ、私の唾液は不意にあふれ出た。と畜場では善良な人々が額に汗して各自の大事な作業にあたっており、その労働の価値もよくわかった。この世を去ったナンバー13は解体され、包装され箱詰めされた。そして私はそれを冷静にながめることができた。

昔から動物を見てすぐ感傷的になったのは、おそらくこうした現実を何も知らない純朴さゆえだったといえるだろう。

たぶん私は今夜のうちにピーターに連絡し、ナンバー7とナンバー8を明日カーン社に運んでくれと言うべきだろう。そうすればナンバー8の毛皮で敷物をつくり、顔の聖杯をエドかジョージに剥いでもらって額におさめ、オフィスの壁に飾ることだってできる。

私は前庭にもどらないままヴォングリス家に別れを告げ、ロチェスターへの帰路についた。夕食のしたくが待っている。

・・・

〝カーン精肉所製牛挽き肉・要冷凍保存〟と記された二つのパックは四〇分間車で揺られ、ほんのり温かくなっていた。私は一つを冷凍庫に入れ、もう一つをキッチンカウンターの上に置いた。裏のテラスに黒いグリルを持ち出して炭を入れ、着火液を振りかけ火をつけた。

わが家の子犬チャンプに向かって厚さ二、三センチの骨を放る。チャンプはナンバー13にかじりつく。

グリルが熱くなるのを私はテラスでのんびり待った。

今日、ナンバー8は本当に牙をむいたのだろうか？　それとも私の方が何か攻撃的な態度を示していたのか？　しかしたぶん、牛の解体現場を訪問し、しかも自らその肉を剥ぎ取った私を前にし、牛たちはとても平静ではいられなかったのだろう。

家の中から、ベジタリアンの娘のサラが姿を見せた。陸上部の練習から帰ったところだ。

「何してるの？」グリルを指して娘はたずねた。

「ハンバーグを焼こうと思って、グリルが熱くなるのを待ってるんだよ。成長するのを見てきた牛が解体されたんだ」

「サイテー！」ティーンエイジャー特有の口調で彼女は言った。「なぜチャンプにあげちゃわないの？」

「食べた時の感触を確かめたいんだ。今書いてる本のためにね」

「やっぱりサイテー！」

グリルが熱くなると私はキッチンに入って手を洗い、解凍ずみの挽き肉二ポンドのパックを開封した。スーの話を思い出す。娘のカースティーは肉は食べるがさわりたがらないと言っていた。シェリーも、やはり酪農家の妹は肉にさわるのをいやがって、挽き肉を調理する時スイカ用のスプーンを使うと話していた。

私はソフトボール大の生肉を素手でつかんだ。冷たくて粘り気がある。ぎゅっと握り五つに分け、ハンバーグの形に整える。テラスにもどるとその五枚をグリルに載せ、その横にサラ用のベジバーグ〔野菜と大豆で作ったハンバーグ〕二枚もいっしょに載せた。チャンプは骨を味わいつくした。骨髄は吸いつくされ、骨の内部が透けて見える。

グリルの後ろに腰を下ろし、六歳になる息子のベンが友だち二人とサッカーに興じる様子を目で追うが、グリルからのぼる熱気で彼らの姿が揺らいで見える。

ハンバーグを裏返すと脂がしたたり、炎が立つ。

一三歳の次女のヴァルがテラスに出てきた。彼女は下の娘で肉を食べる。二年ほど前、景品のビーニー・ベイビーをほしがって私といっしょにマクドナルドの列に並んだのがこの子だ。

「それなあに?」グリルの肉を見てヴァルがたずねた。

「ハンバーグだよ」と私。「牧場にいたナンバー13の肉でできてるんだ」

「えーっ! そんなの食べない!」彼女は叫んで家の中に飛び込んだ。

しばらくするとヴァルはふたたびテラスにあらわれた。母親と何か話したようだ。

「パパの牛じゃなかったのね」と娘は言った。「自分の牛を殺して肉を持ってきたと思ったの」

パパの牛はナンバー8で、ナンバー13は同じ群れにいた別の牛だよ、私はそう教えてやった。

ハンバーグの焼けるにおいを嗅ぎ、「おいしそう」と娘は言った。

・・・

私たち一家は食卓についた。サラはベジバーグ、妻とヴァルと私はそれぞれ自分のハンバーグを皿に盛り、ハンバーグ類を口にしない息子のベンはパスタを盛った。

家族が食べはじめるのを待ち、私は肉を口に運んだ。しかしナンバー13の黒い顔と短い角、額の黒い巻き毛が頭に浮かび、フォークを持つ手がとまってしまう。いったん膝に手を置いた。

私はふたたびフォークを手にした。だが今度はヴォングリス家の牛舎前庭のゲートに立ち、ナンバー8に草をさし出す自分の姿が頭に浮かぶ。そして私の牛を押しのけて草をせがむナンバー13のことを思い出し、またフォークを置いた。

三度目、私はあえてピーターの仕事のことを考えた。牛たちを養うためのコーン栽培、畑仕事を終えたあとの寒い夜の給餌作業、毎週行なわれる牛舎の藁の取り替え作業のことを。ピーターは自分の仕事、自分の生活、そのすべてを開放し私に見せてくれた。私は彼を称えたい。

受胎から消費まで、私の家族は今その全プロセスを見とどけている。フォークの先が口にとどいた。

・　・　・

ピーター・ヴォングリスがローネル・ファームで生まれた二頭の子牛を自宅の庭に運んだのは、今から約一年半前のことになる。双子の子牛、そしてやがて死ぬことになった予備用の雄子牛にそれぞれ二五ドル払い、私はローネルから子牛たちを買い取った。なぜ予備用の子牛が死んだのか、確かなことはピーターにもわからない。

時々思う。子牛を買い取ったのはまちがいではなかったのかと。あの時ピーターにローネルから直接買ってもらうこともできたはずだ。そうすれば彼が子牛を肉用牛として育てるところも、そしてやがてと畜場に連れていくところも冷静に観察することができただろうし、ピーターの方も仕事がしやすかったにちがいない。いつ放牧に出すのかとか、仕上げ飼料の中身は何なのかとか、私にいちいち質問されずにすんだはずだ。

しかし二年前牛を所有したことで、私に貴重なテーマが与えられたのも事実である。肉になるために育てられた牛の誕生から解体までを見とどけること、そして〝食卓にのぼる無数の牛〟のうちの一頭と特別なつながりをもつことで人にどんな変化が生じるかといった課題である。もしあの時二頭の牛を自分で買い取らなければ、その答えはきっと希薄な、ごくありふれたものになっただろう。

子牛たちの運命をめぐり私は悩んだ。多くの人に意見を求め、結論しだいで農家の人々を傷つけることになりはしないか悩み抜いた。

だが私は、結論をむりにひねり出したわけではない。自分の牛を殺すか否か、答えはおのずとあらわれた。それはあの日、ピーターの最後の一頭、ナンバー13が解体された日のことである。

・
・
・

あの日私は朝からずっとと畜場にいて、観察し、インタビューし、ノートをとった。そして解体作業が終了すると、全プロセスを見とどけたという達成感で満たされた。だが何より驚いたのは、自分がまったく拒否反応を示していないということだった。解体現場を目のあたりにしたというのに、吐き気一つ催さなかった。

むしろその場所に親近感さえ抱いたのだ。明るい解体処理フロアは清潔感にあふれ、働く人々はみな親切だった。彼らは匿名希望の人たちではない。エド、ジョージ、ジム、デイヴ、デラ——みなちゃんと名前がある。三〇年近くそこで働く年長者のエドとジョージをはじめ、カーン社では職員全員が一丸となり、一頭ずつ最初から最後まで直接解体作業にあたっている。

むろん、こうした場所で最期を迎える家畜がほんのひと握りにすぎないことはわかっている。ローネル・ファームの牛を含め大半の家畜類は、テイラー・パッキング社のような近代的な工場で機械的に解体されていく。もしあの時テイラー社をおとずれていたら、私はたぶん、毎日一九〇〇頭もの牛を流れ作業によって解体するその処理法に疑問を抱き、抵抗を感じていたにちがいない。従業員は一〇時間交代制、一分間に三頭の牛が処理され、機械によって皮が剝がされ、エアーソーを持った従業員たちが何千もの蹄を切り落としている。

だがカーン社は流れ作業式の工場ではなく、そこには死の収容所といった雰囲気はまったくない。そこにいたのは私たち同様、生活の糧を得るため一日一日を懸命に生きる人々だった。

生あるものを食物に変えるという現場のすがたと実際のプロセスを、私はその時はっきりと理解した。そしてそれはピーター・ヴォングリスの日々の行為にもあらわれていた。

ピーターは去勢牛を飼育する。どんなに疲れていようと毎日世話をし、暑い日も寒い日も飲み水を切らさぬよう心をくだき、彼の労苦のたまものである穀物やコーンを牛に与える。彼は牛を溺愛したり愛玩動物のように扱ったりはしないものの、意図的に虐げるようなまねもしない。そして時が来ると牛を所定の場所に連れていく。そこでは年季を積んだ作業者たちが手際よく牛をしとめ、その体を巧みに肉へとさばいていく。こうしてピーターは自分の家族に食物を運ぶ。牛はそのための媒介なのだ。きちんと仕事をやりおおせれば、彼は冷蔵庫に肉をたくわえることができる。

これが、工業化がすすむ以前の、そして今でもピーターや他の畜産従事者が実践している、この国の食肉生産のすがたなのだ。私は今まで、そのすがたをはっきりと認識していなかったのかもしれない。この事実に気づいた時、私に深い安らぎがおとずれた。ピーターをはじめとする農業関係者に抱いていた敬意と、彼らの生活の根幹的な部分に対する理解とが一つにつながったからである。こうした気づきは二週間前のあの日、私の中にやってきた。

・　・　・

心の整理のできた私は、その後、夢中になってナンバー7と8の行き場所を探し求め、そして今日という日にいたったのだ。

今日、いよいよ私の二頭はヴォングリス家から姿を消す。

ピーターはベイチング・ファームの仕事が忙しいため時間をさくことができないという。そのため今日の二頭の移動には、私が雇った個人の家畜運搬業者があたることになった。

曇り空の八月の朝、ピーターの庭にいた二頭の牛は家畜運搬車へと移された。二頭はいやがりもせず荷台に乗った。このところどちらもずっとおとなしい。あの時殺気立って見えたのは私にと畜場のにおいがしたせいなのかは、いまもってわからない。だがもしかすると私はあの時、自分が目にした凄絶な光景を二頭のうえに投影していたのかもしれない。

ナンバー8の体重はおそらく四五〇キロほど、ナンバー7はそれより四、五〇キロは少ないだろう。トラックが三六号線に進入すると、合わせて約一トン近くになる二頭の重みを私は背後の揺れで感じとった。

約一〇キロほど走ると運転手はガソリンスタンド内のレストランで休憩した。曇りとはいえ外は暑い。私たちは冷たい飲み物を注文した。トレーラーから時おり鳴き声が聞こえてくるが、二頭ともおおむね静かだ。トレーラーの空気穴から肉料理のにおいでも流れ込んでいるのだろう。ドリンクを手にしながら、私はリビングストン郡週報の見出しに目をやった。「条例により農地内の堆肥散布は許可制に」「土曜の事故でカレドニアの女性が負傷」「ヨーク・セントラル・ハイスクール、延長一〇回、五対四でエイボン・ハイスクールを下す」とある。

私はもうすぐこの地方に別れを告げる。二頭の牛を降ろしてしまえば仕事が終わり、私の居場所はなくなるだろう。覚悟していたことではあるがやはり寂しい。二年間で一〇〇回以上ヨークに来たが、ここをおとずれるたび私は聖なる土地に足を踏み入れたような気持ちになった。公会堂でスクエアダンスを踊ったこともある。子牛の品評会で拍手を送り、ロデオに歓声を上げたこども。さまざまな出来事が脳裏をよぎる。人工授精師に同行して発情期の雌牛を追った。子牛の誕生を観察するため夜道を運転し、生まれたばかりの子牛の臍にヨード液を塗りつけた。つなぎに長靴、防寒下着、デニムの上着もそろえたし、帽子にいたってはコレクションまでできてしまった。牧場では搾乳し、蹄を手入れし、ときには雄牛にキスされた。「ヨーク・ランディング」のいつもの席でコーヒー片手に暖をとり、店の移動販売車でケーキも買った。トラクター、コンバイン、堆肥散布車、さまざまな種類の作業車に乗せてもらった。緊急事態発生で九一一にダイヤルしたこともある。多くの人といろんなふうに接してきた。ペットに死なれた人をなぐさめ、婚約パーティーや週末の集いに出席し、お見舞いや別れの色紙に言葉をそえ、カントリー・ミュージックの楽しみ方を教えてもらった。戦没者に祈りを捧げ、プレゼントをあげたりもらったり、一つの料理を分け合ったり、住人気取りで友人家族を牧場に連れてきたこともある。心の中で私はすっかりこの共同社会の一員になっていた。

トラックはふたたび三六号線に乗り入れた。荷台が揺れ、私はまたナンバー7と8の重さを背中に感じた。

・・・

ヨークから八〇キロほど離れた地点で左に折れ、砂利の田舎道を約一キロ南に下ると、開け放たれたゲートが見える。ゲートをくぐり右にすすむとそこがトラックの終着点だ。トレーラーの後部ドアが開けられると、ナンバー7とナンバー8は後ろ向きに傾斜台をくだり、この目的地に降り立った。

「ファーム・サンクチュアリ」の責任者ローリー・バウストンが二頭の牛を、牛舎から少し離れた小さな囲いへ導いていく。専属の獣医師による伝染病の検査がすむまでこの囲いで一、二週間過ごすことになるという。検査が終わると、ナンバー7とナンバー8は他の群れに合流する。去勢牛や未経産牛、子牛や成牛など約四〇頭が草をはむ、四〇ヘクタールの緑の牧草地が私の二頭を待っている。

一週間ほど前、私はファーム・サンクチュアリに電話をかけ、ローリー・バウストンと直接話がしたいと申し出た。電話に出た彼女は熱心に私の話に耳を傾け、ついに二頭の牛を受け入れるためスペースをもうけようと約束してくれたのだ。

だがナンバー7とナンバー8は一〇ヵ月近くコーンの仕上げ飼料を食べてきたので、ローリーも私もその点が気がかりだった。デイヴ・ヘイル医師に相談すると、彼は牛の健康状態を調べるためヴォングリス家まで来てくれた。診断の結果、意外なことに二頭の牛には体重増加がみられなかった。となると、年齢と大きさからしてコーン飼料は牛の体に想像していたほど大きな負荷を与えていなかったことになる。「今回、肝膿瘍《かんのうよう》に関する私の予測はあてはまらなかったようだ。健康そうだし、おそらくもう心配ないよ」と彼は言った。

通常の粗《そ》飼料にもどした場合、二頭はあとどれくらい生きられるのだろう？　ヘイル医師は、五歳を超えた雄牛などめったに診《み》ることがないので確かなことはわからないがと前置きし、「その頃には体重が一〇〇〇キロ以上にも達しているだろうから、重みのせいで足がかなり弱っているはずだ」と意見を述べた。

ナンバー7と8の寿命がわからないのはローリー・バウストンにしても同じだった。だが彼女はこう言った。「畜牛の天寿がどれくらいかはわかりません。でも一五年前の開設時から飼っている牛も数頭いますが、まだどれも生きています。寿命がきて死んだ牛はまだいませんよ」

ファーム・サンクチュアリから引きあげる段になり、承諾書にサインするため私は事務所に立ち寄った。そこにはこううたわれている。「私はここに、ホルスタイン去勢牛（＃8）とホルスタイン未経産牛（＃7）に関する保護監督権を、（株）ファーム・サンクチュアリに移譲することに同意し、また、上記動物に関する今後一切の権利および責任を放棄することに同意いたします」

二頭はついに私の手から離れていった。肩の荷を降ろした私は帰りの車中、大きな安堵感につつまれた。

・・・

自分の車に乗りかえるためヴォングリス家でトラックを降り、私は牛舎前庭に目をやった。空っぽだ。だが干からびた泥の上に蹄の跡が残っている。この跡を残していった七頭のことが思い出された。四頭の黒いアンガス種、ナンバー13、それに私のナンバー7とナンバー8。

シェリーは留守だ。おそらく子どもたちとどこかに出かけているのだろう。彼女は看護学校の一年目を優秀な成績で終了した。来年の今頃は正看護師の資格を取得していることだろう。ただ、私としては残念なことが一つある。この二年シェリーとスーのあいだを行き来して、両者の仲裁ができないまま終わったことだ。

ピーターはベイチング・ファームで仕事中だ。牧場の株の一部が譲渡されることになったが、具体的にはまだ何一つ展開がない。酪農場を所有するというピーターの夢は未完のままだ。

私は三六号線沿い一〇キロ先にあるローネル・ファームへと車を走らせた。去年の冬、スーとアンドリュー、アンドリューの父ラリーが計画していた新牛舎は完成間近だった。柱や梁《はり》が建ち上がり、床にはセメントが流し込まれている。やがてここに一〇〇頭の牛が補充され、ローネル・ファームは計一〇〇〇頭近くの牛を有する大牧場となる。牛舎には種牛ボナンザの子、もうすぐ二歳になるあのナンバー６７１７がいた。昨年の冬人工授精がほどこされ、この秋はじめて子牛を産み、搾乳群の仲間に入る。

スーはミルキング・パーラーで搾乳を手伝っていた。休暇旅行がいい骨休みになったのだろう、表情が生き生きしている。パーラー内の黒板には従業員に向け彼女のメッセージが残されていた。「みんなのおかげで素敵な旅ができました。ありがとう」その下には、「De nada, señora どういたしまして」と、新しく入ったメキシコ人搾乳係がスペイン語で書き込んでいた。

畑ではアンドリューが小麦の種を蒔き、温室にいる子牛担当責任者ジェシカ・トラウトハートは手押し車を押しながら、雌子牛の前に吊るしたバケツの中に温めた代用乳を注いでいる。屋外のスーパーハッチに寝そべる六頭の雄の新生牛は、明日になるとジョー・ホッパーの運搬車でパビリオンの家畜市場へ連れられていく。

私は長靴を脱ぎ、車のトランクに投げ入れた。

・　・　・

ヨークを出る前に、最後にもう一度「ランディング」に立ち寄った。パン類のショーケースからチョコレートケーキ、冷蔵ケースからドリンクを取り出し店内を見わたすと、いつもの席が空いていた。私はメイン・ストリートがよく見える〝情報席〟に腰を下ろした。

動物の肉を食べるとは実際どういうことか、その意味がわかったのはカーン社をおとずれて解体の一部始終を見た時だった。だが理解すると同時に私はあの時決意した。「自分の牛は殺さない」と。自分の中で結論の出た瞬間は、今でもはっきり覚えている。それはエドがナンバー13を撃ってからきっかり一〇分後、私が腕時計に目をやった時のことだ。ナンバー13が床に崩れ、エドが首を切り落としたあの瞬間だ。

火曜日に干し草を与えたばかりの顔から皮が剥がされ、切断された頭部が背後の壁に掛けられた。

私は振り向き、飛び出た眼球、頬肉のない顔に並ぶむき出しの歯をながめた。そしてナンバー8の姿をそこに重ねた。撃たれ、吊るされ、首が落とされ、蹄が落とされ、皮がむかれたその姿を。

するとと突然、それまで悶々と悩んできた問題は解決がたやすいように思えてきた。あの二頭のこんな姿は見たくない——それは頭で考え導き出した答えではない。腹の底から出てきた結論だった。理屈抜きに、私は二頭の牛に死んでほしくない、肉になってほしくないと思ったのだ。

ナンバー7と8の肉が誰かの役に立つのは事実だろう。生きるため、家族を養うため二頭を食べなければならないのなら、私は殺す。だが幸い私の場合はそうではない。長女がそうであるように、私の家族は肉がなくても生きていける。

どうやってあの生き物たちは食べ物になるのだろう——子どもの頃そんな疑問と不安をかかえて草をはむ牛をながめた。あれから四〇年後、マクドナルドの宣伝に登場した牛のぬいぐるみをきっかけに、私はハンバーガーになる無数の牛のうちから一頭を選び出し、その牛とのつながりをもつことで、この問題の核心へ近づこうと決心したのだった。

ある冬の日、子牛が怖がらないよう私はヴォングリス家の牛舎の庭で体を丸めた。しだいに自分の牛のことがわかってきた。あの子はピーターが言うように〝人なつこい気のいいやつ〟だ。そして神学者であり医師であるアルベルト・シュヴァイツァーが言うように、あの子には〝生きる意志〟がある。ジョン・ヴォングリスの牧場で逃げ出した時、それがわかった。あの子はあの時、自分の人生の一部を謳歌したのだ。草が新鮮でみずみずしいあのすばらしい日の一時を。

人はみな人生に「子牛」のような存在を抱えて生きているのではないだろうか。小さきもの、声なきもの、自分にその運命が託されたか弱い命の存在を。人によってその存在はそれぞれ異なる。ある者にとっては幼い子どもや年老いた親、ある者にとっては小川や森の一角であるかもしれない。あるいはまさしくホルスタインの子牛の場合も。そして人は誰もみなその運命を決めねばならない。

二年以上の月日をかけて、私は受胎から消費につづくすべての点を線で結んだ。スミス家の人々、ヴォングリス家の人々、そしてこの仕事を助けてくれたヨーク周辺のすべての人に感謝の気持ちを捧げたい。しかし私がナンバー8と双子の姉ナンバー7に出会ったのは、本当に単なるめぐり合わせだ。それはボナンザの精液を顕微鏡でのぞいた時、偶然一つの精子を目にしたのと同じことだ。二頭の牛が、この国で生まれる何百万頭のうちのいずれであっても不思議ではない。だがどんな牛が生まれていたにせよ、おそらく私の選んだ道は同じだった。私は牛を殺さなかった。離れた点が一本の線になった今、私にとってすべての牛がナンバー8だ。

・・・

食事もすんだ。そろそろ出発しよう。席を立ち、清算をすませ、私は「ランディング」のドアを開けた。日よけに吊るしたカウベルがかすかに鳴った。長旅を終え、私は三六号線を走り家路についた。

エピローグ

ナンバー7とナンバー8をファーム・サンクチュアリに渡してから一年が過ぎ、今こうしてペンをとる。あれから私は数ヵ月おきにヨークをおとずれ、「ランディング」でランチを味わい、世話になった人々に何か変わりはないかたずねている。

人工授精師ケン・シェイファーには大きな転機がおとずれた。ある日彼は私に告げた。時々読んでるキャンピング雑誌の広告記事で、カヤック販売や原生林ツアーを企画している小さな会社が売りに出されていると知り、心ひかれたのだと。会社のあるアラスカのシトカまで飛んで行き現地を調べたところ彼はその地にまさに恋をし、二五年勤めたジェネックス社を辞め、家を売り、愛犬バスターとともにアラスカに越してしまった。その後ケンは何度か電話や手紙をよこしたが、仕事は順調、住民たちとも打ちとけて、自然のすばらしさを満喫していると言っていた。

しばらくして事故が起きた。二〇〇一年一一月八日のことだ。カヤックのデモンストレーション中、彼は亡くなった。翌週には五〇回目の誕生日を迎えるはずだった。しかしケン・シェイファーは二人の息子ダニエルとマイケルの中に、両親、兄弟と姉、親戚の中に、そしてニューヨーク西部の友人たちの中に今も生きている。

アンドリューとスーの娘カースティーはこの春高校を卒業し、コーネル大学農学部に進学した。授業はもうはじまっている。獣医師という夢に向かって彼女は一歩踏み出した。

ローネル・ファームのこの一年はとてもいい年だったようだ。ミルクの価格は安定したし、新しい牛舎の二棟目も完成し、搾乳牛がついに一〇〇〇頭に達したという。この前ローネル・ファームをたずねた時、私にはもう個々の牛を見分けることができなかった。何かいわれのある牛でもいなければ、牧場の牛たちは巨大な群れの塊にしか見えなかった。ちょうどはじめてそこをおとずれた時のように。

いっぽうヴォングリス家でも、すばらしい一年を迎えていた。ピーターはスコット・ベイチングとの契約をすませ、ベイチング・ファームの作付面積五〇パーセントの権利を手に入れた。現在ピーターは六人の従業員をしたがえている。シェリーは五月に看護学校を優等で卒業し、自宅の牛舎前庭と向かい合わせに白いテントを組み立てて、卒業記念パーティーを開いたという。彼女は国家試験にも合格し、正看護師として今ロチェスターの病院で働いている。

あの町が今も恋しい。折りにつけ、今頃みんな何をしてるか考える。ローネル・ファームではどの群れがミルキング・パーラーに入っているのだろう？　アンドリューは整備室でトラクターを修理しているのだろうか？　それともコーンを植えているのか？　シェリーはコリンとブリジットのおやつの時間に間に合ったのか？　今日は夜勤か？「ヨーク・ランディング」の今日のランチメニューは何だろう？

そして、ナンバー7とナンバー8はどうしているのか？　去年の冬一度だけ、私はファーム・サンクチュアリをおとずれた。二頭の牛は他の五〇あまりいるホルスタイン牛の群れに混ざり、牧草地で静かに草をはんでいた。私に二頭が見分けられたかどうか自信はない。そして二頭の方も私に気づいたかどうか——。だが額のあの白い聖杯は確かにナンバー8だった。隣りにいたのはナンバー7だ。前より重く、そして背が高くなったようだ。毛も伸びた。冬毛《ふゆげ》が生えてきたのだろう。

あの子たちは私のことを覚えていただろうか。姉牛はどうかわからない。だがナンバー8は絶対に私を覚えていた。私が近寄っても逃げもせず、顔をおとなしく撫でさせてくれたのだから。

（写真：アーリヤ・マーティン）

訳者あとがき

「肉食」や「家畜」をめぐるさまざまな問題が、以前にもまして社会現象化してきつつあります。アメリカでBSE（狂牛病）感染牛、タイで鳥インフルエンザが発見されると、私たち日本の食卓にもその影響がたちまちあらわれました。

とりわけ牛肉に関しては日本の自給率は約四〇％（二〇〇二年）にすぎず、輸入牛肉のうち米国産の占める割合は四五％にものぼるのですから、それも当然かもしれません。一連の騒動のなかで私たちの関心は、食の安全性に対する海外（とくにアメリカ）との認識の違いや、飼育されている牛たちそのものに向けられました。その実情や実態の紹介、そして「肉を食べる」とは現代においてどういうことなのか、という読者への問いかけがこの本のテーマであり、今回の邦訳の動機でもあります。

農業ばなれがすすんだ今日、食物である「肉」は、「家畜」という起点から完全に切り離され独立した存在となりました。本書の舞台はアメリカですが、こうした現実は日本も同じです。本書で著者ローベンハイムは、ばらばらになった出発点と終着点――つまり「牛」と「肉」――を一本の線で結ぶため旅に出ました。ジャーナリストとしての目的を牛の誕生から消費まですべて見とどけることにしぼり、自分で買った双子のホルスタイン牛を二年にわたって追い、酪農家や牛を育てる肥育《ひいく》農家、畜産従事者のもとをおとずれ、取材し、その仕事や生活をありのまま描きつづけたのです。

本書を読んでおわかりのとおり、酪農場でも畜産のための飼養場《しようば》でも牛はビジネスの一部、一種の商品です。しかし、著者は肥育農家にあずけた自分の牛にいつしか愛着を覚えはじめ、と畜・解体をすべきか悩みつづけます。彼のたどった心の経緯は、発泡スチロールのトレイにのった枝肉《えだにく》としての牛肉しか知らない私たち一般消費者になら、容易に想像のできる道のりと言えるでしょう。

本書に登場する酪農場ローネル・ファームや肥育農家ヴォングリス家の人々、また食肉処理場「T・D・カーン・カントリー・ミート」社の従業員らはみな、都会の人がその実状にほとんど関心を払わない中で、自らの生活を支えるため、誠実な職業意識のもと毎日懸命に働いており、著者は彼らの実際のすがたに接して共感と同情を覚えます。にもかかわらず、取材に協力してくれた彼らを裏切ることになるのではと悩みつつも、著者は二頭の牛という「自分にその運命が託された命の存在」に対して、最終章にあるような一つの決断を下すことになります。

著者が置かれたこのようなアンビバレントな立場の背景にあるのは、かつて人々が命を養う糧として、〝貴重な〟肉（他の生物の命）を感謝して食べていた時代を終わらせ、人工授精など科学技術の進歩により、大規模化・機械化され、一時間に五〇〇〇頭の牛を肉（商品）に変えているこの産業社会です。

こうした牛をめぐる産業構造をめぐっては、ＢＳＥの問題以外にも忘れてならない問題があります。そのひとつが本書でも触れている、遺伝子組み換えでつくられる人工の牛成長ホルモンの問題です。アメリカでも賛否両論ありますが、多くの酪農家は牛の泌乳量を増やし泌乳期間を延長させるため使用しています。しかしＥＵをはじめ多くの国では、牛への副作用や人間へのがん誘発の懸念を理由に、使用を認可しませんでした。日本でも使用は認められていません。

牛をめぐる問題には、もっと地球的な規模で考えるべき面もあります。牛の体重を一キロ増やすには八キロもの穀物（豚で四キロ、鶏で二キロ、魚で一・八キロ）が必要なため、肉食化がすすむ現在、飼料輸出国の多くで農地拡大のため森林伐採が進行しています。また、安いコストで肉牛を生産できる中南米では驚異的なスピードで熱帯林が切り開かれ、牛のための放牧地に転換されています。こうした放牧地は家畜に牧草を食べつくされると荒廃し、やがて砂漠化していくのです。食肉生産を目的としたこれら環境破壊が、地球の温暖化、生態系の崩壊に拍車をかけていることは事実です。

ここで責任があるのはもちろん牛や家畜ではなく人間です。人工授精によって大量に誕生させられた多くの牛が、劣悪な飼育環境下で感染症や起立不全になり苦しんでいる実態がいくつも指摘され、動物福祉上大きな問題になっているのですから。

一方、人間の側もさまざまな代償を払っています。脂ののった肉を日常的に食べつづけた結果、世界の肥満人口は一二億人にものぼり、コレステロールの増加など健康面で人にさまざまな悪影響が生じています。大きな経済成長をとげつつある中国では、急速に食肉の需要が高まり、この二〇年で牛肉の消費量が二〇倍近くに増加したといいます。人口第二位のこの国がこのままの勢いで肉を食べつづけたら、健康問題をこえて近い将来、深刻な環境破壊や食糧危機がおとずれるだろうと懸念されています。所得が増え生活水準が向上すると、その国の肉の消費量が上昇するといわれますが、こうした不自然な「肉食化」が先進国への道を意味するとは思えません。

さらに、世界の全人口が飢えないだけの穀物収穫量があるにもかかわらず、経済効果を優先してそれが家畜にまわされ、世界各国で八億もの人々が飢餓に苦しんでいるという事実もあります。世界の穀物生産量は年間約一八億トン、じつはそのうちのほぼ半分が家畜の飼料になるのです。貧しい国々では外貨獲得のため、穀物がもっぱら先進国の家畜飼料として輸出され、飢えた自国民に与えることができません。

これらの矛盾や悪循環を考え合わせると、この世界で私たちが暮らしつづけるためには、食物に対する正しい認識をもつことがいかに重要かわかってきます。「食べること」は本能であり習慣でもありますが、毎日の意図的な行為でもあります。これまでの食生活を振り返るとともに、私たち個々人がもっと意識的に「食べ物」を選択することが、未来を変えるための第一歩となるのではないでしょうか。

アメリカのワールドウォッチ研究所の報告によると、アマゾンの放牧地で育った牛でハンバーガー一個をつくるには、五平方メートルの森林を消滅させる計算になるそうです。また、先進国の人々が肉を食べるのを五回に一回減らすことで、現在飢えで苦しむ飢餓人口のほとんどを救うだけの穀物量が確保できるともいわれています。ローベンハイム氏の今回の執筆動機となった「目の前の食物がどうやってつくられているのか」、そしてさらには「世界のために自分は何を食べるべきか」に、あらためて目を向けるべき時機が来ているのではないでしょうか。人が誰も飢えることなく、動物と、緑と、ひいては地球と共存していけるように。

ちなみに本書には、アメリカでは年間五〇億個のハンバーガーが消費され、一時間に五〇〇〇頭の牛が肉になるという数字が紹介されていますが（本書の原書の出版は二〇〇二年）、日本でも現在、年間十数億個のハンバーガーが消費されているといいます。読者の方々が、食卓にのぼった「命」について考え、スーパーマーケットで牛肉を手にしたとき、ナンバー7と8そしてナンバー13のことを思い出してくだされば、訳者として嬉しく思います。

＊

第9章以降に登場する家畜動物の収容施設「ファーム・サンクチュアリ」のホームページを紹介しておきますので、関心のある方はぜひ一度おとずれてみてください。

● FARM SANCTUARY
http://www.farmsanctuary.org/
P.O. Box 150 Watkins Glen, NY 14891 U.S.A.
phone: 607-583-2225　fax: 607-583-2041　e-mail: info@farmsanctuary.org

なお、第9章で登場するジャガンナータ氏のＨＰは、残念ながら現在閉じられているもようです。

音楽研究家ジェフリー・ジュリアーノとしての彼のサイトは以下の通りです。

http://www.geoffreygiuliano.net/

＊

獣医師の経験をもち、食肉検査員にかり出されるなど現在多方面でご活躍中の、朝霧高原在住、牧場主佐々木康氏は、訳者の厚かましい願いを快く引き受け、原稿を丹念に読み込むとともに専門家の立場から貴重なアドバイスをくださいました。どれほど心強かったことでしょう。また、食肉処理場を訪問したさいお世話になった「JA全農とうきょう」の石井岩雄氏には、処理工程や施設の仕組みについていろいろご教示いただきました。両氏のほかにも、畜産業に携わる本田恒男氏、「デーリィランド」牧場主小林雅美氏など、多くの方々にお力添えいただきました。この場をかりて厚く御礼申し上げます。

また、このあとがきのデータ的な情報の紹介にあたっては、中村三郎氏の著書『肉食が地球を滅ぼす』（双葉社）ほか、ウェブ上のさまざまな関連サイトや統計資料を参考にさせていただきました。

本書の出版のためご尽力いただいた日本教文社専務取締役・永井光延氏、第二編集部部長・田口正明氏、倦むことなく拙訳につき合ってくださった第二編集部課長・田中晴夫氏にも心から感謝を捧げたいと思います。ありがとうございました。

平成一六年四月　　石井　礼子

◎**訳者紹介**――石井礼子（いしい・れいこ）＝青山学院大学文学部英米文学科卒。訳書にR・アンソニー『自信エネルギー開発法』、M・ニームス『お金に好かれる人　嫌われる人』（以上、日本教文社）、R・G・ジャン、B・J・ダン『実在の境界領域』（技術出版）、E・マッケンジー『レイキバイブル』、M・ゴールディング『実践　瞑想』（以上、産調出版）他がある。神奈川県在住。

私《わたし》の牛《うし》がハンバーガーになるまで

牛肉《ぎゅうにく》と食文化《しょくぶんか》をめぐる、ある真実《しんじつ》の物語《ものがたり》

初版発行――平成一六年五月二五日
再版発行――平成二八年六月　一日

著者――ピーター・ローベンハイム
訳者――石井礼子（いしい・れいこ）

発行者――岸　重人
発行所――株式会社日本教文社
東京都港区赤坂九―六―四四　〒一〇七―八六七四
電話　〇三（三四〇一）九一一一（代表）
〇三（三四〇一）九一一四（編集）
FAX　〇三（三四〇一）九一一八（編集）
〇三（三四〇一）九一三九（営業）
振替＝〇〇一四〇―四―五五五一九
印刷・製本――東港出版印刷株式会社
●日本教文社のホームページ　http://www.kyobunsha.jp/

ISBN978-4-531-08139-4　Printed in Japan

宗教はなぜ都会を離れるか?　——　世界平和実現のために

● 谷口雅宣著

人類社会が「都市化」へと偏向しつつある現代において、宗教は都会を離れ、自然に還り、世界平和に貢献する本来の働きを遂行する時期に来ていることを詳述。　生長の家刊／日本教文社発売　本体1389円

今こそ自然から学ぼう——人間至上主義を超えて

● 谷口雅宣著

明確な倫理基準がないまま暴走し始めている生命科学技術と環境破壊。その問題を検証し、手遅れになる前になすべきことを宗教者として大胆に提言。自然と調和した人類の新たな生き方を示す。　生長の家刊／日本教文社発売　本体1238円

平和のレシピ

● 谷口純子著

私たちが何を望み、どのように暮らすのかは、世界の平和に直接影響を与えます。本書は、全てのいのちと次世代の幸福のために、平和のライフスタイルを提案します。総ルビ付き。　生長の家刊／日本教文社発売　本体1389円

新版 心と食物と人相と

● 谷口雅春著

正しい食生活は心を浄化し、明るい人生をもたらす。肉食の霊的弊害や、著者独自の観相法を紹介し、心身の健康と幸福への道を実際的に示したロングセラー。　本体1333円

私が肉食をやめた理由

● ジョン・ティルストン著　小川昭子訳

バーベキュー好きの一家が、なぜベジタリアンに転向したのか?　食生活が私達の環境・健康・倫理に与える影響を中心に、現代社会で菜食を選び取ることの意義を平明に綴った体験的レポート。　本体1200円

自然に学ぶ生活の知恵　——　「いのち」を活かす三つの原則

● 石川光男著

自然界のシステムが持つ三つの原則（つながり・はたらき・バランス）を重視した生き方が、幸せと健康をもたらすことを解説。社会風潮に流されない生き方の基準を提供する。　本体1333円

株式会社 日本教文社　〒107-8674　東京都港区赤坂9-6-44　電話03-3401-9111（代表）
日本教文社のホームページ　http://www.kyobunsha.jp/
宗教法人「生長の家」　〒409-1501　山梨県北杜市大泉町西井出8240番地2103　電話0551-45-7777（代表）
生長の家のホームページ　http://www.jp.seicho-no-ie.org/
各本体価格（税抜）は平成28年6月1日現在のものです。品切れの際はご容赦ください。